建筑结构设计及工程应用丛书

预应力混凝土结构设计及工程应用

李晨光　薛伟辰　邓思华　编著

U0254120

中国建筑工业出版社

图书在版编目(CIP)数据

预应力混凝土结构设计及工程应用/李晨光等编著.
北京：中国建筑工业出版社，2013.1
（建筑结构设计及工程应用丛书）
ISBN 978-7-112-14904-9

Ⅰ.①预… Ⅱ.①李… Ⅲ.①预应力混凝土结
构—结构设计 Ⅳ.①TU378.04

中国版本图书馆 CIP 数据核字(2012)第 276581 号

　　本书较系统地介绍了预应力混凝土结构设计及工程应用，既反映了预应力混
凝土结构设计基本理论与设计规范的要求，也吸收了国内外有关资料的部分最新
内容，并提供了构造设计、设计计算实例和工程应用等。全书共 14 章，内容包
括：预应力概论；预应力材料与锚固体系；预应力施工工艺；预应力结构设计原
则；预应力损失值计算；承载能力极限状态计算；正常使用极限状态验算；超静
定预应力结构设计；无粘结预应力结构设计；预应力混凝土空心楼盖设计；预应
力结构抗震设计；FRP 筋预应力混凝土梁设计；预应力结构构造设计；预应力结
构设计实例及工程应用。

　　本书希望为从事预应力结构工程设计与施工等相关行业的工程技术人员及大
专院校师生提供阅读和参考。

＊　　　＊　　　＊

责任编辑：赵梦梅　刘瑞霞　刘婷婷
责任设计：李志立
责任校对：姜小莲　刘　钰

建筑结构设计及工程应用丛书

预应力混凝土结构设计及工程应用

李晨光　薛伟辰　邓思华　编著

＊

中国建筑工业出版社出版、发行(北京西郊百万庄)

各地新华书店、建筑书店经销

北京天成排版公司制版

北京书林印刷厂印刷

＊

开本：787×1092 毫米　1/16　印张：14¾　字数：363 千字
2013 年 6 月第一版　　2018 年 3 月第五次印刷
定价：**38.00** 元
ISBN 978-7-112-14904-9
(22975)

丛书编写委员会

"建筑结构设计及工程应用丛书" 出版说明

随着我国建设事业的迅猛发展，需要越来越多素质高、实践能力强的建设人才。高等院校已为学生打下坚实的理论及其应用的基础，但从学校到社会实践还需学生向有经验的工程人员学习，并结合实践磨练和提高。在技术日新月异、专业纷繁交错的今天，即使已有一些经验的工程人员，也要不断巩固已有的理论，吸收新的知识和借鉴别人的经验。我社早年出版过一套"建筑结构基本知识丛书"，供在职的初级技术人员学习参考应用，且随着我国建筑工程技术人员水平的提高而经多次修订，但今日的要求远非昔日可比，这套丛书已不能满足今日走向社会的大学生和在职人员的需要。

为了沟通理论与实践、学校教育与社会实际，我社在清华大学、浙江大学、中国建筑科学研究院、中国建筑设计研究院等多所高等院校和研究设计单位部分具有深厚理论基础和丰富实践经验的教授和高级工程师大力支持下，对上述丛书重新组织，编写了这套"建筑结构设计及工程应用丛书"，目的是给新参加建筑结构设计的大专院校学生，以及建筑结构设计、施工、监理人员提供参考。

丛书内容本着加深对基本概念和基本理论的理解，淡化理论计算分析过程的推导，着重理论分析与工程实践的联系，尤其突出从理论、规范规定到在实际工程中的具体应用，以及对实际问题包括电算结果的判断与分析，尽量介绍一些在实践中已得到广泛应用的实用分析方法和简捷设计图表，以求指出一条通向实践的方便之路。

本丛书包括以下 10 个分册：
◆《钢筋混凝土结构设计及工程应用》
◆《预应力混凝土结构设计及工程应用》
◆《砌体结构设计及工程应用》
◆《钢结构设计及工程应用》
◆《轻型钢结构设计及工程应用》
◆《建筑结构抗震设计及工程应用》
◆《多高层混凝土结构设计及工程应用》
◆《建筑地基基础设计及工程应用》
◆《建筑加固与改造》
◆《工程力学》

希望本丛书的出版能对即将从事建筑结构设计的大学生给予引导，对正在从事建筑结构设计的人员进一步提高提供参考。在设计、施工专家们的支持下，我社将会组织出版更多实用的技术丛书，以满足广大工程技术人员的需要。

中国建筑工业出版社

前　言

　　预应力混凝土结构经历了自诞生、成长发展和日趋成熟的历程，已经成为一种在土木工程结构设计中普遍和广泛应用的常规的、高效的和先进的实用结构形式。本书作为建筑结构设计及工程应用丛书之一，在编写中主要考虑全书内容的系统性和可读性并特别努力从以下几方面着手进行：

　　1. 近年来国内与预应力混凝土结构设计有关的规范陆续进行了修订或编制并颁布实施，如《混凝土结构设计规范》GB 50010—2010、《建筑抗震设计规范》GB 50011—2010及《建筑结构体外预应力加固技术规程》JGJ/T 279—2012 等，本书采用了新规范的有关内容，力图体现新规范的应用；同时本书也强调概念设计的重要性，希望结构工程师不盲从规范而寻求利用自然规律，并不断创新。

　　2. 本书吸收了《PTI 后张预应力手册》（第六版）等国内外资料的部分最新内容，希望为读者提供一些有益的参考，并能够充分了解和认识到国内外预应力技术发展仍然具有广阔的空间，工程技术人员在设计中合理采用新材料、新产品、新技术和新工艺，可以促进预应力混凝土结构的可持续发展并使预应力混凝土结构保持巨大的活力。

　　3. 本书选用的设计实例与工程应用为近年来完成的预应力混凝土结构设计与施工实际工程。考虑丛书读者对象，一方面希望反映预应力混凝土结构设计基本理论，另一方面尽可能加强构造设计、工程计算和实践应用经验等内容。

　　本书的撰写由李晨光、薛伟辰和邓思华三位作者密切合作完成，薛伟辰教授为本书提供了大量的基本素材，全书由李晨光教授负责统稿。由郭继武教授审稿并提出了宝贵的意见和建议。

　　本书的完成得到北京建工集团有限责任公司和北京市建筑工程研究院有限责任公司的支持；"建筑结构设计及工程应用丛书"编委会和中国建筑工业出版社的有关专家和编辑给予了热忱的关注；在本书的撰写过程中，李晓光、陈嵘、仝为民、王丰、刘航、张开臣和杨洁等同事为本书的编写提供了相关章节的内容和鼎力的帮助。在此一并表示衷心感谢。

　　限于作者的水平，书中的不足或错误之处在所难免，敬请专家和读者批评指正，以便今后进一步改正与提高。

李晨光

2012 年 10 月于北京

目录

第1章

预应力概论

1.1 预应力简史

1.1.1 概述

早在 19 世纪后期，土木工程领域的工程师为了克服钢筋混凝土裂缝问题而提出了预应力混凝土的概念，并开始了探索试验和实践。由于受到当时科学技术和工业化整体水平等的制约，尽管这段时期产生了许多预应力技术专利，如 1886 年 P. H. Jackson 取得了用钢筋对混凝土进行张拉制作楼板的专利；1888 年 W. Dohring 取得了施加预应力钢丝制作混凝土板和梁的专利，但直到 1928 年法国著名工程师 Eugene Freyssinet 提出预应力混凝土必须采用高强度钢材和高强度混凝土，并认识到了混凝土的徐变和收缩等对预应力损失的影响之后，预应力混凝土方获得实用性成功。20 世纪是现代预应力混凝土结构和技术取得巨大进展的时期，诞生了许多为预应力发展作出创造性贡献的科学家和杰出的工程师，以下仅列举几位有代表性的预应力杰出人物。

Eugene Freyssinet(1879~1962，图 1-1)为公认的预应力混凝土发明人和预应力技术先驱，他还于 1939 年研制出锚固钢丝束的弗式锥形锚具及配套双作用张拉千斤顶。

Franz Dischinger(1887~1953，图 1-2)是德国著名工程师，国际知名的预应力和桥梁专家，在混凝土收缩与徐变理论、体外预应力桥梁和斜拉桥设计等方面有杰出贡献。

图 1-1 Eugene Freyssinet

图 1-2 Franz Dischinger

Gustave Magnel(1889～1955，图 1-3)是比利时根特大学教授，在预应力混凝土结构早期理论研究、设计和应用方面作出了重要贡献，也是预应力技术先驱之一。1940 年他研究成功了夹持钢丝的麦式楔块锚。这些成就为推广应用先张法和后张法预应力混凝土提供了基本条件。

1945 年第二次世界大战结束，战后土木工程重建任务数量巨大，由于钢材供应异常紧张，采用钢结构设计的许多工程纷纷改用预应力混凝土结构代替，因此预应力技术在欧洲得到了蓬勃发展，技术上也处于世界领先地位。自 20 世纪 50 年代起，美国、加拿大、日本、澳大利亚等国家也开始大量推广应用预应力混凝土。

美国的第一座预应力混凝土桥梁 Walnut Lane Bridge 即由 Gustave Magnel 教授设计，1950 年建造完成，这一工程引起了北美工程界的极大兴趣和对预应力混凝土结构的重视。从此之后预应力技术在北美开始了工业化式的不断发展和大量工程推广应用。

国际预应力协会（FIP）于 1952 年在英国剑桥成立，Eugene Freyssinet 和 Gustave Magnel 为该协会的创建发挥了重要作用，第一届 FIP 主席是 Eugene Freyssinet，副主席及秘书长为 Gustave Magnel，FIP 的会员遍布全世界，每四年举办一次大会，在国际预应力领域有非常重要的影响力。

Ulrich Finsterwalder(1897～1988，图 1-4)是德国著名工程师，他对现代预应力混凝土作出了显著贡献，特别是发明了桥梁施工中的预应力双悬臂法，二战之后这种施工方法在莱茵河上 Bendorf 桥成功采用。他还设计了双层桁架结构 Mangfall 大桥，也采用预应力双悬臂施工法。

图 1-3　Gustave Magnel　　　　　　　图 1-4　Ulrich Finsterwalder

林同炎(T. Y. Lin，1912～2003，图 1-5)是美国加州大学教授，国际公认的预应力混凝土结构权威，当代最伟大的结构设计师之一。他在大跨度桥梁、大跨建筑、高层建筑的设计与施工等方面均有创造性的贡献，设计的工程遍布世界很多国家和地区。T. Y. Lin 对预应力混凝土结构的认识和实践突破了 Eugene Freyssinet 的经典观念，为 20 世纪 60 年代以后预应力混凝土结构在北美和全世界的发展与大规模应用作出了杰出贡献，因此土木工程界尊称他为"预应力混凝土先生"。

Eugene Freyssinet 虽然是预应力混凝土的发明人，但他认为预应力混凝土不能用牛顿的静力学与普通材料力学来进行设计计算，Gustave Magnel 教授和部分英国学者并不认同这种观点。1953 年 T. Y. Lin 获得 Fullbright Award 资助，作为研究学者在比利时根特大学进行了预应力混凝土连续梁试验研究，证明了预应力混凝土结构可以用静力学与材料力学来进行设计计算，并提出了"预应力混凝土是由高强钢材和混凝土组成的先进的、改进的钢筋混凝土"。T. Y. Lin 还提出了荷载平衡法，这对于理解和设计预应力混凝土结构有重大意义。

Jean Müller(1925～2005，图 1-6)是法国著名工程师，国际知名的预应力和桥梁专家，在预应力混凝土节段桥梁和斜拉桥设计与施工等方面有杰出贡献。

图1-5　林同炎(T. Y. Lin)　　　　图1-6　Jean Müller

20 世纪 70 年代对部分预应力混凝土概念的广泛认可是加筋混凝土设计思想的重大发展。虽然早已存在"部分"预应力的设想，但并未引起工程界的重视，直到 1970 年国际预应力协会(FIP)第 6 届大会上，才接受欧洲混凝土委员会(CEB)与 FIP 联合提出的、根据使用条件下混凝土的拉应力大小、将预应力混凝土分成四类的建议：即"全"预应力混凝土、"限值"预应力混凝土、"部分"预应力混凝土和"非预应力"普通钢筋混凝土四类。在 1980 年罗马尼亚召开的 FIP 专题讨论会上，这一分类法方得到世界各国的普遍接受。

1998 年 FIP 与欧洲混凝土委员会(CEB)正式宣布合并，成为国际混凝土协会(FIB)。FIB 的成立表明预应力技术日益成熟，并在更广阔的领域中得到了应用。

我国预应力混凝土是随着第一个五年计划的实施于 20 世纪 50 年代中期开始发展起来的。早期采用预应力混凝土代替单层工业厂房中的一些钢屋架、木屋架和钢吊车梁，之后逐步扩大应用到替代多层厂房和民用建筑中的一些中小型钢筋混凝土构件和木结构构件。1976 年唐山大地震后，为了加强纯装配式结构的连接和提高结构的抗震能力，在房屋建筑中，预应力连续结构有了较大的发展，结构连接的负弯矩筋采用预应力与非预应力混合配筋，有时也全部采用普通钢筋或全部预应力筋。大量采用了预制预应力混凝土标准构件与制品，包括预应力空心楼板、槽形屋面板、压力水管、轨枕、电杆和桩等。公路桥梁、铁路桥梁、市政工程、水利工程和特种结构等也广泛采用了预应力混凝土结构。

公路与铁路桥梁一直是预应力混凝土结构应用最多、最为广泛的工程领域。20 世纪

70 年代铁路桥梁大量采用标准化的后张法预应力混凝土预制梁，跨度由 24m 扩展到 40m，到 1981 年年底为止，已建成这种铁路桥 15000 孔以上。近二十多年来，随着我国高速公路和铁路客运专线建设的大规模开展，预应力混凝土结构与配套产品呈现出高速发展趋势。桥梁工程建造技术已跻身于国际先进行列，如苏通长江大桥、香港昂船洲大桥、东海大桥和杭州湾大桥等分别创造出许多具有世界先进水平的施工技术与工程记录。京沪高速铁路等大批铁路桥梁普遍采用预应力混凝土结构。

预应力混凝土结构在建筑工程得到了广泛应用，如北京饭店贵宾楼、广东国际大厦、北京东方广场等大型、高层与超长结构工程等。近年来，预应力混凝土结构在北京 2008 年奥运工程、2010 年上海世界博览会、广州亚运会等大量体育场馆和重要工程中得到采用。

1.1.2 预应力钢材

20 世纪 30～40 年代期间，可用的预应力材料主要是钢筋，欧洲人尝试了用琴钢丝做预应力电线杆，以后逐渐开始采用直径最大达 6mm 的钢丝。1950 年前后一些生产钢丝绳的欧美企业开发了预应力钢绞线。中国 20 世纪 50 年代开始为铁路轨枕生产预应力钢丝，20 世纪 60 年代开发出普通松弛的预应力钢绞线，20 世纪 80 年代开发出低松弛的预应力钢丝和钢绞线，20 世纪 90 年代开发出镀锌预应力钢丝和钢绞线，以及涂环氧树脂的预应力钢绞线。

预应力钢棒，或称管桩钢丝，主要用于高强度预应力混凝土管桩(PHC)的配筋，预应力钢棒于 1964 年由日本高周波株式会社研制成功，当时叫 U L Bond，是超级握裹力(粘结力)的意思。大型钢结构等采用的大尺寸钢棒(或称钢拉杆)直径可达 20～210mm，也可用作体外预应力拉杆。

涂环氧树脂的预应力钢绞线最早于 1981 年在美国开发出来，技术源自环氧涂层普通钢筋。1983 年第一次应用于弗吉尼亚州朴次茅斯港的后张预应力混凝土浮动码头中，1984 年应用于伊里诺伊州昆西市湾景(Bayview)斜拉桥，后来在日本、德国及中国等国家逐渐推广开来。

精轧螺纹钢筋是 20 世纪 70 年代原联邦德国开发的产品，美、日、英等国家引进后，经过 20 世纪 80 年代大力发展，广泛用于大型建筑、桥梁、特种结构等工程。我国"六五"期间组织联合攻关，研制生产出直径 32mm，735MPa/900MPa 级余热处理高强度精轧螺纹钢筋，填补了国内空白；之后经成分及工艺调整又生产出 850MPa/1080MPa，$\delta_5 \geqslant 8\%$ 级精轧螺纹钢筋。

纤维增强复合材料 FRP(Fiber Reinforced Polymer)属于新型预应力材料，1957 年在美国采用棉花及人造纤维开始了小规模的生产，逐渐应用于飞机、体育器材、游艇、结构加固及新建桥梁。20 世纪 70 年代末 FRP 筋开发成功，并应用于工程中。20 世纪 80 年代末，德国、日本相继建成 FRP 筋预应力混凝土桥梁。

预应力钢材标准制定的年代从另一个侧面反映了预应力材料的发展历史，德国于 1953 年颁布了预应力钢材的标准，其他国家颁布标准的时间分别为：英国 1955 年，瑞士 1956 年，美国 1957 年，中国 1964 年。

鉴于低松弛预应力钢绞线的优良特性和经济性，目前其仍是全球最广泛采用的预应力材料。大量采用的尺寸规格有 12.7mm、15.24mm 和 15.7mm，常用的强度级别为 1860MPa，2000MPa 级也已在工程中应用。对于耐腐蚀性要求较高的使用条件，如体外预应力索，广泛采用无粘结钢绞线、镀锌钢绞线、涂环氧树脂钢绞线等，其中无粘结钢绞线中的钢材可以是无涂层的钢绞线，也可以是镀锌钢绞线或涂环氧树脂的钢绞线。1980 年国内研制成功无粘结筋涂塑自动化生产线，无粘结筋预应力混凝土得到了大规模的广泛应用。镀锌钢绞线在欧洲和亚洲都广泛采用，强度级别可达到 1860MPa。

目前中国的低松弛预应力钢绞线生产制造规模已达到世界第一，2005 年的产量在 100 万吨以上，2006 年的产量约在 140 万吨以上，2009 年使用量约在 380 万吨，预应力钢材的产量和用量均保持稳定增长。高强度低松弛预应力筋已成为我国预应力筋的主导产品。

1.1.3 预应力产品体系

预应力锚固体系主要包括夹具、锚具、连接器、配套的传力与锚下构造等，锚固体系的发展与预应力用钢材产品品种的不断发展密切相关，即新的预应力用钢材产品规模化生产带动新的锚固体系不断出现。早期预应力用钢材主要有钢筋和钢丝，因此锚夹具有用于钢筋的镦粗夹具、螺丝端杆锚具、帮条锚具等；用于钢丝的圆锥形夹具、楔形夹具、波形夹具、弗式锥形锚具、麦式楔块锚具和钢管混凝土螺杆锚具等。

1945 年后，预应力体系得到了快速发展，起初 Freyssinet 的 ϕ5mm 弗式锥形锚具应用较多，之后 Dywidag 公司开发了 ϕ25mm 粗钢筋锚固体系。1949 年由 4 位瑞士工程师 Birkenmaier、Brandestini、Ros 和 Vogt 发明了 BBRV 镦头锚体系。1949～1950 年 Leonhardt 和 W. Baur 研制了集中配筋的预应力钢绞线锚固体系。1965 年瑞士的 Losinger 开发出了用于锚固钢绞线的 VSL 体系。

20 世纪 50 年代之后，随着预应力用钢材的性能大幅度提高，相应的国际化预应力锚固体系逐渐形成，如国外著名体系有 Freyssinet、VSL、CCL、Dywidag 及 BBRV 等，国内著名体系有 OVM、QM、LQM、B&S 等。目前常用的锚夹具形式包括：用于钢绞线的夹片式锚固体系与握裹式(挤压和压花锚具)锚具，用于钢丝的镦头锚具及锥塞式(钢质、冷铸与热铸)锚具，用于高强钢筋的支撑式锚具等。2006 年以来，国内每年使用锚具约 6000 万标准锚固单元(孔)，近几年锚具年产量已达 1 亿孔以上，数量达到世界第一。

1.1.4 技术标准与知识体系

从 20 世纪 80 年代初至今，伴随着中国经济的高速发展，预应力技术得到了前所未有的大发展，预应力混凝土结构应用出现在超高层、超大跨、超大体积、超长和大面积、超重荷载等工程中，创造出许多具有国际先进水平的工程纪录。建筑工程、桥梁工程和特种结构工程的大量建设促进和推动了现代高效预应力体系和产品的发展与成熟，适应现代预应力结构发展的设计理论研究和设计规范标准也有较快发展。

1980 年中国土木工程学会成立了混凝土与预应力混凝土学会，并于同年召开第一届预应力混凝土学术会议。1983 年底编成《部分预应力混凝土结构设计建议》，该建议于 1985 年出版，在国内工程界引起巨大反响，并促进了预应力混凝土的广泛应用。近三十多年来，预应力混凝土结构理论和试验研究取得了巨大进展，获得了大量的科研成果，出版了一系列重要专著和设计与施工手册等；相应的设计标准、规范与规程不断更新和发展，如《混凝土结构设计规范》GB 50010—2010、《无粘结预应力混凝土结构技术规程》JGJ 92—2004、《预应力混凝土结构抗震设计规程》JGJ 140—2004 及《建筑结构体外预应力加固技术规程》JGJ/T 279—2012 等。2009 年《预应力混凝土结构设计规范》国家标准已立项并开始编制。综合预应力混凝土结构设计、施工与规模空前的工程应用实践，构成了中国当代预应力混凝土结构与技术的丰富知识体系。

1.2 定义与分类

预应力混凝土是根据需要人为地引入某一数值与分布的内应力，用以部分或全部抵消外荷载应力的一种加筋混凝土。根据预应力度、粘结方式、预应力筋束的位置、施工工艺及预应力结构构件的制作方式等，预应力混凝土可作如下分类。

1. 按预应力度分类

1970 年国际预应力协会(FIP)、欧洲混凝土委员会(CEB)根据预应力程度的不同，建议将加筋混凝土分为四个等级：(1) 全预应力混凝土，即在全部荷载最不利组合作用下，混凝土不出现拉应力；(2) 限值预应力混凝土，即在全部荷载最不利组合作用下，混凝土允许出现拉应力，但不超过其容许值，在长期持续荷载作用下，混凝土不出现拉应力；(3) 部分预应力混凝土，即在全部荷载最不利组合作用下，混凝土允许出现裂缝，但裂缝的宽度不超过规定值；(4) 普通钢筋混凝土。

中国土木工程学会《部分预应力混凝土结构设计建议》(1986 年)，根据预应力度的不同，将加筋混凝土分为全预应力混凝土、部分预应力混凝土和钢筋混凝土三类。其中部分预应力混凝土包括限值预应力混凝土和部分预应力混凝土两种。

2. 按粘结方式分类

按粘结方式可分为有粘结、无粘结及缓粘结等种类。有粘结预应力混凝土，是指预应力筋完全被周围混凝土或水泥浆体粘结、握裹的预应力混凝土。先张预应力混凝土和预设孔道穿筋并灌浆的后张预应力混凝土均属于此类。无粘结预应力混凝土，是指预应力筋伸缩变形自由、不与周围混凝土或水泥浆体产生粘结的预应力混凝土，无粘结预应力筋全长涂有专用的防锈油脂，并外套防老化的塑料管保护。缓粘结预应力混凝土，是指在施工阶段预应力筋可伸缩变形自由、不与周围缓粘结剂产生粘结，而在施工完成后的预定时期内预应力筋通过固化的缓粘结剂与周围混凝土产生粘结作用。

3. 按预应力筋束的位置分类

按预应力筋在体内与体外位置的不同，预应力混凝土可分为体内预应力混凝土与体外预应力混凝土两类。

预应力筋布置在混凝土构件体内的称为体内预应力混凝土。先张预应力混凝土以及预设孔道穿筋的后张预应力混凝土等均属此类。按预应力筋与周围混凝土之间是否有粘结，体内预应力混凝土又可分为无粘结预应力混凝土与有粘结预应力混凝土两种。

体外预应力混凝土为预应力筋布置在混凝土构件体外的预应力混凝土。即体外预应力系由布置于承载结构主体截面之外的预应力束产生的预应力，预应力束通过与结构主体截面直接或间接相连接的锚固与转向实体来传递预应力。

4. 按施工工艺分类

预应力混凝土根据其预应力施工加工工艺的不同，可分为先张法、后张法及横张法等种类。

先张法指采用永久或临时台座，在构件混凝土浇筑之前张拉预应力筋，待混凝土达到设计强度和龄期后，将施加在预应力筋上的拉力逐渐释放，在预应力筋回缩的过程中利用其与混凝土之间的粘结力，对混凝土施加预压应力。

后张法是指在构件混凝土的强度达到设计值后，利用预设在混凝土构件内的孔道穿入预应力筋，以混凝土构件本身为支承张拉预应力筋，然后用特制锚具将预应力筋锚固形成永久预应力，最后在预应力筋孔道内压注水泥浆防锈，并使预应力筋和混凝土粘结成整体。

横张法预应力混凝土是沿预应力束横向张拉获得纵向预应力的混凝土。主要特点是预留明槽、粘结自锚和横向张拉。

5. 按预应力结构构件的制作方式分类

按预应力结构构件的制作方式可分为现浇、预制及预制现浇组合预应力构件等类型。

1.3 优势和经济性

1.3.1 预应力混凝土的优势

预应力混凝土结构最适用于跨度大、荷载重、在限定建筑高度时要求层数多等情况，与非预应力结构相比，预应力结构具有如下优势：

（1）通过对混凝土结构构件截面受拉区施加预压应力，可使结构内力均匀分布，降低截面应力峰值，结构在使用荷载下不开裂或裂缝宽度减小，预应力反拱可减小结构的变形，从而改善结构的使用性能，并提高结构的耐久性。

（2）普通钢筋混凝土结构中，由于裂缝宽度和挠度的限制，高强度钢材的强度不可能被充分利用。预应力混凝土结构中，通过对预应力钢材预先施加较高的拉应力，可以使高强预应力钢材在结构破坏前能够达到其屈服强度或名义屈服强度，因此可充分利用高强预应力钢材的潜力。

（3）由于预应力筋的预压力延缓了截面斜裂缝的产生，增加了截面剪压区面积，从而提高了构件的受剪承载力。因此预应力混凝土梁的腹板宽度可减小，从而进一步减轻结构自重。

（4）预压应力可以有效降低钢筋的应力循环幅度，增加疲劳寿命。对于以承受动力荷载为主的桥梁结构是很有利的，可提高预应力混凝土结构的抗疲劳强度。

（5）预应力特别适用于工业化生产的预制混凝土构件，预制预应力混凝土具有全现浇预应力混凝土的各方面优势，在大跨度及大型预制构件中结构性能优越。

（6）由于预应力可充分发挥材料潜力、提高构件的抗裂度和刚度，提高抗疲劳强度等，因此预应力可有效地减小构件截面尺寸，减轻自重，节约材料并降低造价；对于大跨度、承受重荷载的混凝土结构，预应力可有效提高结构的跨高比限值，从而获得优良的结构性能和可观的经济效益。

1.3.2 部分预应力混凝土的优越性

部分预应力结构与全预应力结构相比具有如下优越性：

（1）全预应力结构设计常由使用荷载下不出现拉应力的条件控制，其受弯承载力安全系数往往偏大，预应力钢材用量较大；部分预应力结构设计适当放宽限制条件，有利于节约预应力钢材。

（2）全预应力结构在恒载较小、活荷载较大的情况下，可能产生长期反拱。这是由于预压区混凝土长期处于高压应力状态引起的徐变，使反拱不断增长的缘故。部分预应力由于预加力适宜，可避免长期反拱过大的问题。

（3）部分预应力混凝土设置适量的预应力筋，在正常使用状态下，其裂缝经常是闭合的。即使当全部活荷载偶然出现时，构件将出现裂缝，但这些裂缝将随活荷载的移去而闭合或仅有微裂缝。裂缝对部分预应力结构的危害性并不像对普通钢筋混凝土结构那样严重，因为后者的裂缝始终存在且不易闭合。

（4）部分预应力结构由于配置有普通钢筋，在破坏时呈现的延性和能量吸收能力，较全预应力结构好，对结构抗震非常有利。

（5）全预应力构件支座不能自由滑动时，其纵向缩短（收缩与徐变），由于受相邻构件的约束而引起的拉应力可能造成严重的裂缝。此外，当预压应力过大时会发生沿预应力筋方向的水平裂缝；采用部分预应力结构可有效地解决这类问题。

全预应力混凝土结构在加筋混凝土中并不一定是最佳方案，存在的一些缺点主要是由于预应力高强钢材的性能和预加力过大所引起的。采用混合配筋以降低预应力度并用普通钢筋来控制开裂后结构的裂缝与挠度是克服全预应力缺点的有效方法。所以，部分预应力混凝土既具有全预应力混凝土与普通钢筋混凝土二者的主要优点，又基本上克服了两者的主要缺点，现已成为加筋混凝土系列中的主要发展趋势之一。

1.3.3 预应力混凝土的经济性

预应力结构的经济性评价，宜采用多指标综合评价法，即以一系列经济指标（综合造价、单位材料用量、单位人工用量、总工期等）和功能性指标作为评价的基础。单个指标仅反映某一方面的情况，将选定的相关评价指标综合起来考虑，所反映的情况就比较全面。

大跨度预应力混凝土结构的施工工期与普通钢筋混凝土结构相比较，增加了预应力施工工序。实践表明，预应力施工技术日趋成熟，已形成一套完整的施工组织体系。如现浇预应力结构多高层建筑的预应力筋铺设与钢筋绑扎可组织流水施工；混凝土浇筑后，与普通钢筋混凝土结构一样可继续上一楼层施工，预应力筋张拉待混凝土达到强度后穿插进行，基本上不影响总工期。

预应力混凝土结构节约成本的主要途径之一是减少结构钢筋和混凝土用量，节约的数量直接与结构的跨度等因素有关。研究表明，相同设计条件下，单跨跨度小于 10m 左右的框架梁采用预应力结构并不经济（图 1-7），即跨度小于 10m 左右时所节约的成本不能抵消预应力施工所增加的费用。当框架梁采用预应力单跨跨度大于 10m 左右后，所节约的成本则可以抵消预应力施工所增加的费用，经济性显著。

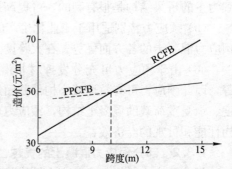

图 1-7 预应力梁的最小经济跨度示意图
RCFB—钢筋混凝土框架梁；
PPCFB—预应力混凝土框架梁

对其他影响参数，如跨数、柱距、荷载或功能性指标的研究证明，预应力混凝土在多高层楼盖结构、大跨度预应力混凝土框架梁等结构构件中应用，其综合经济效益明显。

1.4 预应力基本概念

1.4.1 预应力混凝土的基本特性分析

预应力混凝土结构的基本特性可以用三种不同的概念来理解和分析：(1)预应力是为了使混凝土成为弹性材料，即为了改变混凝土的性能，变脆性材料为弹性材料；(2)预应力是为了使高强钢材和混凝土协同工作，即把预应力混凝土看成由高强钢材和混凝土两种材料组成的一种特殊的钢筋混凝土；(3)预应力是为了荷载平衡，即对混凝土构件预先施加与使用荷载相反方向的荷载，用以抵消部分或全部工作荷载的一种方法。

1. 第一种概念——预应力是为了使混凝土成为弹性材料

按照 Eugene Freyssinet 的理论观点，预加应力的目的只是为了把抗压强度高而抗拉强度低的混凝土从脆性材料基本上控制在弹性范围内工作。如预压应力超过荷载产生的拉应力（法向应力），则混凝土就不承受拉应力，当然也就不会开裂，这就是"全预应力"混凝土之所以采用"无拉应力"或"零应力"作为控制截面应力设计准则的原因。

把混凝土视作弹性匀质材料，就可以运用材料力学的理论公式来计算混凝土的应力。在预应力混凝土梁构件中，为简化分析仅考虑截面受有两组力的作用，一组是预加力，另一组是荷载（包括自重）。由这两组力引起的应力、应变和挠度（反拱）可以分开考虑，也可根据需要进行叠加。

(1) 轴心预加力

当预应力筋作用于简支梁截面形心时（图1-8），如不考虑梁的自重和外荷载的作用，则在预加力 F 单独作用下，对混凝土截面引起的压应力合力 C 亦将作用于截面的形心。由轴心压力 C 对梁截面面积 A 产生的均匀压应力为 C/A。从力的平衡可知，预加力 F 与压力 C 大小相等而方向相反，预加力产生的混凝土均匀压应力的公式可表达为：

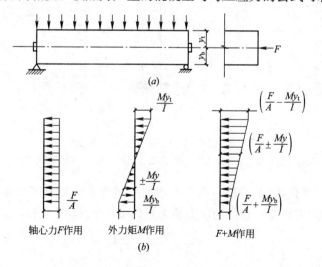

图 1-8 轴心预应力截面的应力分布

(a)预加应力及外荷载作用下的简支梁；(b)由轴心预加应力 F 和外力矩 M 引起的应力分布

$$\sigma = F/A \tag{1-1}$$

当外荷载(包括梁自重)对梁某一截面产生的力矩为 M 时,则该截面中任意一点处由 M 引起的纤维应力为:

$$\sigma = \pm \frac{M \cdot y}{I} \tag{1-2}$$

式中 y 为该点到截面重心线的距离, I 为截面的惯性矩。由 M 对截面引起的应力,当 y 位于中性轴以上时为压应力,当 y 位于中性轴以下时为拉应力。在预加力和外荷载共同作用下的应力,可用式(1-1)与式(1-2)叠加而求得:

$$\sigma = \frac{F}{A} \pm \frac{My}{I} \tag{1-3}$$

(2)偏心预加力

如预应力筋对截面重心有一偏心距 e(图 1-9),偏心预加力对梁截面混凝土产生的作用可以分解为一个轴心 F 和一个力矩 Fe 两部分。由轴心预加力对截面引起的均布压应力见式(1-1);由力矩对截面中任意一点引起的纤维弯曲应力为:

$$\sigma = \pm \frac{Fey}{I} \tag{1-4}$$

因此由偏心预加力对截面引起的应力分布为:

$$\sigma = \frac{F}{A} \pm \frac{Fey}{I} \tag{1-5}$$

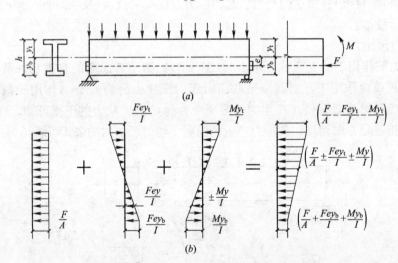

图 1-9 偏心预应力截面混凝土的分布

(a)加有偏心预加力及力矩的简支梁;(b)由偏心预加力及外力矩引起的截面应力分布

如外荷载(包括梁自重)对梁某一截面引起的力矩为 M,则在外力矩 M 和偏心预加力共同作用下,该截面内任意一点处的应力将为式(1-2)与式(1-5)之和,亦即

$$\sigma = \frac{F}{A} \pm \frac{Fey}{I} \pm \frac{My}{I} \tag{1-6}$$

当采用式(1-1)～式(1-6)计算时,因为 F 实际上是代替了压力 C,因此求出的 σ,负值表示压应力,正值代表拉应力。

2. 第二种概念——预应力是为了使高强钢材和混凝土协同工作

预应力混凝土是将高强预应力钢材预先进行张拉并锚固于混凝土的一种特殊钢筋混凝土。虽然和普通钢筋混凝土一样，也是用钢材承受拉力、用混凝土承受压力，拉力与压力组成的内力偶来抵抗外力矩，但是两者的工作性状是有很大区别的。

普通钢筋混凝土梁在受力状态下截面一般是有裂缝的，由钢筋承担的拉力 T 与混凝土承担的压力 C 都随外力矩的增加成比例增长，而内力臂 a 则几乎保持不变。

预应力混凝土在受力状态下如不开裂，当增加外力矩时，组成内力偶的拉力 T 与压力 C 几乎保持为常量（实际上略有增减，但所占比例不大），而力臂 a 则随外力矩而按比例增加。

压力线法常称之为 C 线法，首先把预加力当作外力，并假定其量值沿全长固定不变，混凝土按弹性体考虑，这样就可以用力的平衡公式来计算混凝土应力。图 1-10 为一根偏心预加力的简支梁的内力图，梁的预加力为 F，偏心距为 e。如忽略梁的自重，在预加力的单独作用下，梁截面混凝土受有压力 C，其量值与预加力 F 相等而方向相反（图 1-10a），并作用于同一位置上，此时力臂=0。当作用有外力矩 M（包括梁自重）时，由于截面内的拉力 F 和压力 C 都保持不变，F 的作用点也是已知的，因此根据内力偶与外力矩相平衡的条件（图 1-10b），即

$$Ca = Fa = M$$

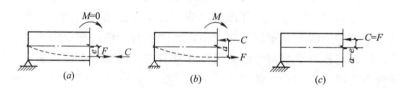

图 1-10　压力 C 作用点与外力矩 M 的关系
(a)外力矩=0；(b)外力矩=M；(c)压力 C 的偏心距为 $a-e$

即可求得内力臂：

$$a = M/C = M/F \qquad (1-7)$$

求得混凝土压力 C 作用点与预加力作用点之间距离 a 之后，即可得到 C 离开截面重心的距离为($a-e$)（图 1-10c）。由于 $C=F$，偏心距=$a-e$，代入弹性公式(1-5)即可得到在预加力 F 和外弯矩 M 共同作用下截面内混凝土任意一点处的应力为：

$$\sigma = \frac{F}{A} \pm \frac{F(a-e)y}{I} \qquad (1-8)$$

在形式上看，按第二种概念和按第一种概念得出的计算截面应力的公式有很大的差别，实际上只要用 $a=M/F$ 代入式(1-8)即可导出式(1-6)。

3. 第三种概念——预加应力是为了荷载平衡

预加应力可以认为是对混凝土构件预先施加与使用荷载方向相反的荷载，用以抵消部分或全部工作荷载的一种方法。

预应力筋方向的调整可对混凝土构件形成横向力。以采用抛物线形预应力筋的简支梁为例，可近似地假定预应力筋将对混凝土产生方向向上、单位水平长度为 ω 的均布线性荷

载（图 1-11）（实际上是沿着预应力筋的法线方向，但以上假定误差很小）。取梁的左半部为分离体（图 1-11d），对梁端锚固点取矩，得

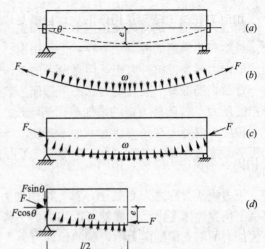

$$Fe = \frac{1}{8}\omega l^2$$

亦即

$$\omega = \frac{8Fe}{l^2} \qquad (1-9)$$

式中 F 为预加力，l 为梁跨，e 为抛物线筋跨中的垂度，ω 为预应力筋的反向荷载或等效荷载。

图 1-11　抛物线筋对混凝土引起的反力
(a) 采用抛物线束的简支梁；(b) 预应力筋分离体；
(c) 混凝土分离体；(d) 取梁的左半部为分离体

如果外荷载恰好被预应力筋引起的反向荷载所平衡，亦即外荷载对梁各截面产生的力矩均被预应力筋所产生的力矩抵消。此时梁有如轴心受压构件一样，只承受一个均匀压应力 F/A 而无弯曲应力。这样梁就既不发生挠曲又不产生反拱。如外荷载超过预应力筋所产生的反向荷载，则可用荷载差值来计算梁截面增加的应力。

荷载平衡法是林同炎（T. Y. Lin）首先提出的。这个方法概念清晰，计算简单。为设计人员选择合理的预应力筋线型和预加力的大小，提供了有价值的概念设计方法，特别是对连续梁、平板、框架等较复杂结构的概念设计非常有效。采用以上三种概念进行预应力混凝土结构设计分析所得结果完全一致。

1.4.2　预应力混凝土结构设计基本要求

工程结构设计的目的是建造安全、适用、耐久、经济和美观的结构。为达到这些目的，结构工程师必须掌握控制预应力混凝土性能的基本原则。

设计工作可以分为有区别但又相互关联的三个阶段，即方案设计与概念设计阶段、结构分析与初步设计阶段、构件设计与施工图设计阶段（包括截面设计与构造设计等）。方案与概念设计在整个设计过程中是最关键和富于创造性的步骤，本阶段要选择结构类型，规定初步几何尺寸和预应力筋束形，以及确定设计荷载。设计工程师采用概念设计方法，在满足使用所要求结构功能的同时，充分利用艺术设计、工程经验、施工新技术和新工艺等，发挥创造性才能，形成优秀的方案设计。

结构分析与初步设计阶段，实际的结构将简化为构件的组合体，并确定在这些构件中荷载的分布方式。通过计算求得整个结构的内力分布规律。在分析阶段可采用有效的现代结构分析技术，如有限元法、通用或专用计算机设计分析程序等。

构件设计与施工图设计阶段（截面设计与构造设计等），研究结构构件对计算内力的反应，校核构件的几何尺寸，确定所需预应力筋和普通钢筋的数量，以及确定配筋细节。在该设计阶段，工程师必须考虑预应力混凝土的复杂性和实际性能。在这个阶段需综合运用经验公式，如裂缝宽度、剪切承载力；近似方法，如应力计算中采用线弹性，未开裂的假定；及合理模型，如受弯平截面变形理论等。目前计算机的普遍应用大大增加了该设计阶

段合理模型的实用性。

预应力混凝土结构及构件的设计应满足以下几个要求：

（1）构件应具有足够的承载力，使其在达到承载能力极限状态时仍具有一定的安全储备，以满足构件在最不利的条件下还能承受所出现的最大内力。

（2）在正常使用条件下，构件的应力（混凝土的正截面应力、斜截面应力、预应力筋的应力）、结构的变形都不超过规定的极限。对允许出现裂缝的构件，裂缝宽度也应限制在规定的范围内。

（3）结构及构件外型美观、适用。结构及构件的外型尽量简捷、明快，对需要在外部设锚固点的预应力结构，锚固构造的设计尽可能不影响结构的外形，并且不影响结构其他部位的功能。

（4）经济合理。结构物的经济合理性不仅体现在材料上的节省，而且还要求施工简便，同时还应考虑其在预计使用年限内的维护费用。

结构及构件设计中的主要控制因素为构件截面的选择、预应力筋面积和位置的设计，其中尤为重要的是截面尺寸的拟定。截面的确定意味着构件外形的确定，也将决定预应力筋的布置及面积。

截面尺寸与预应力筋数量及位置之间的密切联系导致了设计上的复杂性。仅从理论上讲，在满足构件基本设计要求的前提下，可有多种方案。在设计实践中，考虑到工程的实际要求及提高设计速度，仅能采用有限个方案进行比较，这就需要设计者具有丰富的设计经验，可参考已有的结构资料。依据自身理论知识拟定结构方案，进行截面预应力筋配制及布置，通过反复试算最终完成设计。

1.5 技术发展趋势

未来的建筑和其他结构工程发展将更加要求高强、轻质、抗震、耐疲劳、耐火和耐腐蚀，采用预应力混凝土最适于满足这些要求。预应力混凝土结构是两种高强度材料的结合，其结构承载力高，寿命长，耐久性好，较少需要维修。采用轻质高强高性能混凝土，将会使结构更轻，抗震性能等得到提高。预应力混凝土中混凝土原料——砂石、水泥等相对成本较低，预应力筋——预应力钢材用量也较省，预应力混凝土结构不仅比钢结构节约成本，而且比普通钢筋混凝土更具经济效益优势。预应力技术的发展可归纳为如下几个方面：

1. 预应力混凝土向高强、轻质发展

高强高性能混凝土的应用，除了降低混凝土造价外，还可带来减小截面尺寸，减少混凝土用量和自重，减少预应力筋用量，减小地震作用效应，以及提高混凝土耐久性和加快施工进度等综合经济效益。超高性能混凝土抗压强度将达 200MPa 以上或更高，并具备韧性高、耐磨、低收缩、抗拉强度高、低应变、耐疲劳及耐久性优越等特征。

混凝土材料的强度/自重比较低是一个不利因素，随着预应力混凝土结构跨径的不断增大，自重也随之增加，这使得结构的承载能力大部分消耗于抵抗自重内力。因此，轻骨料混凝土应用于预应力结构具有直接的经济效益。轻骨料自重为 $14 \sim 19 \mathrm{kN/m^3}$，承重结构轻骨料混凝土较普通混凝土轻 20%~25%，应用于高层、大跨度结构可明显降低结构自重,从而减少下部结构的工程量,减少结构材料用量,提高结构的抗震性能,具有较好的综合经济效益。

2. 预应力筋向高强度、低松弛、大直径和耐腐蚀的方向发展

预应力钢材将可能采用抗拉强度超过 2000~2300MPa、松弛率不超过 2.0％的 7×ϕ5mm、7×ϕ7mm 及以上的钢绞线和 ϕ7mm、ϕ9mm 及以上的高强钢丝;直径为 16mm 以上、抗拉强度为 1450MPa 的调质热处理钢筋,以及抗拉强度达 1100~1570MPa 的大直径精轧螺纹钢筋与钢棒。研制和使用新的或特种预应力筋产品,如不锈钢制品、高分子涂覆产品、超高强产品以及高耐腐蚀的纤维增强复合材料制品等。

由于预应力钢绞线强度高,锚固简单,且与混凝土间握裹性能好,所以欧洲各国及美日等国普遍采用钢绞线代替钢丝。在预应力筋中钢绞线占有绝对优势,而且这种优势将越来越大。为了进一步提高钢绞线的使用性能和效率,大直径和模拔成型钢绞线也在工程中广泛应用。

在腐蚀性使用环境中,为延长结构使用年限和耐久性,可以采用防腐蚀性能较好的无粘结预应力筋和体外预应力筋。带涂层预应力筋已在工程中大量使用,如镀锌钢丝与钢绞线、环氧涂层钢绞线,不锈钢绞线及铝包钢绞线等。

纤维增强复合材料 FRP 是当前最新型的一类预应力材料,FRP 是采用纤维、树脂及填充料等制成的复合材料,构造形式有棒、布、带及网格等。FRP 耐腐蚀性能优越,但弹性模量较低,且缺少长期蠕变数据。结构工程常用的纤维是碳纤维,目前已有多种 FRP 筋、索和网格材产品以及配套的锚具,并编制了相关的规范和规程,在桥梁和建筑结构中的应用逐渐增多,特别是在结构加固和修复工程中。

3. 高效率的预应力张拉锚固体系及施工配套设备发展

预应力张拉锚固体系将更加完善,在一定范围内,预应力吨位可根据实际需要任意选用,而且使用方便,安全可靠。预应力锚固体系经过几十年的发展,技术已臻完善。预应力施加方便,安全可靠,张拉力最大可达上千吨甚至更高,锚具效率系数提高。预应力产品标准化、系列化,品种齐全(如环锚、吊杆锚、缆索锚及岩土锚等),可以满足各种不同的需要。预应力系列施工机具和配套设备,如大吨位高效系列千斤顶、挤压机、液压剪及灌浆泵等可满足大型与复杂预应力工程施工的要求。

4. 先进的预应力施工工艺与技术发展

预应力施工向工业化、专业化方向发展,逐步实现施工工艺标准化和管理专业化,如在大型与复杂预应力工程中预应力施工采用计算机仿真控制与管理。

5. 预制预应力结构与构件工业化发展

预制预应力混凝土结构是建筑工业化发展的必然产物。采用预应力先张法或后张法技术,可以提高预制构件结构性能,提高节点抗震性能,保证结构安全可靠。预制混凝土和预应力技术是一对密不可分的相关技术,国外采用预制预应力混凝土建筑结构较多的国家,两项技术的发展是同步的;由于国内全现浇混凝土结构发展迅速,相对而言预制混凝土建筑结构长期处于停滞状态,造成预制和预应力技术发展极不平衡。通过将预制混凝土和预应力技术的结合,并随着新型现代预制预应力混凝土建筑结构体系的深入研究、应用与发展,可以预见,新型现代预制预应力混凝土建筑结构体系将产生质的飞跃,并能全面、系统和高效地支持和满足现代建筑产业化的发展需求。

6. 预应力结构设计、计算分析与研究将继续发展

预应力混凝土及相关结构中，随着预应力设计、计算分析手段的不断完善，预应力设计计算将变得简单、可靠和快速，预应力混凝土结构设计也就变得更方便、容易。在成熟的常规预应力混凝土结构设计规范和方法基础上，借助强大的计算机软件模拟分析手段，对超长预应力混凝土结构设计方法、预应力混凝土结构抗震设计、耐火设计、耐久性设计等方面的研究日益深入，将促进预应力混凝土结构在大型与复杂预应力工程设计中的应用日臻完善。

7. 应用范围越来越广，应用结构形式和体系不断发展

预应力技术将更广泛地应用于高层建筑、地下建筑、公路与铁路桥梁、海洋工程、储存与压力容器、核电站工程、电视塔、地锚、基础工程、起重运输等领域。预应力技术的发展也会促进新型预应力混凝土结构形式和体系不断发展。

参考文献

[1] 杜拱辰. 预应力混凝土理论、应用和推广简要历史. 预应力技术简讯（总第 234 期），2007.1

[2] 杜拱辰. 现代预应力混凝土结构. 北京：中国建筑工业出版社，1988

[3] 陶学康. 后张预应力混凝土设计手册. 北京：中国建筑工业出版社，1996

[4] BEN C. GERWICK, JR. 著. 黄棠，王能远等译. 预应力混凝土结构施工. 第 2 版. 北京：中国铁道出版社，1999

[5] 杨宗放，李金根. 现代预应力工程施工. 第 2 版. 北京：中国建筑工业出版社，2008

[6] 杨宗放. 《建筑工程预应力施工规程》内容简介. 建筑技术，2004，35(12)

[7] 陶学康，林远征. 《无粘结预应力混凝土结构技术规程》修订简介，第八届后张预应力学术交流会，温州，2004.8

[8] 李晨光，刘航，段建华，黄芳玮. 体外预应力结构技术与工程应用. 北京：中国建筑工业出版社，2008

[9] 高承勇，张家华，张德锋，王绍义. 预应力混凝土设计技术与工程实例. 北京：中国建筑工业出版社，2010

[10] 薛伟辰. 现代预应力结构设计. 北京：中国建筑工业出版社，2003

[11] 朱新实，刘效尧. 预应力技术及材料设备. 第 2 版. 北京：人民交通出版社，2005

[12] 熊学玉，黄鼎业. 预应力工程设计施工手册. 北京：中国建筑工业出版社，2003

[13] 李国平. 预应力混凝土结构设计原理. 北京：人民交通出版社，2000

[14] 李晨光. 体外预应力体系研究与工程应用新进展，第五届全国预应力结构理论及工程应用学术会议论文集. 建筑技术开发(增刊)，昆明，2008.10

[15] 傅温. 高效预应力混凝土工程技术. 现代建筑技术实用丛书. 北京：中国民航出版社，1996

[16] 北京建工集团总公司. 建筑施工实例应用手册(4). 北京：中国建筑工业出版社，1998

[17] 北京建工集团有限责任公司. 建筑分项工程施工工艺标准(上、下册). 北京：中国建筑工业出版社，2008

[18] 杨嗣信. 建筑业重点推广新技术应用手册. 北京：中国建筑工业出版社，2003

[19] 李晨光. 无粘结与体外预应力混凝土结构设计与施工研究. 施工技术，1997，26(12)

[20] 重庆市交通委员会，重庆交通学院. 横张预应力混凝土桥梁设计施工指南. 北京：人民交通出版社，2005

［21］中国土木工程学会混凝土及预应力混凝土学会工程实践委员会．预应力混凝土施工应用手册．北京：中国铁道出版社，1994

［22］Li Chenguang．Research on design and application of unbonded and external prestressed concrete structures．Proceedings of the 13th FIP Congress Challenges for Concrete in the Next Millennium，Amsterdam，Netherland，23-29 May 1998

［23］T. Y. Lin，NED H. Burns．Design of Prestressed Concrete Structures．Third Edition．John Wiley & Sons，New York，1981

［24］Michael P. Collins，Denis Mitchell．Prestressed Concrete Structures．Prentice Hall，Inc.，Englewood Cliffs，New Jersey，1991

［25］Edward G. Nawy．Prestressed Concrete A Fundamental Approach．Fourth Edition．Pearson Education，Inc.，Upper Saddle River，New Jersey，2003

［26］David P. Billington．Historical Perspective on Prestressed Concrete．PCI Journal，January-February 2004，pp. 14-30

［27］Post-tensioning Manual．Sixth Edition．By Post-tensioning Institute，U. S. A. 2006

［28］1954～2004，Celebrating Milestones of an Industry and its Organization，PCI 50th Anniversary. From www. pci. org

［29］PCI Design Handbook．7th Edition．MNL-120，Precast/Prestressed Concrete Institute

［30］PCI Connections Manual for Precast and Prestressed Concrete Construction．MNL 138-08，Precast/Prestressed Concrete Institute

［31］Ned Cleland．Seismic Design of Precast/Prestressed Concrete Structures，第五届全国预应力结构理论及工程应用学术会议论文集．建筑技术开发(增刊)，昆明，2008. 10

第2章

预应力材料与锚固体系

2.1 混凝土

2.1.1 混凝土的性能要求

预应力混凝土结构一般采用水泥基普通混凝土。轻质高强混凝土、高性能混凝土和超高性能混凝土等也是预应力混凝土的优选材料。预应力混凝土应具备高强度、小变形(包括收缩和徐变小)及耐久性优良等特点。

1. 高强度

预应力混凝土结构的混凝土强度等级不宜低于 C40,且不应低于 C30。基于的原因:①高强度的混凝土与高强度的预应力筋相适应,以保证预应力筋充分发挥作用,并能有效地减小构件截面尺寸和减轻自重;②预应力混凝土构件各个部位均可能出现较大的压应力,强度等级高的混凝土的抗压强度能得到充分的发挥;③后张法构件锚固区域附近混凝土的局部应力很高,高强度混凝土才能适应局部承压要求。

2. 低收缩与低徐变

预应力混凝土结构中采用低收缩、低徐变的混凝土,一方面可以减小由于混凝土收缩与徐变产生的预应力损失,另一方面也可以有效控制预应力混凝土结构的徐变变形。

3. 耐久性优良

采用耐久性优良的混凝土是保证预应力混凝土结构耐久性的基本条件之一。

2.1.2 混凝土种类和基本性能

预应力混凝土结构中可采用的混凝土种类包括:普通混凝土、轻骨料混凝土、高性能混凝土与超高性能混凝土几类,其基本性能参数如下。

1. 普通混凝土

普通混凝土是指采用常用的水泥、砂石为原材料,采用常规的生产工艺生产的水泥基混凝土,是目前工程中最为常用的混凝土。《混凝土结构设计规范》GB 50010—2010 中所列混凝土的轴心抗压与轴心抗拉强度标准值 f_{ck} 与 f_{tk},轴心抗压与轴心抗拉强度设计值 f_c 和 f_t,弹性模量等分别见表 2-1、表 2-2 和表 2-3。混凝土的弹性模量 E_c 以其强度等级值(立方体抗压强度标准值 $f_{cu,k}$)为代表,按下列公式计算:

$$E_c = \frac{10^5}{2.2 + \frac{34.7}{f_{cu,k}}} \quad (\text{N/mm}^2) \tag{2-1}$$

混凝土轴心抗压、轴心抗拉强度标准值（N/mm²）　　表 2-1

强度	混凝土强度等级													
	C15	C20	C25	C30	C35	C40	C45	C50	C55	C60	C65	C70	C75	C80
f_{ck}	10.0	13.4	16.7	20.1	23.4	26.8	29.6	32.4	35.5	38.5	41.5	44.5	47.4	50.2
f_{tk}	1.27	1.54	1.78	2.01	2.20	2.39	2.51	2.64	2.74	2.85	2.93	2.99	3.05	3.11

混凝土轴心抗压、轴心抗拉强度设计值（N/mm²）　　表 2-2

强度	混凝土强度等级													
	C15	C20	C25	C30	C35	C40	C45	C50	C55	C60	C65	C70	C75	C80
f_c	7.2	9.6	11.9	14.3	16.7	19.1	21.1	23.1	25.3	27.5	29.7	31.8	33.8	35.9
f_t	0.91	1.10	1.27	1.43	1.57	1.71	1.80	1.89	1.96	2.04	2.09	2.14	2.18	2.22

混凝土的弹性模量（×10⁴N/mm²）　　表 2-3

混凝土强度等级	C15	C20	C25	C30	C35	C40	C45	C50	C55	C60	C65	C70	C75	C80
E_c	2.20	2.55	2.80	3.00	3.15	3.25	3.35	3.45	3.55	3.60	3.65	3.70	3.75	3.80

注：1. 当有可靠试验依据时，弹性模量也可根据实测数据确定；

　　2. 当混凝土中掺有大量矿物掺合料时，弹性模量可按规定龄期根据实测值确定。

混凝土的剪切变形模量 G_c 可按相应弹性模量值的 40% 采用。混凝土泊松比 ν_c 可按 0.20 采用。

结构构件中的混凝土，可能遭遇受压疲劳、受拉疲劳或拉—压交变疲劳的作用。根据等幅疲劳 $2×10^6$ 次的试验研究结果，GB 50010—2010 列出了混凝土的疲劳指标。混凝土轴心抗压、轴心抗拉疲劳强度设计值 f_c^f、f_t^f 应按表 2-2 中相应的强度设计值乘疲劳强度修正系数 γ_ρ 确定。混凝土受压或受拉疲劳强度修正系数 γ_ρ 应根据疲劳应力比值 ρ_c^f 分别按表 2-4、表 2-5 采用；当混凝土承受拉—压疲劳应力作用时，疲劳强度修正系数 γ_ρ 均取 0.60。

疲劳应力比值 ρ_c^f 应按下列公式计算：

$$\rho_c^f = \frac{\sigma_{c,min}^f}{\sigma_{c,max}^f} \qquad (2-2)$$

式中　$\sigma_{c,min}^f$、$\sigma_{c,max}^f$——构件疲劳验算时，截面同一纤维上混凝土的最小应力、最大应力。

混凝土受压疲劳强度修正系数 γ_ρ　　表 2-4

ρ_c^f	$0\leqslant\rho_c^f<0.1$	$0.1\leqslant\rho_c^f<0.2$	$0.2\leqslant\rho_c^f<0.3$	$0.3\leqslant\rho_c^f<0.4$	$0.4\leqslant\rho_c^f<0.5$	$\rho_c^f\geqslant0.5$
γ_ρ	0.68	0.74	0.80	0.86	0.93	1.00

混凝土受拉疲劳强度修正系数 γ_ρ　　表 2-5

ρ_c^f	$0<\rho_c^f<6$	$0.1\leqslant\rho_c^f<0.2$	$0.2\leqslant\rho_c^f<0.3$	$0.3\leqslant\rho_c^f<0.4$	$0.4\leqslant\rho_c^f<0.5$
γ_ρ	0.63	0.66	0.69	0.72	0.74
ρ_c^f	$0.5\leqslant\rho_c^f<0.6$	$0.6\leqslant\rho_c^f<0.7$	$0.7\leqslant\rho_c^f<0.8$	$\rho_c^f\geqslant0.8$	—
γ_ρ	0.76	0.80	0.90	1.00	—

注：直接承受疲劳荷载的混凝土构件，当采用蒸汽养护时，养护温度不宜高于 60℃。

混凝土疲劳变形模量 E_c^f 应按表 2-6 采用。

混凝土的疲劳变形模量（$\times 10^4 \, \text{N/mm}^2$） 表 2-6

强度等级	C30	C35	C40	C45	C50	C55	C60	C65	C70	C75	C80
E_c^f	1.30	1.40	1.50	1.55	1.60	1.65	1.70	1.75	1.80	1.85	1.90

GB 50010 提供了进行混凝土间接作用计算所需的基本热工参数，包括线膨胀系数、导热系数和比热容。

当温度在 0～100℃ 范围内时，混凝土的热工参数可按下列规定取值：

线膨胀系数 α_c：$1 \times 10^{-5} / \text{℃}$；

导热系数 λ：$10.6 \, \text{kJ/(m·h·℃)}$；

比热容 c：$0.96 \, \text{kJ/(kg·℃)}$。

2. 轻骨料混凝土

轻骨料混凝土主要包括页岩陶粒混凝土、粉煤灰陶粒混凝土、黏土陶粒混凝土、自燃煤矸石混凝土及火山渣（浮石）混凝土。在国外，陶粒轻骨料混凝土已有 80 多年的应用历史，美国、前苏联、欧洲、日本等都有大量应用，前苏联陶粒产量曾居世界首位。特别是从 20 世纪 60 年代开始在世界各地陆续建成一些有代表性的高层建筑和桥梁工程。性能稳定且耐久性良好的陶粒是承重结构轻骨料混凝土的首选骨料。我国研究与应用陶粒混凝土已有 40 多年历史，并建成一批工业与民用房屋和桥梁工程，对高强陶粒也取得了较成熟的生产和应用经验。

中华人民共和国行业标准《轻骨料混凝土结构技术规程》JGJ 12—2006 中轻骨料混凝土的强度标准值、强度设计值以及弹性模量分别见表 2-7、表 2-8 与表 2-9 所示。

轻骨料混凝土的强度标准值（N/mm^2） 表 2-7

强度种类	轻骨料混凝土强度等级									
	LC15	LC20	LC25	LC30	LC35	LC40	LC45	LC50	LC55	LC60
f_{ck}	10.0	13.4	16.7	20.1	23.4	26.8	29.6	32.4	35.5	38.5
f_{tk}	1.27	1.54	1.78	2.01	2.20	2.39	2.51	2.64	2.74	2.85

注：轴心抗拉强度标准值，对自燃煤矸石混凝土应按表中数值乘以系数 0.85，对火山渣混凝土应按表中数值乘以系数 0.80。

轻骨料混凝土的强度设计值（N/mm^2） 表 2-8

强度种类	轻骨料混凝土强度等级									
	LC15	LC20	LC25	LC30	LC35	LC40	LC45	LC50	LC55	LC60
f_c	7.2	9.6	11.9	14.3	16.7	19.1	21.1	23.1	25.3	27.5
f_t	0.91	1.10	1.72	1.43	1.57	1.71	1.80	1.89	1.96	2.04

注：1. 计算现浇钢筋轻骨料混凝土轴心受压及偏心受压构件时，如截面的长边或直径小于 300mm，则表中轻骨料混凝土的强度设计值应乘以系数 0.8；当构件质量（如混凝土成型、截面和轴线尺寸等）确有保证时，可不受此限。

2. 轴心抗拉强度设计值：用于承载能力极限状态计算时，对自燃煤矸石混凝土应按表中数值乘以系数 0.85，对火山渣混凝土应按表中数值乘以系数 0.8；用于构造计算时，应按表中取值。

轻骨料混凝土的弹性模量($\times 10^4 \text{N/mm}^2$) 表 2-9

强度等级	密度等级							
	1200	1300	1400	1500	1600	1700	1800	1900
LC15	0.94	1.02	1.10	1.17	1.25	1.33	1.41	1.49
LC20	1.08	1.17	1.26	1.36	1.45	1.54	1.63	1.72
LC25	—	1.31	1.41	1.52	1.62	1.72	1.82	1.92
LC30	—	—	1.55	1.66	1.77	1.88	1.99	2.10
LC35	—	—	—	1.79	1.91	2.03	2.15	2.27
LC40	—	—	—	—	2.04	2.17	2.30	2.43
LC45	—	—	—	—	—	2.30	2.44	2.57
LC50	—	—	—	—	—	2.43	2.57	2.71
LC55	—	—	—	—	—	—	2.70	2.85
LC60	—	—	—	—	—	—	2.82	2.97

注：当有可靠试验依据时，弹性模量值也可根据实测数据确定。

3. 高性能混凝土（HPC）

高性能混凝土（High Performance Concrete，简称 HPC）系采用现代混凝土技术，选用优质原材料，包括水泥、水和粗细骨料、活性细掺合料和高性能外加剂等组分而制备的一种新型高技术混凝土。HPC 是以耐久性和可持续发展为基本要求并适合工业化生产与施工的混凝土。HPC 高耐久性、高强度和优良的工作性体现在：①较高的早期强度、后期强度和较高的弹性模量；②高耐久性，可保持混凝土坚固耐久，在恶劣条件下使用时，可保护钢筋不被锈蚀；③优良的工作性能，既可配制坍落度为 152～203mm 的混凝土，又可配制坍落度大于 203mm 的流态混凝土，而不发生离析。要满足高性能混凝土的这些性能要求，关键是按照耐久性的要求设计混凝土。应根据混凝土结构所处的环境条件，考虑其外部和内部劣化因素和结构要求的使用年限，进行耐久性设计，保证结构在使用期限内的性能要求。

为了获得高耐久性的混凝土，在组成材料方面，HPC 常含有硅粉和其他适当的矿物微细粉，或同时含有 2 种以上此类材料，而普通混凝土中仅含一般的矿物质掺合料。其次，HPC 粗骨料的最大粒径一般不宜大于 25mm，以改善骨料与水泥的界面结构，提高界面强度。较小骨料颗粒的强度比大颗粒强度高，因为消除了岩石破碎时控制强度的最大裂隙。矿物微细粉与高效减水剂双掺是 HPC 组成材料的最大特点。双掺能够最好地发挥微细粉在 HPC 中的填充效应，使 HPC 具有更好的流动性、强度和耐久性。

鉴于 HPC 具有大流动度和优良的工作性，工程上应用 HPC 时，易于获得密实的混凝土，且施工人员的劳动强度可大大减轻，能耗降低、效率提高；HPC 具有的优良力学性能，可大幅度减少构件尺寸，减轻结构重量；HPC 所具有的高耐久性，大大降低了混凝土由于长期暴露在有害气体中，埋置于地下或有害介质侵蚀环境现时带来的破坏性，结构使用寿命可大大延长。

中国工程建设标准化协会标准《高性能混凝土应用技术规程》CECS 207：2006 给出高性能混凝土的定义为：采用常规材料和工艺生产，具有混凝土结构所要求的各项力学性能，且具有高耐久性、高工作性能和高体积稳定性的混凝土。该技术规程对高性能混凝土的基本规定包括：

（1）高性能混凝土必须具有设计要求的强度等级，在设计使用年限内必须满足结构承载和正常使用功能要求。

（2）高性能混凝土应针对混凝土结构所处环境和预定功能进行耐久性设计。应选用适当的水泥品种、矿物微细粉，以及适当的水胶比，并采用适当的化学外加剂。

（3）处于多种劣化因素综合作用下的混凝土结构宜采用高性能混凝土。

根据混凝土结构所处的环境条件，高性能混凝土应满足下列一种或几种技术要求：

（1）水胶比不大于 0.38；

（2）56d 龄期的 6h 总导电量小于 1000C；

（3）300 次冻融循环后相对动弹性模量大于 80%；

（4）胶凝材料抗硫酸盐腐蚀试验的试件 15 周膨胀率小于 0.4%，且混凝土最大水胶比不大于 0.45；

（5）混凝土中可溶性碱总含量小于 $3.0kg/m^3$。

可依据此规程进行高性能混凝土的原材料选用、混凝土配合比设计、抗碳化耐久性设计、抗冻害耐久性设计、抗盐害耐久性设计、抗硫酸盐腐蚀耐久性设计、抑制碱-骨料反应有害膨胀规定等。对高性能混凝土的拌制、施工及验收提出了具体要求。

4. 超高性能混凝土（UHPC）

超高性能混凝土（Ultra-High Performance Concrete，简称 UHPC），初期称其为活性粉末混凝土（RPC，Reactive Powder Concrete），随着国际上在此领域的深入和广泛研究，超高性能混凝土的名称趋向统一。UHPC 作为高端先进水泥基无机材料，具有超高强度、高耐久性、高韧性、高环保性等特点，是材料堆积最密实理论与纤维增强理论相结合的先进水泥基复合无机材料。UHPC 材料 1993 年由法国 BOUYGUES 公司 P. Richard 工程师研制成功。加拿大于 1997 年采用 200MPa 级 UHPC 材料在魁北克省 Sherbrooke 建造了世界上第一座体外预应力 UHPC 桥梁。UHPC 材料通过基于密实度理论将细石英砂、水泥与高活性掺合料按一定比例进行配合比设计，采用快速搅拌工艺与高温湿热养护工艺制备而得。UHPC 按抗压强度可分为 200MPa 级、500MPa 级和 800MPa 级，其使用寿命可达500 年，因此可以解决重大工程建设中的许多关键材料问题。

UHPC 主要技术性能：

（1）高强度：200MPa 级 UHPC 与普通高强混凝土力学性能对比，抗压强度为高强混凝土的 2~4 倍；抗折强度为高强混凝土的 4~6 倍；掺入纤维后拉压比可达 1/6 左右。

（2）高耐久性：UHPC 材料内部结构致密、缺陷少；如加拿大 Sherbrooke 人行桥梁用 UHPC 的耐久性指标为：300 次快速冻融循环，试样未受损；50 次含除冰盐的冻融试验结果，重量损失率平均低于 $8g/m^3$；氯离子渗透性在 6~9 库仑间波动。

（3）高韧性：UHPC 材料断裂韧性达 20000~40000J/m^2，是普通混凝土的 100 倍，可与金属铝媲美。

（4）高环保性：同等承载力条件下 UHPC 材料的生态性能优越。

200MPa 级 UHPC 与高性能混凝土（HPC）的性能比较见表 2-10。可见 200MPa 级UHPC 具有超高的力学性能与优良的耐久性能。

200MPa 级 UHPC 与高性能混凝土的性能比较　　　　　　　　　表 2-10

混凝土种类	UHPC 200	高性能混凝土
抗压强度(MPa)	170~230	60~100
抗折强度(MPa)	30~60	6~10
弹性模量(GPa)	50~60	35~40
断裂能(J/m^2)	20000~40000	140
氯离子渗透系数(库仑)	6~9	500

UHPC 不仅适合用于严酷环境下工作的结构物，而且还可以有效地减少结构物的截面尺寸与配筋，增加净空，并可替代部分钢结构。因此在建筑、铁路、公路、石油、核电、市政、海洋等工程及军事设施等领域有广阔的应用前景。

2.2　普通钢筋及预应力筋

2.2.1　普通钢筋的性能及使用要求

普通钢筋系指用于钢筋混凝土结构中的钢筋和预应力混凝土结构中的非预应力钢筋。常用主要有热轧碳素钢和普通低合金钢两种，二者的区别主要在于化学成分不同。预应力混凝土结构中的非预应力纵向受力普通钢筋宜采用 HRB400、HRB500、HRBF400、HRBF500 钢筋，也可采用 HPB300、HRB335、HRBF335、RRB400 钢筋；梁、柱纵向受力普通钢筋应采用 HRB400、HRB500、HRBF400、HRBF500 钢筋；箍筋宜采用 HRB400、HRBF400、HPB300、HRB500、HRBF500 钢筋，也可采用 HRB335、HRBF335 钢筋；

鉴于直径 50mm 以上的热轧带肋钢筋的机械连接或焊接等施工工艺复杂，应用时宜有可靠的工程经验。

国外标准中允许采用绑扎并筋的配筋形式，我国某些行业规范中已有类似的规定。经试验研究并借鉴国内、外的成熟做法，给出了利用截面面积相等原则计算并筋等效直径的方法。即：构件中的钢筋可采用并筋的配置形式。直径 28mm 及以下的钢筋并筋数量不应超过 3 根；直径 32mm 的钢筋并筋数量宜为 2 根；直径 36mm 及以上的钢筋不应采用并筋。并筋应按单根等效钢筋进行计算，等效钢筋的等效直径应按截面面积相等的原则换算确定。

相同直径的二并筋等效直径可取为 1.41 倍单根钢筋直径；三并筋等效直径可取为 1.73 倍单根钢筋直径。二并筋可按纵向或横向的方式布置；三并筋宜按品字形布置，并均按并筋的重心作为等效钢筋的重心。

钢筋代换除应满足等强代换的原则外，尚应综合考虑不同钢筋牌号的性能差异对裂缝宽度验算、最小配筋率、抗震构造要求等的影响，并应满足钢筋间距、保护层厚度、锚固长度、搭接接头面积百分率及搭接长度等的要求。即：当进行钢筋代换时，除应符合设计要求的构件承载力、最大力下的总伸长率、裂缝宽度验算以及抗震规定以外，尚应满足最小配筋率、钢筋间距、保护层厚度、钢筋锚固长度、接头面积百分率及搭接长度等构造要求。

2.2.2 预应力筋的性能要求

预应力混凝土结构对预应力筋材料的主要性能要求包括：

1. 高强度与低松弛

预应力筋中有效预应力的建立数值取决于预应力筋张拉控制应力值的大小，而控制应力值又取决于预应力筋的抗拉强度。由于预应力结构在施工以及使用过程中将出现各种预应力损失，只有采用高强度、低松弛材料才有可能建立较高的有效预应力。预应力结构的发展历史也证明了预应力筋必须采用高强材料。

2. 优良的塑性和使用性能

为实现预应力结构的延性破坏，保证预应力筋的弯曲和转向要求，预应力筋必须具有足够的塑性，即预应力筋必须满足一定的总伸长率和弯折次数的要求。预应力筋的使用性能方面的要求，如加工制造几何尺寸误差应符合标准，伸直性良好，下料切断后应不松散等。

3. 必要的粘结性能

先张法预应力构件中，预应力筋和混凝土之间必须具有可靠的粘结力，以确保预应力筋的预加力可靠地传递至混凝土中。后张法有粘结预应力结构中，预应力筋与孔道后灌水泥浆之间应有可靠的粘结性能，以使预应力筋与周围的混凝土形成一个整体来共同承受荷载作用。无粘结筋和体外预应力束完全依靠锚固系统来建立和保持预应力，为减少摩擦损失，要求预应力筋表面光滑即可。

4. 防腐蚀等耐久性能

预应力钢材腐蚀造成的后果比普通钢材要严重得多，主要原因是强度等级高的钢材对腐蚀更灵敏及预应力筋的直径相对较小。未经保护的预应力筋如暴露在室外环境中，经过一段时间将可能导致抗拉性能和疲劳强度的下降。预应力钢材通常对两种类型的锈蚀是敏感的，即电化学腐蚀和应力腐蚀。在电化学腐蚀中，必须有水溶液存在，还需要空气（氧）；应力腐蚀是在一定的应力和环境条件下共同作用，引起钢材脆化的腐蚀。

为了防止预应力钢材腐蚀，先张法由混凝土粘结保护，后张法有粘结预应力采用水泥基灌浆保护；特殊环境条件下，采用预应力钢材镀锌、环氧涂层或外包防腐材料等综合措施来保证预应力筋的耐久性。

2.2.3 预应力筋的种类

按材料性质分类，预应力筋包括金属预应力筋和非金属预应力筋两类。常用的金属预应力筋按形态可分为预应力钢丝、钢绞线和预应力螺纹钢筋三类，非金属预应力筋主要指纤维增强复合材料（即 FRP）预应力筋。

1. 金属预应力筋

碳钢预应力材料中大部分都是高碳钢材，这种材料靠高含碳量的组织强化作用及冷拉过程中产生的加工硬化。在受热到 360℃ 以后，冷加工组织会出现回复现象，强度会下降。低中碳钢材料一般主要靠热处理手段提高强度，热稳定性稍微好一些，如果调质状态的材料晶粒度较粗大的话，其应力腐蚀的敏感性较高。碳钢预应力材料按松弛性能可以分为低松弛预应力钢材和普通松弛的预应力钢材，表 2-11 则是碳钢预应力材料按照形态的分类。

碳钢预应力材料的形态分类   表 2-11

一级分类	二级分类	三级分类
钢丝	无涂镀层预应力钢丝	光面钢丝
		螺旋肋预应力钢丝
		刻痕预应力钢丝
	有涂镀层预应力钢丝	镀锌预应力钢丝
		涂环氧树脂预应力钢丝
钢绞线	无涂镀层预应力钢绞线	2 丝预应力钢绞线
		3 丝预应力钢绞线
		7 丝预应力钢绞线
		7 丝模拔预应力钢绞线
		19 丝预应力钢绞线
	有涂镀层预应力钢绞线	镀锌预应力钢绞线
		大直径镀锌普通及密封钢绞线
		涂环氧树脂预应力钢绞线
		无粘结或缓粘结的预应力钢绞线
钢棒钢筋	带螺旋槽的预应力钢棒	
	预应力混凝土用螺纹钢筋	普通螺纹及精轧螺纹钢筋
	光面钢棒	钢拉杆、钢棒

2. 非金属预应力筋

非金属预应力筋主要是指用纤维增强复合材料(FRP)制成的预应力筋,主要有玻璃纤维增强复合材料(GFRP)、芳纶纤维增强复合材料(AFRP)及碳纤维增强复合材料(CFRP)预应力筋三类。

纤维增强预应力筋的表面形态有光滑的、螺纹或网状的几种,形状包括棒状、绞线形等。不同的纤维化学成分不同,其力学性能差别很大。FRP 预应力筋的基本特点包括:抗拉强度高、抗腐蚀性能良好、重量小、热膨胀系数与混凝土相近、抗磁性能好、耐疲劳性能优良、弹性模量小、抗剪强度低等。

FRP 筋的性能取决于增强纤维和合成树脂的类型,纤维的含量、横断面形状和制造技术也有重要影响。常见 FRP 筋的力学性能如表 2-12 所示。

FRP 筋的力学性能指标[32]   表 2-12

筋的类型		抗拉强度(MPa)	弹性模量(GPa)	极限伸长率(%)
碳纤维 CFRP	高强型	3500~4800	215~235	1.4~2.0
	超高强型	3500~6000	215~235	1.5~2.3
	高模型	2500~3100	350~500	0.5~0.9
	超高模型	2100~2400	500~700	0.2~0.4
玻璃纤维 GFRP	E 型	1900~3000	70	3.0~4.5
	S 型	3500~4800	85~90	4.5~5.5
芳纶纤维 AFRP	低模型	3500~4100	70~80	4.3~5.0
	高模型	3500~4000	115~130	2.5~3.5

2.2.4 普通钢筋及预应力筋的基本性能

GB 50010—2010 中列出的普通钢筋的屈服强度标准值 f_{yk}、极限强度标准值 f_{stk} 应按表 2-13 采用;预应力钢丝、钢绞线和预应力螺纹钢筋的屈服强度标准值 f_{pyk} 及极限强度标准值 f_{ptk} 应按表 2-14 采用。普通钢筋与预应力筋的强度标准值应具有不小于 95% 的保证率。

普通钢筋强度标准值(N/mm²)　　　　　　　　表 2-13

牌号	符号	公称直径 d(mm)	屈服强度标准值 f_{yk}	极限强度标准值 f_{stk}
HPB300	ϕ	6～22	300	420
HRB335 HRBF335	ϕ ϕ^F	6～50	335	455
HRB400 HRBF400 RRB400	ϕ ϕ^F ϕ^R	6～50	400	540
HRB500 HRBF500	ϕ ϕ^F	6～50	500	630

预应力筋强度标准值(N/mm²)　　　　　　　　表 2-14

种类		符号	公称直径 d(mm)	屈服强度标准值 f_{pyk}	极限强度标准值 f_{ptk}
中强度预应力钢丝	光面 螺旋肋	ϕ^{PM} ϕ^{HM}	5、7、9	620	800
				780	970
				980	1270
预应力螺纹钢筋	螺纹	ϕ^T	18、25、32、40、50	785	980
				930	1080
				1080	1230
消除应力钢丝	光面 螺旋肋	ϕ^P ϕ^H	5	—	1570
				—	1860
			7	—	1570
			9	—	1470
				—	1570
钢绞线	1×3 (三股)	ϕ^S	8.6、10.8、12.9	—	1570
				—	1860
				—	1960
	1×7 (七股)		9.5、12.7、15.2、17.8	—	1720
				—	1860
				—	1960
			21.6	—	1770
				—	1860

注:极限强度标准值为 1960MPa 级的钢绞线作预应力配筋时,应有可靠的工程经验。

普通钢筋的抗拉强度设计值 f_y、抗压强度设计值 f'_y 应按表 2-15 采用；预应力筋的抗拉强度设计值 f_{py}、抗压强度设计值 f'_{py} 应按表 2-16 采用。当构件中配有不同种类的钢筋时，每种钢筋应采用各自的强度设计值。横向钢筋的抗拉强度设计值 f_{yv} 应按表中 f_y 的数值采用；当用作受剪、受扭、受冲切承载力计算时，其数值大于 360N/mm² 时应取 360N/mm²。

普通钢筋强度设计值（N/mm²）　　　　　　　　　　　　　　表 2-15

牌号	抗拉强度设计值 f_y	抗压强度设计值 f'_y
HPB300	270	270
HRB335、HRBF335	300	300
HRB400、HRBF400、RRB400	360	360
HRB500、HRBF500	435	435

预应力筋强度设计值（N/mm²）　　　　　　　　　　　　　　表 2-16

种类	极限强度标准值 f_{ptk}	抗拉强度设计值 f_{py}	抗压强度设计值 f'_{py}
中强度预应力钢丝	800	510	410
	970	650	
	1270	810	
消除应力钢丝	1470	1040	410
	1570	1110	
	1860	1320	
钢绞线	1570	1110	390
	1720	1220	
	1860	1320	
	1960	1390	
预应力螺纹钢筋	980	650	410
	1080	770	
	1230	900	

注：当预应力筋的强度标准值不符合表 2-16 的规定时，其强度设计值应进行相应的比例换算。

普通钢筋及预应力筋在最大力下的总伸长率 δ_{gt} 应不小于表 2-17 规定的数值。

普通钢筋及预应力筋在最大力下的总伸长率限值　　　　　　表 2-17

钢筋品种	普通钢筋			预应力筋
	HPB300	HRB335、HRBF335、HRB400、HRBF400、HRB500、HRBF500	RRB400	
δ_{gt}(%)	10.0	7.5	5.0	3.5

普通钢筋及预应力筋的弹性模量 E_s 应按表 2-18 采用。

钢筋及预应力筋的弹性模量($\times 10^5 \, \text{N/mm}^2$)　　表 2-18

牌号或种类	弹性模量 E_s
HPB300 钢筋	2.10
HRB335、HRB400、HRB500 钢筋 HRBF335、HRBF400、HRBF500 钢筋 RRB400 钢筋 预应力螺纹钢筋	2.00
消除应力钢丝、中强度预应力钢丝	2.05
钢绞线	1.95

注：必要时可采用实测的弹性模量。

普通钢筋和预应力筋的疲劳应力幅限值 Δf_y^f 和 Δf_{py}^f 应根据钢筋疲劳应力比值 ρ_s^f、ρ_p^f，分别按表 2-19 及表 2-20 线性内插取值。

普通钢筋疲劳应力幅限值(N/mm^2)　　表 2-19

疲劳应力比值 ρ_s^f	疲劳应力幅限值 Δf_y^f	
	HRB335	HRB400
0	175	175
0.1	162	162
0.2	154	156
0.3	144	149
0.4	131	137
0.5	115	123
0.6	97	106
0.7	77	85
0.8	54	60
0.9	28	31

注：当纵向受拉钢筋采用闪光接触对焊连接时，其接头处的钢筋疲劳应力幅限值应按表中数值乘以系数 0.80 取用。

预应力筋疲劳应力幅限值(N/mm^2)　　表 2-20

疲劳应力比值 ρ_p^f	钢绞线 $f_{ptk}=1570$	消除应力钢丝 $f_{ptk}=1570$
0.7	144	240
0.8	118	168
0.9	70	88

注：1. 当 ρ_{sv}^f 不小于 0.9 时，可不作预应力筋疲劳验算；

　　2. 当有充分依据时，可对表中规定的疲劳应力幅限值作适当调整。

普通钢筋疲劳应力比值 ρ_s^f 应按下列公式计算：

$$\rho_s^f = \frac{\sigma_{s,min}^f}{\sigma_{s,max}^f} \tag{2-3}$$

式中　$\sigma_{s,min}^f$、$\sigma_{s,max}^f$——构件疲劳验算时，同一层钢筋的最小应力、最大应力。

预应力筋疲劳应力比值 ρ_p^f 应按下列公式计算：

$$\rho_p^f = \frac{\sigma_{p,min}^f}{\sigma_{p,max}^f} \qquad (2\text{-}4)$$

式中 $\sigma_{p,min}^f$、$\sigma_{p,max}^f$ ——构件疲劳验算时，同一层预应力筋的最小应力、最大应力。

2.3 制孔、灌浆与涂层材料

2.3.1 预应力制孔材料

后张预应力筋束的孔道可采用钢管抽芯、胶管抽芯和预埋管等方法成形。对孔道成形的基本要求是：孔道的尺寸与位置应正确，孔道线型应平顺，接头不漏浆，端部预埋钢板应垂直于孔道中心等。

预埋制孔用管材有金属螺旋管（图 2-1）、塑料波纹管和钢管等类型管材。梁类构件宜采用圆形金属波纹管，板类构件宜采用扁形金属波纹管，施工周期较长时应选用镀锌金属波纹管。塑料波纹管宜用于曲率半径小、对密封性能以及抗疲劳要求高的孔道。钢管宜用于竖向分段施工的孔道。

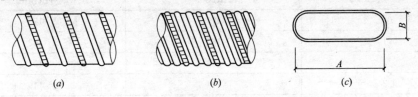

图 2-1 金属螺旋管（波纹管）规格

(a) 圆形单波纹；(b) 圆形双波纹；(c) 扁形

塑料波纹管是近十多年开发出来的一种新型预埋管材料。塑料波纹管采用的塑料为高密度聚乙烯或聚丙烯。管道外表面的螺旋肋与周围的混凝土具有较好的粘结力，从而能保证预应力传递到管道外的混凝土。塑料波纹管具有如下优点：

(1) 耐腐蚀性能好。塑料管道自身不腐蚀，且能有效防止氯离子侵入，不导电，有较高的线膨胀系数（140×10^{-6}/℃），受力后密封性好。

(2) 孔道摩擦损失小。塑料波纹管的摩擦系数和长度偏差系数分别为 0.15~0.20 和 0.0012~0.0002/m 左右。

(3) 有利于提高后张预应力结构的抗疲劳性能。

金属波纹管和塑料波纹管的规格和性能应符合现行行业标准《预应力混凝土用金属波纹管》JG 225—2007 和《预应力混凝土桥梁用塑料波纹管》JT/T 529—2004 的规定。

金属波纹管和塑料波纹管的规格可参考表 2-21~表 2-24 选用。

圆形金属波纹管规格（mm） 表 2-21

管内径	40	45	50	55	60	65	70	75	80	85	90	95	100	105	110	115	120
允许偏差	+0.5													+1.0			
钢带厚 标准型	0.25				0.30												
钢带厚 增强型	—							0.40					0.50				

注：波纹高度：单波 2.5mm，双波 3.5mm。

扁形金属波纹管规格(mm)　　　　　　　　　　　表 2-22

内短轴	长度	19				22			
	允许偏差	+0.5				+1.0			
内长轴	长度	47	60	73	86	52	67	82	98
	允许偏差	+1.0				+2.0			
钢带厚度		0.3							

圆形塑料波纹管规格(mm)　　　　　　　　　　　表 2-23

管内径	50	60	75	90	100	115	130
管外径	63	73	88	106	116	131	146
允许偏差	±1.0				±2.0		
管壁厚	2				2.5		

注：壁厚偏差+0.5mm，不圆度6%。

扁形塑料波纹管规格(mm)　　　　　　　　　　　表 2-24

内短轴	长度	22			
	允许偏差	+0.5			
内长轴	长度	41	55	72	90
	允许偏差	±1.0			
管壁厚	标准值	2.5		3.0	
	允许偏差	+0.5			

2.3.2　预应力灌浆材料

预应力筋张拉后，利用灌浆泵将水泥浆体灌注到预应力筋束孔道中去。灌浆浆体有两方面作用：一是对预应力筋形成有效的耐久性防护层，保护预应力筋避免锈蚀；二是在预应力筋束和孔道内充满浆体，通过浆体的粘结作用有效地传递应力，从而控制混凝土结构裂缝并保证符合有粘结束的受力状况。

孔道灌浆所用水泥可采用普通硅酸盐水泥，其质量应符合现行国家标准的规定。孔道灌浆用外加剂的质量及应用技术应符合现行国家标准的规定。

孔道灌浆用水泥浆的水灰比不应大于 0.42，拌制后 3h 泌水率不宜大于 2%，且不应大于 3%，泌水应在 24h 内全部重新被水泥浆体吸收。水泥浆中宜掺入高性能外加剂。严禁掺入各种含氯盐或对预应力筋有腐蚀作用的外加剂。掺外加剂后，水泥浆的水灰比可降为 0.35～0.38。

《预应力孔道灌浆剂》GB/T 25182—2010 规定：掺预应力孔道灌浆剂的浆体的性能应符合表 2-25 的要求。

掺预应力孔道灌浆剂浆体性能要求　　　　　　　　表 2-25

序号	试验项目		性能指标
1	凝结时间(h)	初凝	≥4
		终凝	≤24

序号	试验项目		性能指标
2	水泥浆稠度(s)	初始	18±4
		30min	≤28
3	常压泌水率(%)	3h	≤2
		24h	0
4	压力泌水率(%)		≤3.5
5	24h自由膨胀率(%)		0~1
6	7d限制膨胀率(%)		0~0.1
7	抗压强度(MPa)	7d	≥28
		28d	≥40
8	抗折强度(MPa)	7d	≥6.0
		28d	≥8.0
9	充盈度		合格

2.3.3 无粘结专用防腐润滑脂与缓凝粘合剂的性能指标

1. 无粘结专用防腐润滑脂

无粘结预应力筋润滑涂料应符合《无粘结预应力筋专用防腐润滑脂》JG 3007—1993要求。无粘结筋的组成包括钢绞线、专用防腐油脂及挤塑 HDPE 外套管,对专用防腐润滑脂的技术要求见表 2-26。单根有粘结预应力筋可用于后张有粘结预应力楼盖体系或桥梁横向预应力结构,也可作为体外预应力束使用。

无粘结预应力筋专用防腐润滑脂技术要求　　　　表 2-26

项目	质量指标		试验方法
	Ⅰ号	Ⅱ号	
工作锥入度,1/10mm	296~325	265~295	GB/T 269
滴点(℃),不低于	160	160	GB/T 4929
水分(%),不大于	0.1	0.1	GB/T 512
钢网分油量(100℃,24h)(%),不大于	8.0	8.0	SH/T 0324
腐蚀试验(45 号钢片,100℃,24h)	合格	合格	SH/T 0331
蒸发量(99℃,22h)(%),不大于	2.0	2.0	GB/T 7325
低温性能(−40℃,30min)	合格	合格	SH 0387 附录二
湿热试验(45 号钢片,30d)(级),不大于	2	2	GB/T 2361
盐雾试验(45 号钢片,31d)(级),不大于	2	2	GB/T 0081
氧化安定性(99℃,100h,78.5×10^4Pa) A 氧化后压力降(Pa),不大于 B 氧化后酸值(mgKOH/g),不大于	 14.7×10^4 1.0	 14.7×10^4 1.0	SH/T 0325 GB/T 264
对套管的兼容性(65℃,40d) A 吸油率(%),不大于 B 拉伸强度变化率(%),不大于	 10 30	 10 30	HG 2-146 GB 1040

2. 缓粘结预应力筋用缓凝粘合剂

缓粘结预应力筋是用缓凝粘合剂和高密度聚乙烯护套涂敷的预应力筋。张拉适用期内缓凝粘合剂具有一定的流动性，预应力钢绞线在护套内可以滑动；缓凝粘合剂固化后具有规定的强度，使预应力钢绞线与护套粘结，并通过护套表面横肋与混凝土之间的握裹，实现粘结效果。缓粘结预应力钢绞线的外包护套厚薄均匀，表面横肋分明，满足有关标准对尺寸的要求，并且无气孔以及无明显的裂纹和损伤，轻微损伤处可采用外包聚乙烯胶带或热熔胶棒进行修补。缓粘结预应力钢绞线的端头处应包裹严实，防止缓凝粘合剂的渗漏和流淌。

缓粘结预应力的防腐蚀材料性能、加工成型过程、存储和施工期间对温度、张拉时间的要求等与无粘结预应力有不同之处，其他工艺流程基本相同。

缓粘结预应力钢绞线专用粘合剂的性能应符合《缓粘结预应力钢绞线专用粘合剂》JG/T 370—2012 的规定，见表 2-27。

缓凝粘合剂性能指标　　　　　　　　　表 2-27

项目		指标	
外观		质地均匀、无杂质	
不挥发物含量(%)		≥98	
初始黏度(mPa·s)		$1.0 \times 10^4 \sim 1.0 \times 10^5$	
pH 值		7~8	
标准张拉适用期对应的标准固化时间	标准张拉适用期(d)，容许误差(d)		标准固化时间(d)，容许误差(d)
	60，±10		180，±30
	90，±15		270，±45
	120，±20		360，±60
	240，±40		720，±120
固化后力学性能	弯曲强度(MPa)	≥20	
	抗拉强度(MPa)	≥50	
	拉伸剪切强度(MPa)	≥10	
固化后耐久性能	耐湿热老化性能	拉伸剪切强度下降率≤15%	
	高低温交变性能	拉伸剪切强度下降率≤15%	

注：1. 不同温度下固化时间和张拉适用期可以参考厂家产品说明书；
　　2. 可根据用户要求调整固化时间和张拉适用期。

2.4 锚固体系

预应力锚固体系可根据需要锚固的预应力筋的种类来划分，包括钢绞线锚固体系、钢丝束锚固体系、高强钢筋和钢棒锚固体系及非金属预应力筋锚固体系等。预应力筋用锚具，可分为夹片锚具、镦头锚具、螺母锚具、钢质锥塞式、挤压锚具、压接锚具、压花锚具、冷铸锚具和热铸锚具等。预应力筋用锚具应根据预应力筋品种、锚固要求和张拉工艺等选用。

对预应力钢绞线，宜采用夹片锚具，也可采用挤压锚具、压接锚具和压花锚具；对预应力钢丝束，宜采用镦头锚具，也可采用冷铸锚具和热铸锚具；对高强钢筋和钢棒，宜采用螺母锚具。预应力施工中，如夹片锚具没有可靠防松脱措施时，不得用于预埋在混凝土中的固定端；压花锚具不得用于无粘结预应力钢绞线；承受低应力或动荷载的夹片锚具应具有防松装置。

2.4.1 预应力锚固体系性能要求

预应力筋用锚具、夹片和连接器的性能应符合现行国家标准《预应力筋用锚具、夹具和连接器》GB/T 14370—2007 和《预应力筋用锚具、夹具和连接器应用技术规程》JGJ 85—2010 的规定。主要技术要求包括：

1. 锚具的静载锚固性能试验

用预应力筋-锚具组装件静载试验测定的锚具效率系数 η_a 和达到实测极限拉力时组装件受力长度的总应变 ε_{apu}，来判定预应力锚具的静载锚固性能是否合格。

锚具效率系数 η_a 按下式计算：

$$\eta_a = \frac{F_{apu}}{\eta_p \cdot F_{pm}} \tag{2-5}$$

式中 F_{apu}——预应力筋-锚具组装件的实测极限拉力；

$\quad\quad F_{pm}$——预应力筋的实际平均极限抗拉力，由预应力筋试件实测破断荷载平均值计算得出；

$\quad\quad \eta_p$——预应力筋的效率系数。

η_p 的取用：预应力筋-锚具组装件中预应力筋为 1～5 根时 $\eta_p=1$，6～12 根时 $\eta_p=0.99$，13～19 根时 $\eta_p=0.98$，20 根及以上时 $\eta_p=0.97$。

预应力锚具的静载锚固性能应同时满足下列两项要求：

$$\eta_a \geqslant 0.95; \quad \varepsilon_{apu} \geqslant 2.0\%$$

此时，预应力筋-锚具组装件的破坏形式应当是预应力筋的断裂（逐根或多根同时断裂），锚具零件的变形不得过大或碎裂，且应按规定确认锚固的可靠性。

2. 疲劳荷载性能试验

预应力筋-锚具组装件，除必须满足静载锚固性能外，尚应满足循环次数为 200 万次的疲劳性能试验。

当锚固的预应力筋为钢丝、钢绞线或热处理钢筋时，试验应力上限取预应力筋抗拉强度标准值 f_{ptk} 的 65%，疲劳应力幅度应不小于 80MPa。工程有特殊需要时，试验应力上限及疲劳应力幅度取值可以另定。

当锚固的预应力筋为有明显屈服台阶的预应力筋时，试验应力上限取预应力筋抗拉强度标准值的 80%，疲劳应力幅度宜取 80MPa。

试件经受 200 万次循环荷载后，锚具零件不应疲劳破坏。预应力筋因锚具夹持作用发生疲劳破坏的截面面积不应大于试件总截面面积的 5%。

3. 周期荷载性能试验

在有抗震要求的结构中使用的锚具，预应力筋-锚具组装件还应满足循环次数为 50 次的周期荷载试验。

当锚固的预应力筋为钢丝、钢绞线或热处理钢筋时，试验应力上限取预应力筋抗拉强度标准值 f_{ptk} 的 80%，下限取预应力筋抗拉强度标准值 f_{ptk} 的 40%。

当锚固的预应力筋为有明显屈服台阶的预应力筋时，试验应力上限取预应力筋抗拉强度标准值的 90%，下限取预应力筋抗拉强度标准值的 40%。

试件经 50 次循环荷载后预应力筋在锚具夹持区域不应发生破断。

4. 锚固区传力性能试验

锚固区传力性能试验可参照 JGJ 85—2010 的规定。

除此之外，其他技术性能要求的试验还有：锚具低温锚固性能检验；锚具内缩值测定；锚口摩擦损失测定；锚板性能检验；变角张拉摩擦损失测定；张拉锚固工艺试验等。

2.4.2 预应力锚固体系选用

国内外主要预应力锚固体系有：OVM、B&S、QM、VSL、Freyssinet 及 Dywidag 等。圆形夹片锚具体系(图 2-2)或扁形夹片锚具体系(图 2-3)的一般规格可参考表 2-28 和表 2-29 选用。

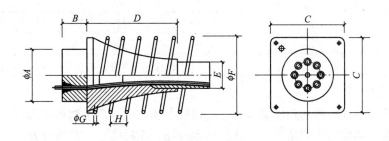

图 2-2　圆形夹片锚具体系

圆形夹片锚具体系(mm)　　　　　　　　　　表 2-28

钢绞线直径-根数	锚板 $\phi A \times B$	锚垫板 $C \times D$	波纹管内径 E	螺旋筋			
				ϕF	ϕG	H	圈数
15-1	$\phi 46 \times 48$	80×12	—	70	6	30	4
15-3	$\phi 85 \times 50$	135×110	$\phi 45 \sim \phi 50$	140	10	40	4
15-4	$\phi 100 \times 50$	160×120	$\phi 50 \sim \phi 55$	160	12	50	4.5
15-5	$\phi 115 \times 51$	180×130	$\phi 55 \sim \phi 60$	180	12	50	4.5
15-6、7	$\phi 128 \times 55$	210×150	$\phi 65 \sim \phi 70$	210	14	50	5
15-8	$\phi 143 \times 55$	240×160	$\phi 70 \sim \phi 75$	230	14	50	5.5
15-9	$\phi 153 \times 60$	240×170	$\phi 75 \sim \phi 80$	240	16	50	5.5
15-12	$\phi 168 \times 65$	270×210	$\phi 85 \sim \phi 90$	270	16	60	6
15-14	$\phi 185 \times 70$	285×240	$\phi 90 \sim \phi 95$	285	18	60	6
15-16	$\phi 200 \times 75$	300×327	$\phi 95 \sim \phi 100$	300	18	60	6.5
15-19	$\phi 210 \times 80$	320×310	$\phi 100 \sim \phi 110$	320	20	60	7

注：本表数据系综合各锚具厂的产品标准确定，仅供选用时参考；实际使用时应以锚具厂的产品标准为准。

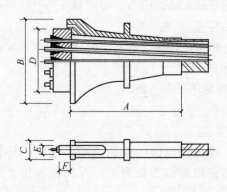 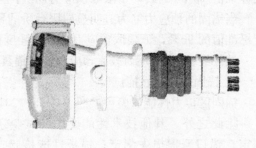

图 2-3　扁形夹片锚具体系

扁形夹片锚具体系(mm)　　　　　　　　　　　　　　　表 2-29

钢绞线直径-根数	扁形锚垫板(mm)			扁形锚板(mm)		
	A	B	C	D	E	F
15-2	150	160	80	80	48	50
15-3	190	200	80	115	48	50
15-4	230	240	90	150	48	50
15-5	270	280	90	185	48	50

注：本表仅供选用时参考。

设计技术人员选用锚具和连接器时，可以根据预应力混凝土结构工程所处环境、结构体系设计要求、预应力筋的品种、产品的技术性能、张拉施工工艺条件及经济指标等综合因素，合理采用。表 2-30 为锚具和相应的连接器选用表。

锚具(与锚具对应的连接器)选用　　　　　　　　　　　表 2-30

预应力筋品种	张拉端	固定端	
		安装在结构外部	安装在结构内部
钢绞线	夹片锚具 压接锚具	夹片锚具 挤压锚具 压接锚具	压花锚具 挤压锚具
单根钢丝	夹片锚具	夹片锚具	镦头锚具
钢丝束	镦头锚具 冷(热)铸锚	冷(热)铸锚	镦头锚具
预应力螺纹钢筋	螺母锚具	螺母锚具	螺母锚具

2.4.3　预应力特殊锚固体系

1. 无粘结筋全封闭锚具

《无粘结预应力混凝土结构技术规程》JGJ 92—2004 对处于二类、三类环境条件的无粘结预应力锚固系统，要求采用连续封闭的防腐蚀体系，具体规定包括：

（1）锚固端应为预应力钢材提供全封闭防水设计；

（2）无粘结预应力筋与锚具部件的连接及其他部件间的连接，应采用密封装置或采取封闭措施，使无粘结预应力锚固系统处于全封闭保护状态；

（3）连接部位在 10kPa 静水压力（约 1.0m 水头）下应保持不透水；

（4）如设计对无粘结预应力筋与锚具系统有电绝缘防腐蚀要求，可采用塑料等绝缘材料对锚具系统进行表面处理，以形成整体电绝缘。

GTi(General Technology，INC.)无粘结预应力专利产品 ZeroVoid(图 2-4)符合全封闭与电绝缘锚具的严格要求，在北美后张预应力混凝土结构中广泛应用。

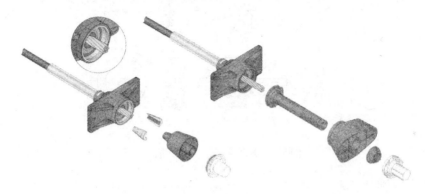

图 2-4　GTi 无粘结预应力专利产品 ZeroVoid

2. 环向预应力筋束 X 形锚具

环向预应力结构的筋束可以采用 X 形锚具(图 2-5)，一般为单根无粘结筋或单根有粘结预应力筋。X 形锚具在压力管道、压力容器、环形储物筒仓及地铁管片等结构中应用较多。

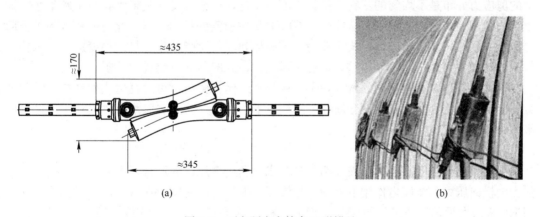

(a)   (b)

图 2-5　环向预应力筋束 X 形锚具

(a)X 形锚具示意图；(b)X 形锚具工程应用

2.4.4　CFRP 预应力筋锚固体系

FRP 预应力筋中 CFRP 预应力筋的应用最为广泛，CFRP 预应力筋加固钢筋混凝土结构的关键问题是对碳纤维筋施加预应力，并且是在构件内长期存在的预应力，而此预应力是靠锚具来建立和保持的。合理可靠的锚具是预应力碳纤维筋加固技术工程应用的前提。

1. CFRP 筋锚具的主要类型

碳纤维筋锚的类型主要有：夹片式锚具、粘结型锚具、夹片粘结型锚具，如图 2-6 所示。

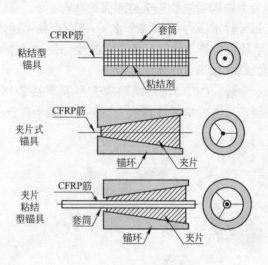

图 2-6　各种形式的 CFRP 筋锚具

（1）粘结型锚具

粘结型锚具一般由套筒和胶体两部分组成，套筒一般为直筒式或内锥式锚具，而胶体则由混合填料组成。直筒式锚具直径相对较小，但锚固长度较大；内锥式锚具直径较大，由于混合填料对碳纤维筋的粘结和握裹及锥形内腔的楔形效应，锚固长度较小些。

粘结型锚具受力机理为：通过界面的粘结力、摩擦力和机械咬合力来传递剪力，界面上的剪应力分布是不均匀的，它沿锚具长度而变化，在锚具受荷端最大，自由端最小，通过锚固长度上剪应力的积累，从而建立 CFRP 板中所需的拉力。开发此类型锚具的主要障碍在于锚具的长度，其破坏模式主要为粘结破坏和环氧树脂产生大量的徐变应变。该锚具体系的缺点主要是抗冲击作用差，蠕变变形过大，温度湿度及耐久性问题。

这种锚具还有一些不同的做法：①用树脂砂浆代替树脂，可改良树脂的性质；②用非金属套筒代替钢套筒，避免钢套筒在暴露环境下的腐蚀；③用膨胀水泥砂浆作为粘结材料来粘结 CFRP 筋。

（2）夹片型锚具

夹片型锚具一般由套筒和夹片两部分组成，利用楔片锚固原理，把夹片顶进套筒，在强大的横向压力和摩擦力作用下夹紧碳纤维板。夹片式锚具需要在张拉前进行预紧，由于 CFRP 板由大量单根纤维经树脂胶合形成，材料性能表现为各向异性，轴向的性能优异，而横向抗压强度和抗剪强度较低，其轴向抗拉强度与横向抗剪强度的比值大约为 20∶1，致使不能采用传统锚固方式对其进行锚固，因此预紧力不能过大。与钢绞线锚具的张拉工艺相比，夹片式锚具的张拉过程多了一个预紧的环节。

该锚具体系由于其易于组装，以及在现场易于施工等优点在预应力应用中得到推广。该体系的主要破坏模式是由于夹片的咬合作用而造成 CFRP 筋剪应力过大而造成的局部破坏。

（3）夹片粘结式锚具

夹片粘结式锚具是将树脂套筒式锚具与夹片式锚具合并，组合成一种新的锚具，其中一部分力通过树脂的粘结力传递至套筒，并通过粘结和夹片横向压力的综合作用进行锚固。类似锚具所采用的粘结材料种类很多，包括环氧基粘结剂，硅酸盐水泥以及低熔点合金等。夹片粘结式锚具兼顾了机械夹持式锚具与粘结型锚具的双重优点，组件加工方便，体积小巧，锚固效果很好。

2. 新型锚具

以上所述锚具大多为金属锚具，其主要缺点是剪切强度较低易于过早破坏并且耐腐蚀性能较差。在后张体系中，由于缺乏简单可靠、经济耐用的锚具成为影响预应力 CFRP 发展的重要技术问题。而非金属锚具可以克服传统锚具的不足，并且具有组装简单、制作经济、耐久性与 CFRP 材料相差不大的优点。

国外采用抗压强度超过 200MPa、拥有良好的耐久性和抗裂性能的超高性能混凝土（UHPC）研制成 CFRP 预应力筋锚具。其中的 UHPC 掺入了煅烧合成的铝土矿和 3mm 短碳纤维。锚具包括具有锥孔的外部套筒和四个片式夹片，套筒由碳纤维布包裹密封以充分发挥 UHPC 的强度和韧度，如图 2-7 所示。通过单调加载和循环加载试验检验了新型混凝土锚具的特性。试验证明该锚具显示出良好的机械特性，可以发挥和保持钢筋高强的特点，并且可以抵抗预期疲劳荷载，提高结构的使用性能。

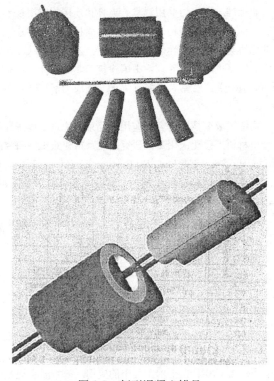

图 2-7　新型混凝土锚具

参考文献

［1］陶学康. 后张预应力混凝土设计手册. 北京：中国建筑工业出版社，1996

［2］李晨光，刘航，段建华，黄芳玮. 体外预应力结构技术与工程应用. 北京：中国建筑工业出版

社，2008

[3] 中华人民共和国国家标准. 混凝土结构设计规范 GB 50010—2010

[4] 中国土木工程学会高强与高性能混凝土委员会. 高强混凝土结构设计与施工指南. 第2版. 北京：中国建筑工业出版社，2001

[5] 中华人民共和国行业标准. 轻骨料混凝土结构技术规程 JGJ 12—2006

[6] 中华人民共和国建筑工业行业标准. 预应力混凝土用金属波纹管 JG 225—2007

[7] 中华人民共和国交通行业标准. 预应力混凝土桥梁用塑料波纹管 JT/T 529—2004

[8] 中华人民共和国国家标准. 预应力孔道灌浆剂 GB/T 25182—2010

[9] 中华人民共和国国家标准. 预应力筋用锚具、夹具和连接器 GB/T 14370—2007

[10] 中国工程建设标准化协会标准. 建筑工程预应力施工规程 CECS 180：2005

[11] 中华人民共和国行业标准. 无粘结预应力混凝土结构技术规程 JGJ 92—2004

[12] 中华人民共和国国家标准. 预应力混凝土用钢绞线 GB/T 5224—2003

[13] 中华人民共和国建筑工业行业标准. 无粘结预应力钢绞线 JG 161—2004

[14] 中华人民共和国建筑工业行业标准. 无粘结预应力筋专用防腐润滑脂 JG 3007—1993

[15] 中华人民共和国建筑工业行业标准. 缓粘结预应力钢绞线专用粘合剂 JG/T 370—2012

[16] 中华人民共和国国家标准. 混凝土结构工程施工质量验收规范 GB 50204—2002

[17] 中华人民共和国行业标准. 预应力筋用锚具、夹具和连接器应用技术规程 JGJ 85—2010

[18] 中华人民共和国行业标准. 建筑结构体外预应力加固技术规程 JGJ/T 279—2012

[19] 中国工程建设标准化协会标准. 高性能混凝土应用技术规程 CECS 207：2006

[20] 杜拱辰. 现代预应力混凝土结构. 北京：中国建筑工业出版社，1988

[21] BEN C. GERWICK，JR. 著. 黄棠，王能远等译. 预应力混凝土结构施工. 第2版. 北京：中国铁道出版社，1999

[22] 高效体外预应力结构锚固成套技术研究与应用. 北京市建筑工程研究院，2000 年 4 月

[23] 超高性能结构混凝土材料工程化应用基础研究. 北京市建筑工程研究院，2009 年 12 月

[24] Post-tensioning Manual，Sixth Edition. By Post-tensioning Institute，U. S. A. 2006

[25] 李晨光，安明喆. 超高性能结构混凝土材料工程化应用基础研究. 混凝土世界，2010，9(3)：28-33

[26] 李晨光，安明喆. 超高性能混凝土(UHPC)研究及其在预应力结构中的应用. 第六届全国预应力结构理论及工程应用学术会议论文集.《工业建筑》增刊，贵阳 2010，25-32

[27] 李晨光，刘子键，安明喆。超高性能混凝土(UHPC)预应力桥面板受弯性能试验研究与分析. 第十五届全国混凝土及预应力混凝土学术交流会论文集. 上海：同济大学出版社，2010，47-51

[28] PCI Design Handbook. 7th Edition. MNL 120-04，Precast/Prestressed Concrete Institute

[29] 张利利，李晨光. 预应力碳纤维复合材料(CFRP)加固混凝土受弯构件性能研究. 低碳经济建设中的混凝土结构——第十五届全国混凝土及预应力混凝土学术交流会论文集. 上海：同济大学出版社，2010

[30] 张利利，李晨光. 预应力 CFRP 在土木工程中的应用. 第六届全国预应力结构理论及工程应用学术会议论文集.《工业建筑》增刊，贵阳，2010.43-47

[31] 李晨光，张利利，杨洁. 预应力碳纤维板加固钢筋混凝土梁抗弯性能研究. 第七届全国建设工程 FRP 应用学术交流会论文集.《工业建筑》增刊，杭州，2011，235-238

[32] 陈小兵. 高性能纤维复合材料土木工程应用技术指南. 北京：中国建筑工业出版社，2009

预应力施工工艺

预应力施工工艺对结构设计有重要和直接的影响，根据工程类型、结构体系要求并结合施工工艺特点，可以在初步方案设计时确定采用何种工艺。

预应力施工技术的发展过程中，产生和发明创造了许多建立预应力的方法和工艺。按照采用的设备和建立预应力的原理不同，主要的种类有：(1)采用液压千斤顶张拉；(2)使用机械方式张拉；(3)利用电加热伸长方法建立预应力；(4)利用膨胀水泥化学方法自张建立预应力；(5)在钢与混凝土组合结构中采用预压或预弯钢构件建立预应力；(6)上述各种方法的综合应用。目前预应力施工实践中主要采用液压千斤顶张拉方法建立预应力，其优点在于张拉应力控制准确，施工操作安全可靠，设备使用寿命长，在各类工程和环境条件下均可满足使用要求等。

在实际工程中一般按常用的预应力施工工艺来分类，主要包括先张预应力与后张预应力两大类，后张预应力又包括：后张有粘结预应力、后张无粘结预应力、后张缓粘结预应力及体外预应力等工艺，本章对预应力工程中常用的施工技术与工艺作简要介绍。

3.1 先张预应力

先张预应力即利用专用的承力台座或模具先张拉并锚固预应力筋，后浇筑构件混凝土的施工工艺，主要用于预制预应力混凝土构件的加工制作。先张法的原理和工序是先在台座上或定型钢模上按设计规定的拉力张拉预应力筋，并用锚具临时固定，再浇筑构件混凝土，待混凝土达到一定强度(一般不低于混凝土设计强度的 70%，以保证钢筋与混凝土间具有足够的粘结力和避免徐变值过大)后，放松预应力筋，使预应力筋的回缩力通过与混凝土间的粘结作用，传递给混凝土，使混凝土获得预压应力。先张预应力工艺示意图如图 3-1 所示。

先张法预应力混凝土构件的生产方法有两种：模板法与台座法。模板法是利用定型钢模板作为锚固预应力筋的承力架，以浇筑混凝土的模板为单元进行机组流水的一种生产方法，适合于工厂化大量生产，效率比较高。如用离心法制作预应力电杆和桩、铁路轨枕和圆孔空心板等定型钢模板。

台座法是用专门设计的承力台座用以承受预应力筋的张拉反力，台座的台面可作为构件底模的一种生产方法，按构造可分为重力墩式台座和槽式台座两类，图 3-2 为重力墩式台座，图 3-3 为槽式台座。由于台座长度可达 100~200m，所以也称作长线法。这种方法

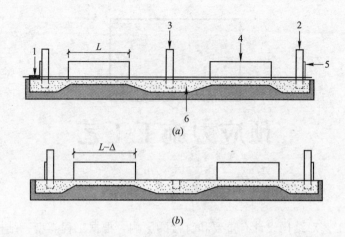

图 3-1 先张预应力工艺示意图

(a)预应力筋张拉；(b)预应力筋放张

1—张拉千斤顶与预应力筋；2—承力立柱；3—可拆立柱；4—混凝土构件；5—横梁与定位板；6—台座

一次可以同时生产多根构件，适于制作长度较长、预加力吨位较大的大、中型预应力混凝土构件，是国内外应用最多的一种预制预应力构件生产方法。台座因要承受预应力筋的巨大作用力，设计时应保证它具有足够的承载力、刚度和稳定性。

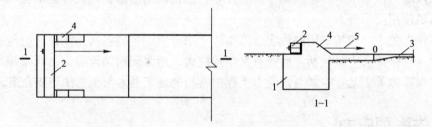

图 3-2 先张预应力重力墩式台座

1—钢筋混凝土墩式台座；2—横梁；3—混凝土台面；4—牛腿；5—预应力筋

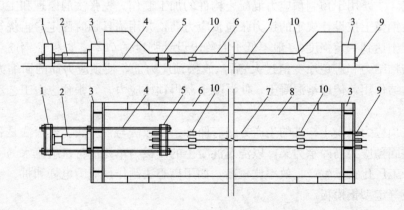

图 3-3 先张预应力槽式台座

1—活动前横梁；2—千斤顶；3—固定横梁；4—大螺丝杆；5—活动后横梁；6—台座传力柱；

7—预应力筋；8—台面；9—工具锚；10—工具连接器

先张法施工工艺的主要优势在于：施工工艺简单，预应力筋靠粘结力自锚，不必耗费特制的锚具，临时固定所使用的锚固装置，都可以重复使用。因此，在大批量生产时先张法构件比较经济，工业化生产的质量也比较稳定。中小型构件一般适于采用直线配筋，大型构件可根据需要采用折线配筋。

先张法预应力构件类型包括：空心板（如圆孔板、大跨 SP 板）、单 T 与双 T 梁板、大跨屋架、先张法预应力墙板；桥梁结构采用预制大跨先张法预应力梁、曲线先张法预应力梁等。

3.2 后张有粘结预应力

后张有粘结预应力是先制作混凝土构件或结构，通过在结构或构件中预留孔道，待混凝土达到一定强度后张拉预应力筋，张拉时可允许孔道内预应力筋自由滑动，张拉完成后在孔道内灌注水泥浆或其他保护材料，而使预应力筋与混凝土永久、可靠粘结的施工技术。后张有粘结预应力施工不需要台座设备，具有很强的灵活性，可以广泛应用于现浇预应力混凝土结构及现场生产大型预制预应力构件。后张有粘结预应力示意图见图 3-4。

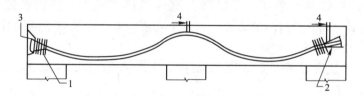

图 3-4　后张有粘结预应力示意图
1—张拉端群锚；2—固定端挤压锚；3—灌浆管；4—排气及泌水管

后张有粘结预应力的主要工艺流程如下：

1. 预应力筋下料及制作

预应力筋下料及制作主要包括：（1）预应力下料长度计算；（2）预应力筋下料与编束，下料采用机械切割方式，避免影响预应力钢材的物理与力学性能，也可保证锚具安装、挤压或钢丝镦头等工艺要求；（3）固定端制作，如挤压锚、压花锚或钢丝镦头等的组装加工。

2. 预应力孔道的留设

预应力筋孔道管的线型、直径大小、与锚下承压区连接的构造等可依据结构设计要求并参考预应力筋张拉锚固体系特点与尺寸确定。具体的选用要求包括：（1）预应力筋孔道的内径宜比预应力筋和需穿过孔道的连接器外径大 10～15mm，孔道截面面积宜取预应力筋净面积的 3.5～4.0 倍；（2）在现浇框架梁中，预留孔道在竖直方向的净间距不应小于孔道外径，水平方向的净间距不宜小于孔道外径的 1.5 倍；（3）从孔壁算起的混凝土保护层厚度：梁底不应小于 50mm；梁侧不应小于 40mm；板底不应小于 30mm；（4）灌浆孔或排气孔一般设置在构件两端及跨中处，也可设置在锚具或铸铁喇叭管处，孔距不宜大于12m。灌浆孔用于压入水泥浆。排气孔是为了保证孔道气流通畅以及水泥浆充满孔道，不形成死角。泌水管应设在每跨曲线孔道的最高点处，开口向上，露出梁面的高度一般不小于 500mm。泌水管用于排除孔道灌浆后水泥浆的泌水，并可二次补充水泥浆。泌水管一般与灌浆孔统一设置。

3. 预应力筋穿束

根据预应力筋穿束与浇筑混凝土之间的先后关系，可分为先穿束和后穿束两种。根据一次穿入数量，可分为整束穿和单根穿。钢丝束应整束穿；钢绞线优先采用整束穿，也可用单根穿。穿束工作可采用人工、卷扬机或穿束机完成。

4. 预应力筋张拉

预应力筋张拉是预应力混凝土结构施工的关键工序，张拉施工的质量直接关系到结构安全。张拉前主要工作包括：(1)锚具进场验收；(2)张拉设备的选用及标定；(3)混凝土强度试验；(4)预应力筋张拉力值与伸长值计算；(5)其他准备工作。预应力筋的张拉顺序，应使结构及构件受力均匀、同步，不产生扭转、侧弯，不应使混凝土产生超应力，不应使其他构件产生过大的附加内力及变形等。

5. 孔道灌浆

孔道灌浆前，对抽拔管成孔，灌浆前应用压力水冲洗孔道；对金属波纹管或钢管成孔，孔道不得用水冲洗，必要时应先用空气泵检查通气情况。

对有多层孔道的结构，灌浆顺序宜先灌下层孔道，后灌上层孔道。灌浆应缓慢连续进行，不得中断，并应排气通顺。在灌满孔道封闭排气孔后，应再继续加压至 $0.5\sim0.7MPa$，稳压 $1\sim2min$ 后封闭灌浆孔。当发生孔道阻塞、串孔或中断灌浆时，应及时冲洗孔道或采取其他措施重新灌浆。

灌浆用水泥浆试块采用边长为 $70.7mm$ 的立方体试模制作，标准养护 $28d$ 的抗压强度不应小于 $30MPa$。

真空辅助灌浆是近十多年来开发的灌浆新技术，即在预应力束孔道的一端采用真空泵抽吸孔道中的空气，使孔道内形成 $0.1MPa$ 负压的真空度，然后在孔道的另一端采用灌浆泵进行灌浆。其优点是：(1)在真空状态下，孔道内的空气、水分以及混在水泥浆中的气泡被消除，增加了浆体的密实度；(2)孔道在真空状态下，减小了由于孔道高低弯曲而使浆体自身形成的压力差，便于浆体充盈整个孔道；(3)真空辅助灌浆是一个连续与协调的过程，有效缩短了灌浆施工时间。

6. 锚具封闭

张拉与灌浆施工完成之后，按设计和有关规范要求将锚固体系外露部分封闭。

后张有粘结预应力技术在建筑、公路与铁路桥梁、特种结构等土木工程领域中有着广泛的应用。

3.3 后张无粘结预应力

无粘结预应力筋是用连续挤出成型工艺在预应力筋表面涂包一层润滑防腐蚀油脂，并用高密度聚乙烯(HDPE)挤塑套管包裹制成的，因此不需要预留孔道。无粘结预应力施工时按设计要求位置铺设无粘结预应力筋，然后浇筑混凝土，待混凝土达到设计规定强度后，张拉锚固并封闭锚具。

无粘结预应力的技术特点是利用油脂和塑料外套管隔绝预应力筋与混凝土之间的粘结，从而能够在后张工艺中张拉，并通过锚具传递预应力筋对混凝土的压力。无粘结筋既可以用于现浇构件中，也可以用于预制构件中。它减少了传统后张工艺中的孔道制作、穿束、灌浆等工序，比有粘结预应力施工工艺简便，特别是具有铺筋简便，预应力筋走向可随结构内力弯矩变化而变化的特点。后张无粘结预应力示意图见图 3-5。

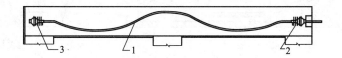

图 3-5　后张无粘结预应力示意图
1—无粘结预应力筋；2—张拉端锚具；3—固定端锚具

后张无粘结预应力的主要工艺流程如下：

1. 无粘结预应力筋下料与组装

无粘结预应力筋下料长度，应综合考虑其曲率、锚固端保护层厚度、张拉伸长值及混凝土压缩变形等因素，并应根据不同的张拉方法和锚固形式预留张拉长度。

2. 无粘结预应力筋的铺放

铺放无粘结筋前，应仔细检查筋的规格尺寸、端部模板预留孔编号及端部配件，无粘结筋的铺设应按设计图纸的规定进行。

3. 混凝土浇筑及养护

浇筑混凝土时，严禁踩踏或用振动棒冲击无粘结筋，应确保无粘结筋的束型和锚具的位置不发生移动。混凝土应振捣密实，必须保证张拉端和固定端混凝土的浇捣质量。严格进行混凝土养护。混凝土成型后，若发现有裂缝或空鼓现象，必须在无粘结筋张拉之前进行修补。

4. 无粘结预应力筋束张拉

无粘结预应力筋束张拉工艺与有粘结预应力张拉工艺要求基本相同。施加预应力时，混凝土立方体抗压强度不应低于混凝土强度等级值的 75% 或按设计要求确定。

5. 锚具的封闭

锚具是无粘结预应力建立和保持的关键单元，锚具封闭处理如果不当，则容易成为预应力钢材腐蚀的薄弱环节，所以对无粘结预应力锚具封闭保护极其重要。无粘结预应力锚固区的封闭保护应考虑环境类别的要求，在二类或三类环境条件下，应采用连续封闭的防腐蚀体系，锚固体系可采用全封闭设计或更高要求的全封闭电绝缘设计。

后张无粘结预应力技术在建筑工程梁板结构、桥梁桥面板、特种结构等结构体系应用普遍。

3.4　体外预应力

体外预应力是后张预应力体系的重要组成部分和分支之一，是与传统的布置于混凝土结构构件体内的有粘结或无粘结预应力相对应的预应力类型。体外预应力系由布置于承载结构主体截面之外的预应力束产生的预应力，预应力束通过与结构主体截面直接或间接相连接的锚固与转向实体来传递预应力。体外预应力的两个主要特点，一是体外预应力束与结构主体相分离；二是体外预应力束的锚固区和转向节点与结构主体通过构造方式直接或间接相连系并有效传递预应力作用。箱梁内部体外预应力束存置图见图 3-6。

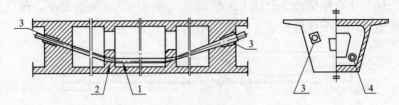

图 3-6　箱梁内部体外预应力束布置图
1—体外束；2—转向块；3—端部锚固区；4—转向器导管

体外预应力的主要工艺流程如下：

1. 施工准备

施工准备包括体外预应力束的制作、验收、运输、现场临时存放；锚固体系和转向器、减振器的验收与存放；体外预应力束安装设备的准备；张拉设备标定与准备；灌浆材料与设备准备等。

2. 体外预应力束锚固与转向节点施工

新建体外预应力结构锚固区的锚下构造和转向块的固定套管均需与建筑或桥梁的主体结构同步施工。锚下构造和转向块部件必须保证定位准确，安装与固定牢固可靠，此施工工艺过程是束形建立的关键性工艺环节。

3. 体外预应力束的安装与定位

对于有双层套筒的体外预应力体系，需在固定套管内先安装锚固区内层套管，转向器内层套管或转向器的分体式分丝器等，并根据设计或体系的要求，将双层间的间隙封闭并灌浆。随后进行体外束下料并安装体外预应力束主体，成品束可一次完成穿束；使用分丝器的单根独立体系，需逐根穿入单根钢绞线或无粘结钢绞线。安装锚固体系之前，实测并精确计算张拉端需剥除外层 HDPE 护套长度，如采用水泥基浆体防护，则需用适当方法清除表面油脂。

4. 张拉与束力调整

体外预应力束穿束过程中，可同时安装体外束锚固体系，对于双层套筒体系需先安装内层密封套筒，同时安装和连接锚固区锚下套筒与体外束主体的密封连接装置，以保证锚固系统与体外束的整体密闭性。锚固体系（包括锚板和夹片）安装就位后，即可单根预紧或整体预张。确认预紧后的体外束主体、转向器及锚固系统定位正确无误之后，按张拉程序进行张拉作业，张拉采取以张拉力控制为主，张拉伸长值校核的双控法。

张拉过程中，构件截面内对称布置的体外预应力束要保证对称张拉，两套张拉油泵的张拉力值需控制同步；按张拉程序进行分级张拉并校核伸长值，实际测量伸长值与理论计算伸长值之间的偏差应控制在 $\pm 6\%$ 之内。体外预应力束的张拉力需要调整的情形：（1）设计与施工工艺要求分级张拉或单根张拉之后进行整体调束；（2）结构工程在经过一定使用期之后补偿预应力损失；（3）其他需调整束张拉力的情况。

5. 体外预应力束锚固系统防护与减振器安装施工

张拉施工完成并检测与验收合格后，对锚固系统和转向器内部各空隙部分进行防腐蚀防护工艺处理，根据不同的体外预应力系统，防护主要可选工艺包括：（1）灌注高性能水泥基浆体或聚合物砂浆浆体；(2)灌注专用防腐油脂或石蜡等；(3)其他种类防腐处理方法。灌注防护材料之前，按设计规定，锚固体系导管及转向器导管等之间的间隙内要求填入橡胶板条或其他弹性材料对各连接部位进行密封，锚具采用防护罩封闭。

体外预应力束体防护完成后，按工程设计要求的预定位置安装体外束主体减振器，安装固定减振器的支架并与主体结构之间进行固定，以保证减振器发挥作用。

体外预应力技术在建筑结构加固改造、公路与铁路桥梁、特种结构等领域中有广泛的应用。

参考文献

[1] 冯大斌，栾贵臣. 后张预应力混凝土设计手册. 北京：中国建筑工业出版社，1999

[2] 庄军生等编译. 国外预应力混凝土工程实践指南. 北京：中国铁道出版社，1998

[3] 熊学玉，黄鼎业. 预应力工程设计施工手册. 北京：中国建筑工业出版社，2003

[4] 杨宗放，李金根. 现代预应力工程施工. 第2版. 北京：中国建筑工业出版社，2008

[5] 中国工程建设标准化协会标准. 建筑工程预应力施工规程 CECS 180：2005

[6] 中华人民共和国行业标准. 无粘结预应力混凝土结构技术规程 JGJ 92—2004

[7] 中华人民共和国建筑工业行业标准. 缓粘结预应力钢绞线专用粘合剂 JG/T 370—2012

[8] 中华人民共和国国家标准. 混凝土结构工程施工规范 GB 50666—2011

[9] 中华人民共和国国家标准. 混凝土结构工程施工质量验收规范 GB 50204—2002

[10] 李晨光，刘航，段建华，黄芳玮. 体外预应力结构技术与工程应用. 北京：中国建筑工业出版社，2008

[11] 傅温. 高效预应力混凝土工程技术. 现代建筑技术实用丛书. 北京：中国民航出版社，1996

[12] 北京建工集团总公司. 建筑施工实例应用手册(4). 北京：中国建筑工业出版社，1998

[13] 北京建工集团有限责任公司. 建筑分项工程施工工艺标准(上、下册). 北京：中国建筑工业出版社，2008.6

[14] 杨嗣信. 建筑业重点推广新技术应用手册. 北京：中国建筑工业出版社，2003

[15] Li Chenguang. Construction of the Prestressed Concrete Structures of CCTV Tower. Modern Application of Prestressed Concrete, Proceedings of the International Symposium on Modern Application of Prestressed Concrete, September 3-6, 1991, Beijing, China

[16] 李晨光，周华. 中央电视塔塔身竖向预应力混凝土结构施工. 建筑技术，1992，19(6)

[17] 李晨光. 中央电视塔预应力混凝土结构施工. 大吨位预应力群锚体系应用经验交流及研讨会论文集，开封，1991

[18] 李晨光. 无粘结与体外预应力混凝土结构设计与施工研究. 施工技术，1997，26(12)

[19] Li Chenguang. Research on design and application of unbonded and external prestressed concrete structures. Proceedings of the 13th FIP Congress Challenges for Concrete in the Next Millennium, Amsterdam, Netherland, 23-29 May 1998

[20] 编写组. 建筑施工手册. 第4版. 北京：中国建筑工业出版社，2003

[21] BEN C. GERWICK, JR. 著. 黄棠，王能远等译. 预应力混凝土结构施工. 第2版. 北京：中国铁道出版社，1999

[22] Post-tensioning Manual. Sixth Edition. By Post-tensioning Institute, U.S.A. 2006

[23] PCI Design Handbook. 7th Edition. MNL-120, Precast/Prestressed Concrete Institute

预应力结构设计原则

4.1 一般规定

预应力混凝土结构设计工作可以分为三个阶段，即方案设计与概念设计阶段、初步设计与结构分析阶段、施工图设计与构件设计阶段（包括截面设计与构造设计等）。

方案设计与概念设计阶段主要包括：结构选型，结构方案设计与估算；

初步设计与结构分析阶段主要包括：结构分析、预应力效应分析与计算、抗震设计、防火设计与耐久性设计等；

施工图设计与构件设计阶段主要包括：正常使用极限状态验算、承载能力极限状态计算、施工阶段验算、预应力构件设计与预应力构造设计等。

4.1.1 结构选型

结构选型可参考以下原则：

（1）预应力结构构件应根据结构类型及构件部位选择采用有粘结或无粘结预应力。对于主要承重构件（框架梁、门架、转换层大梁等）和抵抗地震作用的构件宜采用有粘结预应力，对于板类构件、扁梁和次梁宜采用无粘结预应力。在水下或高腐蚀环境中的结构构件，人防结构不应采用无粘结预应力结构。

结构工程师应该注意选用有粘结或无粘结预应力体系相当程度受锚固体系单元可能的组合而定，即单束张拉力较大时，常采用大吨位有粘结群锚体系；而单束张拉力较小时，可采用无粘结（或缓粘结）单根或多根组合应用；耐久性方面的性能则取决于锚具防护系统的防腐蚀设计构造和封闭程度，如无粘结预应力全封闭体系具有良好的抗腐蚀能力，可以用于相应防腐等级的结构工程。

（2）预应力混凝土结构可实现的跨度及经济跨度与采用的结构体系、构件截面形式、支座条件及荷载等因素有关，并与预应力度有关。建筑结构中预应力混凝土结构可实现的跨度及经济跨度可参考表4-1。

预应力混凝土结构可实现的跨度及经济跨度 表4-1

构件类型	可实现的跨度（m）	经济跨度（m）
梁	15～40	15～30
板	7～20	7～15

注：特殊结构形式中梁板跨度不受此限制。

（3）预应力混凝土板及梁的截面高度选择

预应力板的厚度宜符合表 4-2 的规定。预应力梁的截面高度宜符合表 4-3 的规定。预应力构件截面尺寸的确定，除考虑结构荷载、建筑净高等条件外，还应考虑预应力束及锚具的布置及张拉施工操作空间尺寸的影响等因素。

预应力板的厚度与跨度的比值(h/l)　　　　表 4-2

项次	板的支承情况	板的种类				
		单向板	双向板	悬挑板	无梁楼盖	
					有柱帽或托板	无柱帽
1	简支	1/35~1/40	1/45	—	—	—
2	连续	1/40~1/45	1/50	1/10	1/45~1/50	1/35~1/40

注：1. l 为板的短边计算跨度；无梁楼盖中 l 为板的长边计算跨度；

2. 双向板指板的长边与短边之比小于 3 的情况；

3. 荷载较大时，板厚应适当增加；

4. 考虑预应力筋的布置及效应，板厚不宜小于 150mm。

预应力梁的截面高度与跨度的比值(h/l)　　　　表 4-3

分类	梁截面高跨比	分类	梁截面高跨比
简支梁	1/15~1/20	悬挑梁	1/8~1/10
连续梁	1/20~1/25	框架梁	1/15~1/20
单向密肋梁	1/20~1/25	简支扁梁	1/15~1/25
双向井字梁	1/20~1/25	连续扁梁	1/20~1/30
三向井字梁	1/25~1/30	框架扁梁	1/18~1/30

注：1. 表中 l 为短跨计算跨度；

2. 双向密肋梁的截面高度可适当减小；

3. 梁的荷载较大时，截面高度取较大值，预应力度较大时，可以取较小值；

4. 有特殊要求的梁，截面高度尚可较表列数值减小，但应验算刚度，并采取增强刚度的措施，如增加梁宽、增设受压钢筋等。

（4）平均预压应力系指扣除全部预应力损失后，在混凝土总截面面积上建立的平均预压应力。对无粘结预应力混凝土平板，混凝土平均预压应力不宜小于 $1.0N/mm^2$，也不宜大于 $3.5N/mm^2$。

注：① 若施加预应力仅是为了满足构件的允许挠度时，可不受平均预压应力最小值的限制；

② 当张拉长度较短，混凝土强度等级较高或采取专门措施时，最大平均预压应力限值可适当提高。

4.1.2　结构设计计算与分析

结构设计计算与分析可参考如下原则或规定：

（1）在预应力混凝土结构设计中应进行正常使用极限状态验算、承载能力极限状态计算及施工阶段验算，并满足有关构造设计要求。

正常使用极限状态应保证结构在使用荷载作用下应力、变形及计算的裂缝宽度不超过规定值。

承载力极限状态应保证结构的强度在设计荷载下对破坏及失稳有足够的安全强度。

必须使结构不致遭到疲劳破坏或局部损坏，以致缩短预期的寿命或导致过大的维修费用。

施工阶段的验算应保证构件在制作、运输、安装等阶段应力、变形及裂缝宽度的计算值不超过规定值，必要时应考虑振动影响。

（2）预应力作用是张拉预应力束对结构或构件产生的作用，所产生的荷载效应值等，是预应力结构设计和计算分析时需要的重要参数。根据作用随时间的变异性来分，预应力作用属于恒载，也称永久荷载。因为预应力一旦施加在结构或构件上，尽管有预应力损失发生，但预应力损失在最初阶段完成大部分，因此可以认为预应力施加在工程结构上是基本不变的(或其变化与平均值相比可以忽略不计)。

（3）对所设计的结构应按各种可能的最不利作用的组合进行总体分析。所采用的方法应能包括全部荷载作用，包括预应力作用、温度作用、收缩徐变作用、约束作用和基础不均匀沉降作用等作用因素。

（4）预应力混凝土结构设计应计入预应力作用效应；对超静定结构，相应的次弯矩、次剪力及次轴力应参与组合计算。

对超静定预应力混凝土结构在预应力等各种内外因素的综合影响下，结构因受到强迫的挠曲变形或轴向伸缩变形，在多余约束处产生多余的约束力，从而引起结构附加内力，这部分附加内力一般统称为次内力。对于正常使用极限和承载力极限状态，可考虑次内力的影响。

次内力并不是不变化的。当结构的延性很好，能够形成变形能力很好的塑性铰，一旦结构进入破坏阶段，由于塑性铰的存在，使得结构的多余约束作用减弱或消失，这时次内力将减少或消失。

关于是否计及次轴力，一般有如下考虑。通常情况下，结构的分析计算是由计算机软件完成的。目前常用的结构分析软件对楼盖平面内的水平构件(如梁等)是不提供轴力输出的，如不加区分地对所用预应力结构均提出要考虑次轴力的影响，势必对量大面广的预应力工程的应用与推广产生不利影响。因此，在进行正截面受弯承载力计算及抗裂验算时，对预应力产生的次弯矩一般情况下应考虑。对次轴力，应视其实际影响的大小而定。对于一些跨度不大，或结构竖向构件相对较柔，或主要的抗侧力构件位于结构张拉的不动点附近，并在必要时辅以施工措施，如设置后浇带或临时施工缝等，次轴力可以不考虑以提高设计效率。在进行斜截面受剪承载力计算及抗裂验算时，在剪力设计值中次剪力应参与组合。

（5）对承载能力极限状态，当预应力作用效应对结构有利时，预应力作用分项系数 γ_p 应取 1.0，不利时 γ_p 应取 1.2；对正常使用极限状态，预应力作用分项系数 γ_p 应取 1.0。

对参与组合的预应力作用效应项，当预应力作用效应对承载力有利时，结构重要性系数 γ_0 应取 1.0；当预应力效应对承载力不利时，结构重要性系数 γ_0 应按 GB 50010 有关规定确定。

（6）正常使用极限状态内力分析应符合下列规定：

① 在确定内力与变形时按弹性理论值分析。由预应力引起的内力和变形可采用约束次内力法计算。当采用等效荷载法计算时，次剪力宜根据结构构件各截面次弯矩分布按结

构力学方法计算。次轴力宜按合适的结构力学方法计算。

② 构件截面或板单元宽度的几何特征可按毛截面(不计钢筋)计算。

(7) 预应力筋的张拉控制应力 σ_{con} 应符合下列规定：

① 消除应力钢丝、钢绞线

$$\sigma_{con} \leq 0.75 f_{ptk} \tag{4-1}$$

② 中强度预应力钢丝

$$\sigma_{con} \leq 0.70 f_{ptk} \tag{4-2}$$

③ 预应力螺纹钢筋

$$\sigma_{con} \leq 0.85 f_{pyk} \tag{4-3}$$

式中　f_{ptk}——预应力筋极限强度标准值；

　　　f_{pyk}——预应力螺纹钢筋屈服强度标准值。

消除应力钢丝、钢绞线，中强度预应力钢丝的张拉控制应力值不应小于 $0.4 f_{ptk}$；预应力螺纹钢筋的张拉控制应力不宜小于 $0.5 f_{pyk}$。

当符合下列情况之一时，上述张拉控制应力限值可相应提高 $0.05 f_{ptk}$ 或 $0.05 f_{pyk}$：

① 要求提高构件在施工阶段的抗裂性能而在使用阶段受压区内设置的预应力筋；

② 要求部分抵消由于应力松弛、摩擦、分批张拉以及预应力筋与张拉台座之间的温差等因素产生的预应力损失。

(8) 预应力混凝土构件在各阶段的预应力损失值宜按表 4-4 的规定进行组合。

各阶段预应力损失值的组合　　　　　　　　　　　　　　　　　表 4-4

预应力损失值的组合	先张构件	后张构件
混凝土预压前(第一批)的损失	$\sigma_{l1} + \sigma_{l2} + \sigma_{l3} + \sigma_{l4}$	$\sigma_{l1} + \sigma_{l2}$
混凝土预压后(第二批)的损失	σ_{l5}	$\sigma_{l4} + \sigma_{l5} + \sigma_{l6}$

注：先张构件由于预应力筋应力松弛引起的损失值 σ_{l4} 在第一批和第二批损失中所占的比例，如需区分，可根据实际情况确定。

4.1.3　结构抗震设计有关规定

预应力混凝土结构的抗震设计，应使结构体系和构件具备足够的承载力、良好的变形能力和耗能能力。

预应力混凝土结构进行抗震设计时，在基本概念设计方面应注意以下几点：

(1) 试验研究和理论分析表明，在地震作用下预应力混凝土结构的最大位移是具有相同设计强度、黏滞阻尼及初始刚度的钢筋混凝土结构的 $1.0 \sim 1.3$ 倍左右。基于设计安全考虑，常将预应力混凝土结构的设计地震作用适当提高，如新西兰规范将预应力混凝土结构的设计地震作用提高 20%。

(2) 合理控制结构的耗能机制，优先采用梁铰耗能机制。不应在同一楼层柱上下端同时出现塑性铰。

(3) 提高构件的截面延性，合理控制梁端塑性铰区配筋率和预应力度。在预应力混凝土框架梁和预应力柱中，预应力筋的面积在满足抗裂要求之后，为了增加梁端截面延性，可设置一定数量的非预应力钢筋，采用混合配筋方式，即设计成部分预应力混凝土结构；对于地震区的预应力框架，由于部分预应力混凝土框架具有良好的弹性滞回性能，要求按此原则设计。

（4）梁柱节点设计时，后张预应力筋的锚固端不得放在节点核心区内，并在通过节点核心区的柱子纵向钢筋周围应设置横向钢筋来加强约束；当采用无粘结预应力混凝土结构时，应考虑锚固区空洞对节点截面削弱的影响，预应力锚具不宜设置在梁柱节点核心区，并应布置在梁端箍筋加密区外。

（5）有粘结及无粘结预应力混凝土梁板结构体系均可用于建筑结构楼面、屋面及桥梁结构桥面体系。

在框架—剪力墙结构、剪力墙结构及框架—核心筒结构中采用的预应力混凝土板，除结构平面布置应符合现行国家标准《建筑抗震设计规范》GB 50011—2010 有关规定外，尚应符合下列规定：

（1）柱支承预应力混凝土平板的厚度不宜小于跨度的 1/40～1/45，周边支承预应力混凝土板厚度不宜小于跨度的 1/45～1/50，且其厚度分别不应小于 200mm 及 150mm；

（2）在核心筒四个角部的楼板中，应设置扁梁或暗梁与外柱相连接，其余外框架柱处也宜设置暗梁与内筒相连接；

（3）在预应力混凝土平板凹凸不规则处及开洞处，应设置附加钢筋混凝土暗梁或边梁进行加强；

（4）预应力混凝土平板的板端截面的预应力强度比 λ 可按下式计算，λ 不宜大于 0.75。

$$\lambda = \frac{f_{py}A_p h_p}{f_{py}A_p h_p + f_y A_s h_s} \tag{4-4}$$

注：① 对无粘结预应力混凝土平板，公式(4-4)中的 f_{py} 应取用无粘结预应力筋的应力设计值 σ_{pu}；

② 对周边支承在梁、墙上的预应力混凝土平板可不受上述预应力强度比的限制。

（5）对无粘结预应力混凝土单向多跨度连续板，在设计中宜将无粘结预应力筋分段锚固，或增设中间锚固点，并应按国家现行标准《无粘结预应力混凝土结构技术规程》JGJ 92—2004 中有关规定，配置相应的普通钢筋。

4.2　内力分析方法

结构设计时应将全部的荷载作用，包括预应力作用、温度作用、收缩徐变作用、约束作用和基础不均匀沉降作用以及由于荷载偏心引起的扭转和横向均匀分布荷载等，按各种可能的最不利作用进行组合，由这些不利组合对结构进行总体分析。

结构类型、构件布置、材料性能、抗震等级和受力特点等对预应力混凝土结构的分析方法影响很大。常采用的方法有：线弹性分析方法、考虑塑性内力重分布的分析方法、塑性极限分析方法、非线性分析方法、试验方法等。

4.2.1　弹性分析方法

预应力的施加可使混凝土由脆性材料成为弹性材料。试验表明，在使用荷载作用下，构件一般不开裂或微裂，预应力筋和普通钢筋均处于弹性工作范围。由此，预应力筋的作用效应可用一个等效力系代替进行分析。此时，混凝土受到等效力系与外荷载这两个力系的作用，由于其在弹性范围内工作，故这两个力系对混凝土的效应(应力、应变、挠度)可按弹性材料的计算公式分别考虑，在需要时进行叠加。

在结构设计过程中，可将预应力构件视为弹性材料的阶段有以下几种情形：

（1）施工阶段的应力计算和抗裂验算；

（2）一级、二级抗裂构件的抗裂验算以及挠度验算；

（3）各个阶段的应力分析；

（4）对一般规则结构进行非抗震和常遇地震组合时构件的内力计算（包括次内力的计算）；

（5）等效荷载的计算。

在各阶段构件设计过程中，截面几何特征的计算，应根据计算内容和张拉方式的不同，分别选用净截面、换算截面和毛截面进行。

4.2.2 其他分析方法

承载能力极限状态的内力与变形也可按塑性理论分析，其计算截面与按弹性理论分析时相同。

对比较重要的结构，或者比较复杂的非常规结构，必要时可以进行 push-over 等塑性极限分析方法，进行几何或材料非线性分析方法及结构试验方法等。

4.2.3 超静定结构内力特点与重分布

预应力超静定结构的设计计算比静定结构要复杂。一方面，由于结构冗余约束的存在，预应力、混凝土收缩徐变、温度变化及支座沉降等作用将在结构内引起次内力（次内力一般比较大，设计时不能忽视）；另一方面，超静定结构内力受施工方法及预应力施加顺序的影响较大，故设计计算时需要考虑施工顺序对结构的影响。

当超静定结构所受外荷载超过使用阶段（弹性阶段）荷载，某些截面达到极限受弯承载力，若截面处形成塑性铰，结构内弯矩将发生重分布，设计计算时应予以考虑。《混凝土结构设计规范》GB 50010—2010 中规定了后张法预应力混凝土框架梁及连续梁的调幅范围。同时，调幅时可考虑次弯矩对截面内力的影响，但总调幅值不宜超过重力荷载下弯矩设计值的 20%。

对于无粘结部分预应力混凝土梁、体外预应力混凝土梁，其内力重分布所需的延性要求主要取决于普通钢筋的配筋量。由于无粘结预应力筋起着内部多余联系的拉杆作用，其内力重分布的规律就更复杂，《无粘结预应力混凝土结构技术规程》JGJ 92—2004 中未考虑无粘结预应力连续梁、板由塑性产生的弯矩重分布。

4.2.4 徐变对次内力的影响

按弹性理论分析时，可计入预加力引起的二次内力，并应考虑混凝土徐变的影响。如果施工过程中不转换体系，则徐变终了后，由预加力引起的总的二次内力（包括弹性变形和徐变变形影响），可由预加应力（扣除瞬时损失）所引起的弹性变形二次内力乘以预应力筋张拉的平均有效系数 C 求得。平均有效系数按下式进行计算：

$$C=\frac{N_{pe}}{N_p} \tag{4-5}$$

式中 N_{pe}——徐变损失全部完成后，预应力筋的平均张拉力；

N_p——预应力瞬时损失完成后徐变损失前，预应力筋的平均张拉力。

4.3 耐久性设计

4.3.1 耐久性设计基本规定

混凝土结构的耐久性设计可分为传统经验方法和定量计算方法。传统经验方法是将环境作用按其严重程度定性地划分成几个作用等级，在工程经验类比的基础上，对于不同环境作用等级下的混凝土结构构件，由规范直接规定混凝土材料的耐久性质量要求（通常用混凝土的强度、水胶比、胶凝材料用量等指标表示）和钢筋保护层厚度等构造要求。近年来，传统的经验方法有很大的改进：首先是按照材料的劣化机理确定不同环境类别，在每一类别下再按温、湿度及其变化等不同环境条件区分其环境作用等级，从而更为详细地描述环境作用；其次是对不同设计使用年限的结构构件，提出不同的耐久性要求。

目前，环境作用下耐久性设计的定量计算方法尚未成熟到能在工程中普遍应用的程度。在各种劣化机理的计算模型中，可供使用的还只局限于定量估算钢筋开始发生锈蚀的年限。在国内外现行的混凝土结构设计规范中，所采用的耐久性设计方法仍然是传统经验方法或改进的传统经验方法。

现行国家标准《混凝土结构设计规范》GB 50010—2010、《混凝土结构耐久性设计规范》GB/T 50476—2008 等对混凝土结构耐久性定性设计作出有关具体规定：混凝土结构的耐久性应根据结构的设计使用年限、结构所处的环境类别及作用等级进行设计。对于氯化物环境下的重要混凝土结构，尚应按规定采用定量方法进行辅助性校核。

混凝土结构的耐久性设计应包括下列内容：
(1) 结构的设计使用年限、环境类别及其作用等级；
(2) 有利于减轻环境作用的结构形式、布置和构造；
(3) 混凝土结构材料的耐久性质量要求；
(4) 钢筋的混凝土保护层厚度；
(5) 混凝土裂缝控制要求；
(6) 防水、排水等构造措施；
(7) 严重环境作用下合理采取防腐蚀附加措施或多重防护策略；
(8) 耐久性所需的施工养护制度与保护层厚度的施工质量验收要求；
(9) 结构使用阶段的维护、修理与检测要求。

上述 9 条关于混凝土结构耐久性设计的基本内容，强调耐久性设计不仅是确定材料的耐久性能指标与钢筋的混凝土保护层厚度。适当的防排水构造措施能够非常有效地减轻环境作用，应作为耐久性设计的重要内容。混凝土结构的耐久性在很大程度上还取决于混凝土的施工养护质量与钢筋保护层厚度的施工误差，由于国内现行的施工规范较少考虑耐久性的需要，所以必须提出基于耐久性的施工养护与保护层厚度的质量验收要求。

在严重的环境作用下，仅靠提高混凝土保护层的材料质量与厚度，往往还不能保证设计使用年限，这时就应采取一种或多种防腐蚀附加措施组成合理的多重防护策略；对于使用过程中难以检测和维修的关键部件如预应力钢绞线，应采取多重防护措施。

混凝土结构的设计使用年限是建立在预定的维修与使用条件下的。因此，耐久性设计需要明确结构使用阶段的维护、检测要求，包括设置必要的检测通道，预留检测维修的空间和装置等；对于重要工程，需预置耐久性监测和预警系统。对于严重环境作用下的混凝土工程，为确保使用寿命，除进行施工建造前的结构耐久性设计外，尚应根据竣工后实测的混凝土耐久性能和保护层厚度进行结构耐久性的再设计，以便发现问题及时采取措施；在结构的使用年限内，尚需根据实测的材料劣化数据对结构的剩余使用寿命作出判断并针对问题继续进行再设计，必要时追加防腐措施或适时修理。

GB/T 50476—2008 对环境类别与作用等级有如下规定：

（1）结构所处环境按其对钢筋和混凝土材料的腐蚀机理可分为 5 类，并应按表 4-5 确定。

环境类别 表 4-5

环境类别	名称	腐蚀机理
Ⅰ	一般环境	保护层混凝土碳化引起钢筋锈蚀
Ⅱ	冻融环境	反复冻融导致混凝土损伤
Ⅲ	海洋氯化物环境	氯盐引起钢筋锈蚀
Ⅳ	除冰盐等其他氯化物环境	氯盐引起钢筋锈蚀
Ⅴ	化学腐蚀环境	硫酸盐等化学物质对混凝土的腐蚀

注：一般环境系指无冻融、氯化物和其他化学腐蚀物质作用。

（2）环境对配筋混凝土结构的作用程度应采用环境作用等级表达，并应符合表 4-6 的规定。

环境作用等级 表 4-6

环境类别＼环境作用等级	A轻微	B轻度	C中度	D严重	E非常严重	F极端严重
一般环境	Ⅰ-A	Ⅰ-B	Ⅰ-C	—	—	—
冻融环境	—	—	Ⅱ-C	Ⅱ-D	Ⅱ-E	—
海洋氯化物环境	—	—	Ⅲ-C	Ⅲ-D	Ⅲ-E	Ⅲ-F
除冰盐等其他氯化物环境	—	—	Ⅳ-C	Ⅳ-D	Ⅳ-E	—
化学腐蚀环境	—	—	Ⅴ-C	Ⅴ-D	Ⅴ-E	—

（3）当结构构件受到多种环境类别共同作用时，应分别满足每种环境类别单独作用下的耐久性要求。

（4）配筋混凝土结构满足耐久性要求的混凝土最低强度等级应符合表 4-7 的规定。

满足耐久性要求的混凝土最低强度等级 表 4-7

环境类别与作用等级	设计使用年限		
	100 年	50 年	30 年
Ⅰ-A	C30	C25	C25
Ⅰ-B	C35	C30	C25

续表

环境类别与作用等级	设计使用年限		
	100 年	50 年	30 年
Ⅰ-C	C40	C35	C30
Ⅱ-C	Ca35，C45	Ca30，C45	Ca30，C40
Ⅱ-D	Ca40	Ca35	Ca35
Ⅱ-E	Ca45	Ca40	Ca40
Ⅲ-C，Ⅳ-C，Ⅴ-C，Ⅲ-D，Ⅳ-D	C45	C40	C40
Ⅴ-D，Ⅲ-E，Ⅳ-E	C50	C45	C45
Ⅴ-E，Ⅲ-F	C55	C50	C50

注：1. 预应力混凝土构件的混凝土最低强度等级不应低于C40；
   2. 如能加大钢筋的保护层厚度，大截面受压墩、柱的混凝土强度等级可以低于表中规定的数值，但不应低于本规范规定的素混凝土最低强度等级。

（5）在荷载作用下配筋混凝土构件的表面裂缝最大宽度计算值不应超过表 4-8 中的限值。对裂缝宽度无特殊外观要求的，当保护层设计厚度超过 30mm 时，可将厚度取为 30mm，计算裂缝的最大宽度。

表面裂缝计算宽度限值(mm)　　　　表 4-8

环境作用等级	钢筋混凝土构件	有粘结预应力混凝土构件
A	0.40	0.20
B	0.30	0.20 (0.15)
C	0.20	0.10
D	0.20	按二级裂缝控制或按部分预应力 A 类构件控制
E，F	0.15	按一级裂缝控制或按全预应力类构件控制

注：1. 括号中的宽度适用于采用钢丝或钢绞线的先张预应力构件；
   2. 裂缝控制等级为二级或一级时，按现行国家标准《混凝土结构设计规范》GB 50010 计算裂缝宽度；部分预应力 A 类构件或全预应力构件按现行行业标准《公路钢筋混凝土及预应力混凝土桥涵设计规范》JTG D62 计算裂缝宽度；
   3. 有自防水要求的混凝土构件，其横向弯曲的表面裂缝计算宽度不应超过 0.20mm。

4.3.2 预应力混凝土结构耐久性设计

预应力混凝土结构由混凝土结构和预应力体系两部分组成。耐久性极限状态表现为：钢筋混凝土构件表面出现锈胀裂缝；预应力筋开始锈蚀；结构表面混凝土出现可见的耐久性损伤(酥裂、粉化等)。材料劣化进一步发展还可能引起构件承载力丧失，甚至发生结构塌垮。预应力筋易于受应力腐蚀与氢脆等作用影响，且其直径一般较小，对腐蚀比较敏感，破坏后果非常严重，因此预应力混凝土结构中的预应力筋应根据具体情况采取表面防护、孔道灌浆、加大混凝土保护层厚度等措施；外露的锚固端等容易遭受腐蚀的部位应采取封锚和混凝土表面处理等有效的多重保护措施。预应力筋的耐久性保证率应高于普通钢筋。在严重的环境条件下，除混凝土保护层外还应对预应力筋采取多重防护措施，如将后张预应力筋置于密封的波形套管中并灌浆。GB/T 50476—2008 规定，对于单纯依靠混凝土保护层防护的预应力筋，其保护层厚度应比普通钢筋的大 10mm。

先张预应力筋的张拉和混凝土的浇筑、养护以及预应力筋与混凝土的粘结锚固在预制工厂完成，质量较易保证。后张法预应力结构与构件的制作则多在施工现场完成，涉及的工序多而复杂，质量控制的难度大。预应力混凝土结构的工程实践表明，后张预应力体系的耐久性如防护不足，可能会导致预应力筋锈蚀或锚固体系失效，从而影响结构安全使用。因此 GB/T 50476—2008 专门针对后张法预应力体系的钢筋与锚固端提出防护措施与工艺、构造要求。

对于严重环境作用下的结构，按现有工艺技术生产和施工的预应力体系，不论在耐久性质量的保证或在长期使用过程中的安全检测上，均有可能满足不了结构设计使用年限的要求。从安全角度考虑，可采用可更换的预应力体系，同时也便于检测维修；或者在设计阶段预留预应力孔道以备增加设置预应力筋。

GB/T 50476—2008 对环境类别与作用等级有如下规定：

（1）具有连续密封套管的后张预应力筋，其混凝土保护层厚度可与普通钢筋相同且不宜小于孔道直径的 1/2；否则应比普通钢筋增加 10mm。

先张法构件中预应力筋在全预应力状态下的保护层厚度可与普通钢筋相同，否则应比普通钢筋增加 10mm。

直径大于 16mm 的热轧预应力钢筋保护层厚度可与普通钢筋相同。

工厂预制的混凝土构件，其普通钢筋和预应力钢筋的混凝土保护层厚度可比现浇构件减少 5mm。

（2）预应力筋的耐久性能可通过材料表面处理、预应力套管、预应力套管填充材料、混凝土保护层和结构构造措施等环节提供保证。预应力筋的耐久性防护措施应按表 4-9 的规定选用。

预应力筋的耐久性防护工艺和措施 表 4-9

编号	防护工艺	防护措施
PS1	预应力筋表面处理	油脂涂层或环氧涂层
PS2	预应力套管内部填充	水泥基浆体、油脂或石蜡
PS2a	预应力套管内部特殊填充	管道填充浆体中加入阻锈剂
PS3	预应力套管	高密度聚乙烯、聚丙烯套管或金属套管
PS3a	预应力套管特殊处理	套管表面涂刷防渗涂层
PS4	混凝土保护层	满足上述第（1）条规定
PS5	混凝土表面涂层	耐腐蚀表面涂层和防腐蚀面层

注：1. 预应力钢材质量需要符合现行国家标准与行业标准的技术规定；

2. 金属套管仅可用于体内预应力体系。

（3）不同环境作用等级下，预应力筋的多重防护措施可根据具体情况按表 4-10 的规定选用。

预应力筋的多重防护措施   表 4-10

环境类别与作用等级	预应力体系	体内预应力体系	体外预应力体系
Ⅰ大气环境	Ⅰ-A，Ⅰ-B	PS2，PS4	PS2，PS3
	Ⅰ-C	PS2，PS3，PS4	PS2a，PS3
Ⅱ冻融环境	Ⅱ-C，Ⅱ-D(无盐)	PS2，PS3，PS4	PS2a PS3
	Ⅱ-D(有盐)，Ⅱ-E	PS2a，PS3，PS4	PS2a，PS3a
Ⅲ海洋环境	Ⅲ-C，Ⅲ-D	PS2a，PS3，PS4	PS2a，PS3a
	Ⅲ-E	PS2a，PS3，PS4，PS5	PS1，PS2a，PS3a
	Ⅲ-F	PS1，PS2a，PS3，PS4，PS5	PS1，PS2a，PS3a
Ⅳ除冰盐	Ⅳ-C，Ⅳ-D	PS2a，PS3，PS4	PS2a，PS3a
	Ⅳ-E	PS2a，PS3，PS4，PS5	PS1，PS2a，PS3
Ⅴ化学腐蚀	Ⅴ-C，Ⅴ-D	PS2a，PS3，PS4	PS2a，PS3
	Ⅴ-E	PS2a，PS3，PS4，PS5	PS1，PS2a，PS3

（4）预应力锚固端的耐久性应通过锚头组件材料、锚头封罩、封罩填充、锚固区封填和混凝土表面处理等环节提供保证。锚固端的防护工艺和措施应按表 4-11 的规定选用。

预应力锚固端耐久性防护工艺与措施   表 4-11

编号	防护工艺	防护措施
PA1	锚具表面处理	锚具表面镀锌或者镀氧化膜工艺
PA2	锚头封罩内部填充	水泥基浆体、油脂或者石蜡
PA2a	锚头封罩内部特殊填充	填充材料中加入阻锈剂
PA3	锚头封罩	高耐磨性材料
PA3a	锚头封罩特殊处理	锚头封罩表面涂刷防渗涂层
PA4	锚固端封端层	细石混凝土材料
PA5	锚固端表面涂层	耐腐蚀表面涂层和防腐蚀面层

注：1. 锚具组件材料需要符合国家现行标准的技术规定；
    2. 锚固端封端层的细石混凝土材料应满足 GB/T 50476—2008 的有关要求。

（5）不同环境作用等级下，预应力锚固端的多重防护措施可根据具体情况按表 4-12 的规定选用。

预应力锚固端的多重防护措施   表 4-12

环境类别与作用等级	锚固端类型	埋入式锚头	暴露式锚头
Ⅰ大气环境	Ⅰ-A，Ⅰ-B	PA4	PA2，PA3
	Ⅰ-C	PA2，PA3，PA4	PA2a，PA3
Ⅱ冻融环境	Ⅱ-C，Ⅱ-D(无盐)	PA2，PA3，PA4	PA2a PA3
	Ⅱ-D(有盐)，Ⅱ-E	PA2a，PA3，PA4	PA2a，PA3a

续表

环境类别与作用等级	锚固端类型	埋入式锚头	暴露式锚头
Ⅲ海洋环境	Ⅲ-C, Ⅲ-D	PA2a, PA3, PA4	PA2a, PA3a
	Ⅲ-E	PA2a, PA3, PA4, PA5	不宜使用
	Ⅲ-F	PA1, PA2a, PA3, PA4, PA5	不宜使用
Ⅳ除冰盐	Ⅳ-C, Ⅳ-D	PA2a, PA3, PA4	PA2a, PA3a
	Ⅳ-E	PA2a, PA3, PA4, PA5	不宜使用
Ⅴ化学腐蚀	Ⅴ-C, Ⅴ-D	PA2a, PA3, PA4	PA2a, PA3a
	Ⅴ-E	PA2a, PA3, PA4, PA5	不宜使用

（6）当环境作用等级为 D、E、F 时，后张预应力体系中的管道应采用高密度聚乙烯套管或聚丙烯塑料套管；预应力节段桥梁结构的节段之间的预应力套管应使用塑料套管。高密度聚乙烯和聚丙烯预应力套管应能承受不小于 $1N/mm^2$ 的内压力。采用体内预应力体系时，套管的厚度不应小于 2mm；采用体外预应力体系时，套管的厚度不应小于 4mm。

（7）后张预应力体系的锚固端应采用无收缩高性能细石混凝土封锚，其水胶比不得大于本体混凝土的水胶比，且不应大于 0.4；保护层厚度不应小于 50mm，且在氯化物环境中不应小于 80mm。

4.4　防火设计[20]

预应力混凝土结构防火设计的目的是避免结构在火灾中倒塌破坏，并有利于人员疏散，减少人员伤亡和财产损失。结构的抗火设计方法一般可以分为两类：第一类是在正常的结构设计完成后，校核结构的抗火能力，并辅以一定的构造措施；第二类是把火灾当成一种作用，参与设计荷载组合，按照极限状态来进行设计。国内外的结构防火设计目前以第一类居多，但第二类将是未来的发展方向。一般民用建筑的防火等级和耐火极限可参照《建筑设计防火规范》GB 50016 等有关规定取值。预应力混凝土防火设计的一般步骤如下：

（1）确定构件的耐火极限；

（2）确定耐火极限时构件截面温度场；

（3）校核构件承载力；

（4）确定构件（火灾）高温下的极限承载力；

（5）校核结构构件在高温下的变形；

（6）满足预应力混凝土防火构造要求。

4.4.1　结构构件的防火要求和火灾极限状态

对结构构件的防火功能主要要求有：

（1）稳定性要求：包括承载力及变形方面的要求（如挠度≤$L/20$）；

（2）完整性要求：即构件在一定时间内封闭火灾在一定空间内的能力要求；

（3）绝热性要求：即构件在一定时间内阻止热传导的能力要求。

对结构构件的防火设计验算，需考虑的极限状态主要有：

（1）承载能力极限状态：即确定构件（火灾）高温下的极限承载力是否满足要求；

（2）正常使用极限状态：包括变形和裂缝宽度是否满足要求；

（3）完整性极限状态：以构件是否出现穿透性裂缝或穿火空隙为依据；

（4）绝热性极限状态：以构件背火面平均温度达到 140 ℃ 或某点最高温度达到 180 ℃ 为依据。

4.4.2 预应力混凝土抗火设计的基本假定

对预应力混凝土进行抗火设计时，一般采用以下基本假定：

（1）平均应变符合平截面假定；

（2）忽略受拉区混凝土的作用；

（3）钢筋的温度在整个长度相等且等于最接近迎火面处钢筋的温度；

（4）整跨受火假定，即假定板的一个区格、梁的一跨在火灾期间受到相同温度作用；

（5）不考虑火灾期间的钢筋及混凝土的高温徐变作用。

4.4.3 无粘结预应力混凝土构件的抗火设计要求

采用校核法对无粘结预应力混凝土构件进行抗火设计时，其主要内容如下：

（1）确定构件耐火极限；

（2）确定达到耐火极限时构件截面温度场；

（3）校核构件绝热性条件；

（4）校核构件承载力；

（5）校核构件变形；

（6）满足抗火构造要求。

根据建筑的使用功能和类型，确定该建筑的耐火等级，进而确定该结构构件的耐火极限。根据构件的耐火极限可以确定控制截面达到耐火极限时的温度场。利用构件背火面的最高温度即可校核构件的绝热性是否满足要求，若不满足，就需加大截面高度，重新设计。若绝热性条件满足，可以校核构件的承载力，校核构件的变形，最后再进行抗火构造设计。

无粘结预应力混凝土的预应力筋与周围的混凝土没有粘结在一起，预应力筋在两个锚固点之间可以自由滑动，因此，相对于有粘结预应力混凝土结构构件，两端锚固体系的可靠性对无粘结预应力混凝土的预应力筋工作效率有更大影响。而在火灾作用下，结构构件两端的锚具容易发生损坏失效，因此对无粘结预应力混凝土结构构件的抗火承载力设计计算必须在保证锚固体系抗火可靠的前提条件下进行。

参考文献

[1] 杜拱辰. 现代预应力混凝土结构. 北京：中国建筑工业出版社，1988

[2] 陶学康. 后张预应力混凝土设计手册. 北京：中国建筑工业出版社，1996

[3] 熊学玉，黄鼎业. 预应力工程设计施工手册. 北京：中国建筑工业出版社，2003

[4] 李国平. 预应力混凝土结构设计原理. 北京：人民交通出版社，2000

[5] 李晨光，刘航，段建华，黄芳玮. 体外预应力结构技术与工程应用. 北京：中国建筑工业出

社，2008

[6] 中华人民共和国国家标准. 混凝土结构设计规范 GB 50010—2010

[7] 中华人民共和国国家标准. 混凝土结构耐久性设计规范 GB 50476—2008

[8] 中华人民共和国国家标准. 预应力筋锚具、夹具和连接器 GB/T 14370—2007

[9] 中华人民共和国行业标准. 预应力筋用锚具、夹具和连接器应用技术规程 JGJ 85—2010

[10] 中华人民共和国行业标准. 轻骨料混凝土结构技术规程 JGJ 12—2006

[11] 中国工程建设标准化协会标准. 建筑工程预应力施工规程 CECS 180：2005

[12] 中华人民共和国行业标准. 无粘结预应力混凝土结构技术规程 JGJ 92—2004

[13] 中华人民共和国国家标准. 混凝土结构工程施工质量验收规范 GB 50204—2002

[14] 中国土木工程学会高强与高性能混凝土委员会. 高强混凝土结构设计与施工指南. 第 2 版. 北京：中国建筑工业出版社，2001

[15] 中华人民共和国行业标准. 预应力混凝土结构抗震设计规程 JGJ 140—2004

[16] 中华人民共和国行业标准. 建筑结构体外预应力加固技术规程 JGJ/T 279—2012

[17] 国家建筑标准设计图集. 后张预应力混凝土结构施工图表示方法及构造详图 06SG429，中国建筑标准设计研究院，2006

[18] 国家建筑标准设计图集. SP 预应力混凝土结构施工图表示方法及构造详图 06SG429，中国建筑标准设计研究院，2006

[19] 高承勇，张家华，张德锋，王绍义. 预应力混凝土设计技术与工程实例. 北京：中国建筑工业出版社，2010 年 5 月

[20] 范进，无粘结预应力混凝土的防火研究. 东南大学博士学位论文，2001

[21] Post-tensioning Manual. Sixth Edition. By Post - tensioning Institute，U. S. A. 2006

预应力损失值计算

预应力损失是预应力筋张拉过程中和张拉后，由于材料特性、结构状态和张拉工艺等因素引起的预应力筋应力降低的现象。预应力损失包括：摩擦损失、锚固损失、弹性压缩损失、热养护损失、预应力筋应力松弛损失和混凝土收缩徐变损失等。

预应力结构中满足设计要求的预应力筋预拉应力，应是扣除预应力损失后的有效预应力。因此，确定预应力筋张拉时的初始应力（一般称为张拉控制应力）和相应的预应力损失是预应力结构设计计算的两个关键步骤。

精确地计算预应力结构中的预应力损失非常复杂，因为影响预应力损失的因素众多且其中存在不同因素间的相互作用。过高或过低地估计预应力损失都将对预应力结构产生不利影响，如预应力损失估计过高，则会导致有效预应力过大，此时混凝土将承受过高的持续压应力，产生过大的反拱度，严重时还会引起截面反向开裂，降低结构的安全性和耐久性；如预应力损失估计过低，则会使得有效预应力过小而造成结构设计经济性不合理。因此，在进行预应力结构设计时，一方面预应力损失可根据实际情况合理估算，另一方面要依据规范进行仔细计算，必要时还应进行预应力损失工程实测。

5.1 张拉控制应力

张拉预应力筋对构件施加预应力时，张拉设备（千斤顶油压表或力值传感器）所控制的总张拉力 $N_{p,con}$ 除以预应力筋面积 A_p 得到的应力称为张拉控制应力。

$$\sigma_{con} = \frac{N_{p,con}}{A_p} \tag{5-1}$$

张拉控制应力 σ_{con} 取值越高，预应力筋对混凝土的预压作用越大，可以使预应力筋充分发挥作用。但 σ_{con} 取值过高，可能会产生一些不良后果，例如：

(1) 由于预应力筋强度的离散性、张拉操作中的超张拉等原因，如 σ_{con} 值定得过高，张拉时可能使预应力筋屈服，产生塑性变形，影响有效预应力值预期效果；

(2) 增加由于预应力筋松弛产生的应力损失。

《混凝土结构设计规范》GB 50010—2010 在充分考虑上述因素后，确定的预应力筋的张拉控制应力 σ_{con} 的限值见表 5-1。

张拉控制应力限值[1]	表 5-1
预应力筋种类	σ_{con}
消除应力钢丝、钢绞线	$0.75f_{ptk}$
中强度预应力钢丝	$0.7f_{ptk}$
预应力螺纹钢筋	$0.85f_{pyk}$

在表 5-1 中，f_{ptk} 为钢丝、钢绞线、中强度预应力钢丝的极限强度标准值，f_{pyk} 为预应力螺纹钢筋的屈服强度标准值。

下列情况下，表 5-1 中的张拉控制应力限值可提高 $0.05f_{ptk}$ 或 $0.05f_{pyk}$：

（1）要求提高构件在施工阶段的抗裂性能而在使用阶段受压区内设置的预应力筋；

（2）要求部分抵消由于应力松弛、摩擦、预应力筋分批张拉以及预应力筋与张拉台座之间的温差等因素产生的预应力损失。

为了充分发挥预应力筋的作用，克服预应力损失，消除应力钢丝、钢绞线，中强度预应力钢丝的张拉控制应力值不应小于 $0.4f_{ptk}$；预应力螺纹钢筋的张拉控制应力不宜小于 $0.5f_{pyk}$。

5.2　预应力损失值计算

5.2.1　预应力损失的分类

预应力的建立是通过张拉预应力筋而实现的，凡是预应力张拉后，使预应力筋产生缩短的因素，都将引起预应力损失。材料方面，主要是由于混凝土的收缩和徐变、预应力筋的松弛等。施工方面，主要是由于混凝土养护时的温差、锚具变形、预应力筋与孔壁之间的摩擦及张拉工艺等。受力方面，主要是由于构件压缩和压陷变形等。进行预应力筋的应力计算时，一般应考虑由下列因素引起的预应力损失，即：

（1）张拉端锚具变形和预应力筋内缩引起的应力损失 σ_{l1}；

（2）预应力筋的摩擦引起的应力损失 σ_{l2}；

（3）混凝土加热养护时，受张拉的预应力筋与承受拉力的设备之间的温差引起的应力损失 σ_{l3}；

（4）预应力筋的应力松弛引起的应力损失 σ_{l4}；

（5）混凝土的收缩和徐变引起的应力损失 σ_{l5}；

（6）用螺旋式预应力筋作配筋的环形构件，当直径 $d \leqslant 3$ m 时，由于混凝土的局部挤压引起的应力损失 σ_{l6}；

（7）混凝土的弹性压缩引起的应力损失 σ_{l7}。

下面介绍各项应力损失的特点与计算方法。

5.2.2　锚固损失

张拉端锚具变形和预应力筋内缩引起的应力损失 σ_{l1}，与锚具和拼接块件接缝的类型有关。在后张法预应力混凝土结构中，当张拉结束并开始锚固时，由于锚具、垫板与构件之间的缝隙被挤紧，或由于预应力筋和楔块在锚具内的滑移，使得被拉紧的预应力筋松动回缩等造成的应力损失表示为 σ_{l1}。

1. 直线预应力筋的 σ_{l1}

直线预应力筋是指先张法直线预应力筋或是孔道内无摩擦作用的后张法直线预应力筋。此时，由于锚具变形、预应力筋内缩和分块拼装构件接缝压密引起的直线预应力筋长度的变化 Δl 沿构件通长是均匀分布的，即直线预应力筋应力损失 σ_{l1} 沿构件通长是均匀分布的。

直线预应力筋 σ_{l1} 的计算公式为：

$$\sigma_{l1} = \frac{a}{l} E_s \tag{5-2}$$

式中 a——张拉端锚具变形和钢筋内缩值(mm)，可按表 5-2 取用或根据试验实测数据确定；

      l——张拉端至锚固端之间的距离(mm)；

     E_s——预应力筋的弹性模量。

从公式(5-2)还可以看出，σ_{l1} 与构件或台座的长度有关，若长度很短则 σ_{l1} 值就很大。故在先张法的长线台座上张拉预应力筋时，σ_{l1} 值就很小，一般情况下，当台座长度超过 100m 时，常可将 σ_{l1} 忽略。在后张法构件中，应尽可能少用垫板，因为每增加一块垫板，a 值即增加 1mm；其次，σ_{l1} 只考虑张拉端的变形，因锚固端的锚具在张拉过程中已经发生。

锚具变形和预应力筋内缩值 a(mm)   表 5-2

锚具类别		a
支承式锚具(钢丝束镦头锚具等)	螺帽缝隙	1
	每块后加垫板的缝隙	1
夹片式锚具	有顶压时	5
	无顶压时	6~8

注：1. 表中的锚具变形和预应力筋内缩值也可根据实测数据确定；
      2. 其他类型的锚具变形和预应力筋内缩值应根据实测数据确定。

2. 曲线预应力筋的 σ_{l1}

对于配置预应力曲线筋或折线筋的后张法构件，当锚具变形和预应力筋内缩发生时会引起预应力曲线筋或折线筋与孔道壁之间反向摩擦(与张拉预应力筋时预应力筋和孔道壁间的摩擦力方向相反)，σ_{l1} 应根据反向摩擦影响长度范围内的预应力筋变形值等于锚具变形和预应力筋内缩值的条件确定，即：

$$\int_0^{l_1} \frac{\sigma_{l1}(x)}{E_s} \mathrm{d}x = a \tag{5-3}$$

常用束形的后张预应力筋在反向摩擦影响长度 l_f 范围内的预应力损失值 σ_{l1} 可按照 GB 50010 的规定计算。

5.2.3 摩擦损失

预应力筋的摩擦引起的应力损失 σ_{l2}，出现在后张法预应力混凝土构件中。在张拉预应力筋时，由于预留孔道的位置可能有偏差、孔壁不光滑(有混凝土灰浆碎碴之类的杂物)等原因，使预应力筋与孔壁接触而引起摩擦力，故离开张拉端后预应力筋的预拉应力 σ_p 逐渐减小。在任意两个截面之间预应力筋的应力差值，就是这两截面间由摩擦引起的预应力损失值。从张拉端至计算截面的摩擦损失值，以 σ_{l2} 表示。

摩擦损失主要由孔道的弯曲和管道的偏差两部分影响所产生。孔道偏差影响（或长度影响）引起的摩擦损失，其值较小，主要与预应力筋的长度、接触材料间的摩阻系数及孔道成型的施工质量等有关。弯曲部分，除了孔道偏差影响外，还有因孔道弯曲，张拉时预应力筋对孔道内壁的径向垂直挤压力所引起的摩擦损失，此项损失被称为弯曲影响的摩擦损失，其值较大，并随预应力筋弯曲角度之和的增加而增加。

1. 孔道弯曲影响引起的摩擦力

预应力筋在曲线段内的预加力损失的分析如图 5-1 所示。

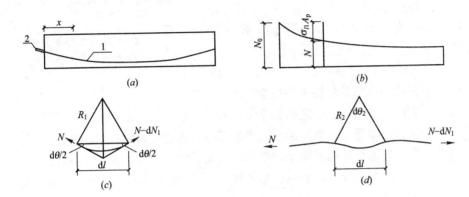

图 5-1　摩擦损失计算简图

1—曲线预应力筋；2—张拉端

在曲线段内，取微段预应力筋 $\mathrm{d}l$ 为脱离体，相应的弯曲角为 $\mathrm{d}\theta$，孔道弯曲在此处的半径为 R_1，则 $\mathrm{d}l = R_1\mathrm{d}\theta$。若预应力筋与孔壁间的摩擦系数为 μ，则预应力筋对孔道内壁的法向压力 F 而引起的摩擦力为：

$$\mathrm{d}N_1 = -\mu F = -\mu N\mathrm{d}\theta \tag{5-4}$$

2. 孔道偏差影响引起的摩擦力

对于孔道偏差影响引起的摩擦力，设孔道具有正负偏差，其平均半径为 R_2。同理，假定预应力筋与平均弯曲半径为 R_2 的孔道壁相贴，在直线部分取微段预应力筋 $\mathrm{d}l$ 为脱离体，并假定其相应的弯曲角为 $\mathrm{d}\theta_2$，则预应力筋与微段孔壁间的法向压力产生的摩擦力为：

$$\mathrm{d}N_2 = -\mu N\mathrm{d}\theta_2 = -\mu N\frac{\mathrm{d}l}{R_2} \tag{5-5}$$

令 $k = \mu/R_2$ 为孔道设计位置偏差系数，则

$$\mathrm{d}N_2 = -kN\mathrm{d}l \tag{5-6}$$

3. 预应力筋计算截面处因摩擦力引起的应力损失值 σ_{l2}

孔道弯曲部分微段 $\mathrm{d}l$ 内的总摩擦力为上述两部分之和，即

$$\mathrm{d}N = \mathrm{d}N_1 + \mathrm{d}N_2$$

$$\mathrm{d}N = -\mu N\mathrm{d}\theta - kN\mathrm{d}l$$

$$= -N(\mu\mathrm{d}\theta + k\mathrm{d}l)$$

或

$$\frac{\mathrm{d}N}{N} = -(\mu\mathrm{d}\theta + k\mathrm{d}l) \tag{5-7}$$

对式(5-7)两边同时积分，并由张拉端边界条件：$\theta=0$，$l=0$，$N=N_0$，可得：

$$N=N_0 e^{-(\mu\theta+kl)}$$

为方便计算，式中 l 近似用其在构件轴线上的投影长度 x 代替，则上式为：

$$N=N_0 e^{-(\mu\theta+kx)} \tag{5-8}$$

于是，预应力筋张拉力的下降值为

$$\Delta N=N_0-N=N_0\left[1-e^{-(\mu\theta+kx)}\right] \tag{5-9}$$

当 N_0 取控制张拉力，即 $N_0=N_{con}$，将公式(5-9)两端除以预应力筋的截面积 A_p，即可得到由于孔道摩擦所引起的预应力损失(图 5-2)：

$$\sigma_{l2}=\sigma_{con}\left[1-e^{-(\mu\theta+kx)}\right] \tag{5-10}$$

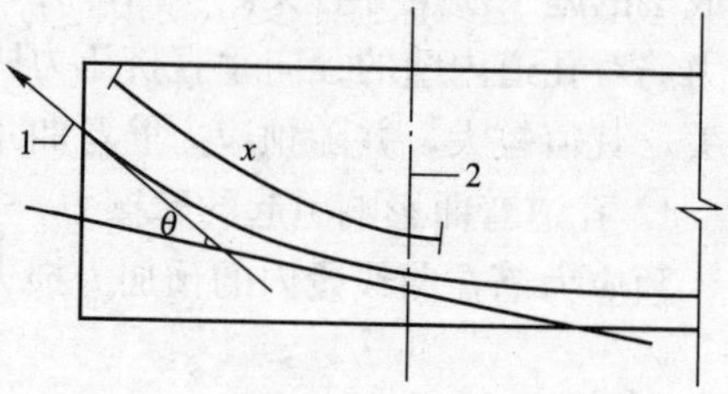

当 $(kx+\mu\theta)$ 不大于 0.3 时，σ_{l2} 可按下列近似公式计算：

$$\sigma_{l2}=(kx+\mu\theta)\sigma_{con} \tag{5-11}$$

图 5-2　预应力摩擦损失计算
1—张拉端；2—计算截面

式中　σ_{con}——张拉预应力筋时锚下的控制应力；

　　　μ——预应力筋与孔道壁之间的摩擦系数，可参考表 5-3 采用；

　　　θ——从张拉端至计算截面曲线孔道各部分切线的夹角之和（rad）；

　　　k——孔道每米长度局部偏差对摩擦的影响系数，可参考表 5-3 采用；

　　　x——从张拉端至计算截面的孔道长度（m），也可近似取该段孔道在纵轴上的投影长度。

当采用夹片式群锚体系时，在 σ_{con} 中宜扣除锚口摩擦损失。电热后张法可不计摩擦引起的损失。

偏差系数 k 和摩擦系数 μ 值　　　　　　　　　　　　　　表 5-3

孔道成型方式	k	μ	
		钢绞线、钢丝束	预应力螺纹钢筋
预埋金属波纹管	0.0015	0.25	0.50
预埋塑料波纹管	0.0015	0.15	—
预埋钢管	0.0010	0.30	—
抽芯成型	0.0014	0.55	0.60
无粘结预应力筋	0.0040	0.09	—

注：摩擦系数也可根据实测数据确定。

在公式(5-10)中，对按抛物线、圆弧曲线变化的空间曲线及可分段后叠加的广义空间曲线，夹角之和 θ 可按下列近似公式计算：

抛物线、圆弧曲线：

$$\theta=\sqrt{\alpha_v^2+\alpha_h^2} \tag{5-12}$$

广义空间曲线：

$$\theta=\sum\sqrt{\Delta\alpha_v^2+\Delta\alpha_h^2} \tag{5-13}$$

式中　α_v、α_h——按抛物线、圆弧曲线变化的空间曲线预应力筋在竖直向、水平向投影所形成抛物线、圆弧曲线的弯转角；

　　　$\Delta\alpha_v$、$\Delta\alpha_h$——广义空间曲线预应力筋在竖直向、水平向投影所形成分段曲线的弯转角增量。

5.2.4 温差损失

在先张法构件中，为了缩短构件的生产周期，常采用蒸汽养护，促使混凝土快硬。当新浇筑的混凝土尚未结硬时，加热升温，预应力筋受热自由伸长，但两端的张拉台座是固定不动的，距离保持不变，故预应力筋中的应力降低。降温时，混凝土已结硬并与预应力筋结成整体，预应力筋应力不能恢复原值，于是就产生了预应力损失 σ_{l3}。

设预应力筋张拉时制造场地的自然气温为 t_1，蒸汽养护或其他方法加热混凝土的最高温度为 t_2，温度差为 $\Delta t = t_1 - t_2$，则预应力筋因温度升高而产生的变形为：

$$\Delta l = \alpha \Delta t l \tag{5-14}$$

式中 α——预应力筋的线膨胀系数，钢材一般可取 $\alpha = 1 \times 10^{-5} / ℃$；

     l——预应力筋的有效长度。

预应力筋的应力损失 σ_{l3} 的计算公式为：

$$\sigma_{l3} = \frac{\Delta l}{l} E_p = \alpha \Delta t E_p = \alpha (t_1 - t_2) E_p \tag{5-15}$$

式中 t_1——混凝土加热养护时，受拉预应力筋的最高温度（℃）；

     t_2——张拉预应力筋时，制造场地的温度（℃），其余符号意义同前。

采用机组流水和钢模板生产时，由于钢模和构件一起加热养护，不存在温差，可以不考虑这项损失。

5.2.5 松弛损失

预应力筋的应力松弛引起的应力损失 σ_{l4}，预应力筋在持久不变的拉力作用下，会产生随持荷时间延长而增加的蠕变变形，此时预应力筋中的应力将会随时间而降低，一般把预应力筋的这种现象称为松弛或应力松弛。预应力筋的松弛，在承受拉应力的初期发展最快，第 1 小时内松弛量最大，24 小时内完成约 50% 以上，以后逐渐趋向稳定。

由于松弛应力损失与持荷时间有关，故计算时应根据构件不同受力阶段的持荷时间，采用不同的松弛损失值。如先张法构件在预加应力阶段中，考虑其持荷时间较短，一般取总松弛损失的一半计算，其余的一半则在使用阶段完成；后张法构件的松弛损失，则认为全部在使用阶段内完成。具体计算时，可按自建立预应力时开始，2 天内完成松弛损失终值的 50%，40 天内完成 100% 来确定。

应力松弛损失值与钢种有关，钢种不同则损失大小不同；另外 σ_{con} 越大，σ_{l4} 越大。GB 50010—2010 中规定的预应力筋松弛损失的计算方法如下：

1. 消除应力钢丝、钢绞线：

(1) 普通松弛

$$\sigma_{l4} = 0.4 \left(\frac{\sigma_{con}}{f_{ptk}} - 0.5 \right) \sigma_{con} \tag{5-16}$$

(2) 低松弛

当 $\sigma_{con} \leqslant 0.7 f_{ptk}$ 时

$$\sigma_{l4} = 0.125 \left(\frac{\sigma_{con}}{f_{ptk}} - 0.5 \right) \sigma_{con} \tag{5-17}$$

当 $0.7 f_{ptk} < \sigma_{con} \leqslant 0.8 f_{ptk}$ 时

$$\sigma_{l4}=0.2\left(\frac{\sigma_{con}}{f_{ptk}}-0.575\right)\sigma_{con} \tag{5-18}$$

2. 中强度预应力钢丝：$0.08\sigma_{con}$

3. 预应力螺纹钢筋：$0.03\sigma_{con}$

5.2.6 收缩和徐变损失

收缩与徐变虽是两种性质完全不同的现象，但它们的影响因素、变化规律较为相似，故将这两项预应力损失合在一起考虑。混凝土结硬时会发生体积收缩，在预应力作用下混凝土沿压力方向发生徐变。两者均使构件的长度缩短，预应力筋也随之内缩，导致预应力损失。

混凝土收缩徐变引起的预应力损失很大，在曲线配筋的构件中约占总损失的30%，在直线配筋的构件中可达60%。

根据 GB 50010—2010，混凝土的收缩和徐变引起的应力损失可按如下方法计算：

（1）对于普通结构

先张法：
$$\sigma_{l5}=\frac{60+340\frac{\sigma_{pc}}{f'_{cu}}}{1+15\rho} \tag{5-19}$$

$$\sigma'_{l5}=\frac{60+340\frac{\sigma'_{pc}}{f'_{cu}}}{1+15\rho'} \tag{5-20}$$

后张法：
$$\sigma_{l5}=\frac{55+300\frac{\sigma_{pc}}{f'_{cu}}}{1+15\rho} \tag{5-21}$$

$$\sigma'_{l5}=\frac{55+300\frac{\sigma'_{pc}}{f'_{cu}}}{1+15\rho'} \tag{5-22}$$

式中 σ_{pc}、σ'_{pc}——受拉区、受压区预应力筋在合力点处混凝土的法向应力，计算 σ_{pc}、σ'_{pc} 时，预应力损失值仅考虑第一批损失值，并可根据施工情况考虑施工的构件自重的影响，σ_{pc}、σ'_{pc} 值不得大于 $0.5f'_{cu}$；

f'_{cu}——张拉预应力筋时的混凝土立方体抗压强度；

ρ、ρ'——受拉区、受压区预应力筋和非预应力筋的配筋率，对先张法构件，$\rho=(A_p+A_s)/A_0$，$\rho'=(A'_p+A'_s)/A_0$；对后张法构件，$\rho=(A_p+A_s)/A_n$，$\rho'=(A'_p+A'_s)/A_n$；对于对称配置预应力筋和非预应力筋的构件，配筋率 ρ、ρ' 应按钢筋总截面面积的一半计算。

当结构处于年平均相对湿度低于40%的环境下，σ_{l5} 及 σ'_{l5} 值应增加30%。

（2）对于重要的结构构件，当需要考虑与时间相关的混凝土收缩、徐变及预应力筋应力松弛预应力损失值时，可根据 GB 50010—2010 中相关规定进行计算。

5.2.7 挤压损失

用螺旋式预应力筋作配筋的环形构件，当直径 $d\leqslant3m$ 时，由于混凝土的局部挤压引起的应力损失 σ_{l6}。在预应力混凝土环形构件中，采用螺旋式配置预应力筋时，由于预应力筋对混凝土的局部挤压作用，环形构件的直径有所减小，预应力筋中的拉力降低，从而引起预应力筋的应力损失 σ_{l6}。

σ_{l6} 的大小与环形构件的直径 d 成反比，直径越小，损失越大，GB 50010—2010 规定：

当 $d \leqslant 3\text{m}$ 时，$\sigma_{l6} = 30\text{N/mm}^2$

$d > 3\text{m}$ 时，$\sigma_{l6} = 0$

5.2.8 弹性压缩损失

预应力混凝土构件受到预压力后，会产生弹性压缩应变 ε_c，此时已与混凝土粘结的或已张拉并锚固的预应力筋也将产生与相应位置处混凝土一样的压缩应变 $\varepsilon_p = \varepsilon_c$，因而引起预应力损失，这种损失称为混凝土弹性压缩损失，以 σ_{l7} 表示。引起应力损失的混凝土弹性压缩量，与施加预加应力的方式有关。

1. 先张构件

先张法构件预应力筋的张拉和对混凝土进行传力预压，是先、后分开的两个工序。因此，在放松、截断预应力筋时，由于其已与混凝土粘结，预应力筋与混凝土将发生相同的压缩应变 $\varepsilon_p = \varepsilon_c$，因而引起预应力损失，其值为：

$$\sigma_{l7} = \varepsilon_p E_p = \varepsilon_c E_p = \frac{\sigma_c}{E_c} E_p = n_p \sigma_c \tag{5-23}$$

式中 E_c——混凝土的弹性模量；

n_p——预应力筋弹性模量与混凝土弹性模量之比；

σ_c——在计算截面的预应力筋截面形心处，由预加应力产生的混凝土截面正应力，可按下式计算：

$$\sigma_c = \frac{N_{p0}}{A_0} + \frac{N_{p0} e_p^2}{I_0} \tag{5-24}$$

N_{p0}——混凝土应力为零时预应力筋的预加力（扣除相应阶段的预应力损失）；

A_0、I_0——预应力混凝土构件的换算截面面积和换算截面惯性矩；

e_p——预应力筋截面形心至换算截面形心的距离。

2. 后张构件

对于一批张拉的后张法构件，混凝土的弹性压缩是发生在张拉过程中，张拉完毕后混凝土的弹性压缩也随即完成，因此无须考虑损失 σ_{l7}。对于采用分批张拉、锚固预应力筋的后张法构件，已张拉完毕、锚固的预应力筋，将会在后续分批张拉预应力筋时发生弹性压缩变形，从而产生应力损失。故后张法构件中的此项应力损失，通常称为分批张拉应力损失。

后张法构件的预应力筋采用分批张拉时，后张拉预应力筋所产生的混凝土弹性压缩，使已张拉预应力筋产生的应力损失，可按下列公式计算：

$$\sigma_{l7} = n_p \sum \Delta \sigma_c \tag{5-25}$$

式中 $\sum \Delta \sigma_c$——在先张拉预应力筋形心处，由后张拉各批预应力筋所产生的混凝土截面正应力之和。

为了简化计算，对于一些简单构件可采用下述近似方法计算平均弹性压缩损失：

当 m 批预应力筋张拉后 σ_{l7} 的实用计算公式：

$$\sigma_{l7} = \frac{m-1}{2m} n_p \sigma_c \tag{5-26}$$

式中 σ_c——在代表截面（如 $l/4$ 截面）的全部预应力筋形心处混凝土的预压应力（预应力筋的预拉应力按控制应力扣除 σ_{l1} 和 σ_{l2} 后算得）。

5.3 有效预应力值计算

5.3.1 有效预应力 σ_{pe} 的计算

各项预应力损失是先后发生的，因此有效预应力值也随不同受力阶段而变。将预应力损失按各受力阶段进行组合，可计算出不同阶段预应力筋的有效预拉应力值，进而计算出在混凝土中建立的有效预应力 σ_{pe}。预应力筋的有效预应力 σ_{pe} 可定义为张拉控制应力 σ_{con} 扣除相应应力损失 σ_l，同时扣除混凝土弹性压缩引起的预应力筋应力降低后，在预应力筋内存在的张拉应力。

对上述的七种预应力损失，它们有的只发生在先张法中，有的只发生于后张法中，有的两种构件均有，而且是分批产生的。为了便于分析和计算，在实际计算中，以预压为界，把预应力损失分成两批。所谓预压，对先张法构件来说就是指放松预应力筋，开始对混凝土施加预应力的时刻；对后张法构件来说则因为从开始张拉预应力筋就受到预压，从而这里的预压特指从张拉预应力筋至 σ_{con} 并加以锚固的时刻。各阶段的预应力损失值的组合见表 5-4。

在预加应力阶段，预应力筋中的有效预应力为：

$$\sigma_{pe} = \sigma_{con} - \sigma_{l\,I} \tag{5-27}$$

在使用荷载阶段，预应力筋中的有效预应力，即永存预应力为：

$$\sigma_{pe} = \sigma_{con} - (\sigma_{l\,I} + \sigma_{l\,II}) \tag{5-28}$$

各阶段预应力损失值的组合　　　　　　　　　　　　　　表 5-4

预应力损失值的组合	先张法构件	后张法构件
混凝土预压前(第一批)损失 $\sigma_{l\,I}$	$\sigma_{l1} + \sigma_{l2} + \sigma_{l3} + \sigma_{l4}$	$\sigma_{l1} + \sigma_{l2}$
混凝土预压后(第二批)损失 $\sigma_{l\,II}$	$\sigma_{l5} + \sigma_{l7}$	$\sigma_{l4} + \sigma_{l5} + \sigma_{l6} + \sigma_{l7}$

注：先张法构件由于预应力筋应力松弛引起的损失值 σ_{l4} 在第一批和第二批损失中所占的比例，如需区分，可根据实际情况确定。

在求得预应力筋中的有效预应力后，即可据此求混凝土的预压应力 σ_c。但须注意，若采用计入配筋影响的公式计算徐变、收缩引起的预应力损失，则计入配筋影响的相应混凝土预压应力 σ_c，可按下式计算：

$$\sigma_c = \sigma_{ci} - \sigma_{c,l5} \tag{5-29}$$

式中　σ_{ci}——扣除各项因素(不包括混凝土收缩、徐变)引起的预应力损失后，在截面计算纤维处的混凝土预压应力；

$\sigma_{c,l5}$——由混凝土收缩和徐变引起的截面计算纤维处混凝土预压应力的降低值。

5.3.2 减小预应力损失的措施

1. 减少锚具、预应力筋内缩和接缝压密引起的应力损失的措施

(1) 选择锚具变形小或使预应力筋内缩小的锚具、夹具；

(2) 尽量少用垫板，因每增加一块垫板，a 值就增加 1mm;

(3) 因 σ_{l1} 值与台座长度成反比，故可增加台座长度以减少 σ_{l1} 值。

2. 减少预应力筋与孔道间摩擦引起的应力损失的措施

(1) 采用两端张拉。曲线的切线夹角 θ 以及管道计算长度 x 即可减少一半;

(2) 进行超张拉。这时端部应力最大，传到跨中截面的预应力也较大。但当张拉端回到控制应力后，由于受到反向摩擦力的影响，这个回松的应力并没有传到跨中截面，仍保持较大的超拉应力;

(3) 尽可能避免使用连续弯束及超长束，同时采用超张拉方法克服此项应力损失。

3. 减少预应力筋与台座间温差引起的应力损失

为了减小这项预应力损失，先张法构件在养护时可采用两次升温的措施。其中，初次升温应在混凝土尚未结硬、未与预应力筋粘结时进行，初次升温的温差一般可控制在 20℃ 以内;第二次升温则在混凝土构件具备一定强度(例如 7.5~10MPa)，即混凝土与预应力筋的粘结力足以抵抗温差变形后，再将温度升到 t_2 进行养护，此时，预应力筋将和混凝土一起变形，温度差不再引起应力损失。故在采取两次升温的措施后，计算 σ_{l3} 公式中的 Δt 系指混凝土构件尚无强度、预应力筋未与混凝土粘结时的初次升温温度与自然温度的温差。

4. 减少混凝土弹性压缩引起的应力损失的措施

通过张拉程序设计和计算，合理减少后张法构件的分批张拉次数，以减小弹性压缩引起的应力损失。

5. 减少预应力筋松弛引起的应力损失的措施

(1) 采用低松弛预应力筋;

(2) 进行超张拉。

进行超张拉时，先控制张拉应力达 $1.05\sigma_{con}\sim1.1\sigma_{con}$，持荷 2~5min，然后卸荷再施加张拉应力至 σ_{con}，这样可以减少松弛引起的预应力损失。因为在高应力短时间所产生的松弛损失可达到在低应力下需经过较长时间才能完成的松弛数值，所以，经过超张拉部分松弛损失业已完成。预应力筋松弛与初应力有关，当初应力小于 $0.7f_{ptk}$ 时，松弛与初应力成线性关系，初应力高于 $0.7f_{ptk}$ 时，松弛显著增大。

6. 减少混凝土收缩和徐变引起的应力损失的措施

(1) 采用高强度等级水泥，减少水泥用量，降低水灰比，采用干硬性混凝土;

(2) 采用级配较好的骨料，加强振捣，提高混凝土的密实性;

(3) 加强养护，以减少混凝土的收缩。

5.4 张拉伸长值计算

预应力筋张拉采用控制张拉力和伸长值的双控工艺，预应力筋张拉伸长值的计算与多项预应力损失值有关。结构设计工程师对此应有一定了解。

1. 一端张拉时，预应力筋张拉伸长值可按下列公式计算:

对一段曲线或直线预应力筋:

$$\Delta l = \frac{\left[\frac{1}{2}\sigma_{con}(1+e^{-(\mu\theta+kx)})-\sigma_0\right]}{E_p}\times l \tag{5-30}$$

对多曲线段或直线段与曲线段组成的预应力筋，张拉伸长值应分段计算后叠加：

$$\Delta L_p^c = \sum \frac{(\sigma_{i1}+\sigma_{i2})L_i}{2E_s} \tag{5-31}$$

2. 两端张拉时，预应力筋张拉伸长值可按下列公式计算：

$$\Delta l = \frac{\frac{\sigma_{con}}{4}(3+e^{-(\mu\theta+kx)})-\sigma_0}{E_p}\times l \tag{5-32}$$

式中　　Δl——预应力筋伸长值；

　　　σ_{con}——张拉控制应力；

　　　σ_0——张拉初始应力（$10\%\sigma_{con}\sim20\%\sigma_{con}$）；

　　　E_s——预应力筋弹性模量；

　　　μ——孔道摩擦系数；

　　　k——孔道偏差系数；

　　　l——预应力筋有效长度；

　　　x——曲线孔道长度（m）；

　　　L_i——第 i 线段预应力筋的长度；

σ_{i1}、σ_{i2}——分别为第 i 线段两端预应力筋的应力。

3. 预应力筋的张拉伸长值，应在建立初拉力后进行测量。实际伸长值 ΔL_p^0 可按下列公式计算：

$$\Delta L_p^0 = \Delta L_{p1}^0 + \Delta L_{p2}^0 - a - b - c \tag{5-33}$$

式中　　ΔL_{p1}^0——从初拉力至最大张拉力之间的实测伸长值；

　　　ΔL_{p2}^0——初拉力以下的推算伸长值，可用图解法或计算法确定；

　　　a——千斤顶体内的预应力筋张拉伸长值；

　　　b——张拉过程中工具锚和固定端工作锚楔紧引起的预应力筋内缩值；

　　　c——张拉阶段构件的弹性压缩值。

参考文献

[1] 中华人民共和国国家标准. 混凝土结构设计规范 GB 50010—2010

[2] 中华人民共和国行业标准. 无粘结预应力混凝土结构技术规程 JGJ/T 92—2004

[3] 中华人民共和国行业标准. 预应力筋用锚具、夹具和连接器应用技术规程 JGJ 85—2010

[4] 中华人民共和国行业标准. 建筑结构体外预应力加固技术规程 JGJ/T279—2012

[5] 杜拱辰. 现代预应力混凝土结构. 北京：中国建筑工业出版社，1988

[6] 吕志涛. 现代预应力结构体系与设计方法. 江苏：江苏科学技术出版社，2010

[7] 陶学康. 后张预应力混凝土设计手册. 北京：中国建筑工业出版社，1996

[8] BEN C. GERWICK，JR. 著. 黄棠，王能远等译. 预应力混凝土结构施工. 第2版. 北京：中国铁道出版社，1999

[9] 薛伟辰. 现代预应力结构设计. 北京：中国建筑工业出版社，2003

[10] 张誉，薛伟辰. 混凝土结构基本原理. 北京：中国建筑工业出版社，2000

[11] 李国平，薛伟辰. 预应力混凝土结构设计原理. 第 2 版. 北京：人民交通出版社，2009

[12] 李晨光，刘航，段建华，黄芳玮. 体外预应力结构技术与工程应用. 北京：中国建筑工业出版社，2008

[13] 高承勇，张家华，张德锋，王绍义. 预应力混凝土设计技术与工程实例. 北京：中国建筑工业出版社，2010

承载能力极限状态计算

预应力混凝土结构承载能力计算包括受拉、受压、受弯、受剪和受扭以及其组合作用下的承载力计算。预应力混凝土结构构件承载能力计算既与钢筋混凝土构件有相同之处，又有自身特点。本章涉及预应力混凝土结构构件的正截面、斜截面及复合受力状态下的承载力计算，深受弯构件、牛腿、叠合构件等的承载力计算见《混凝土结构设计规范》GB 50010—2010。

6.1 一般规定

6.1.1 正截面承载力计算

正截面承载力应按下列基本假定进行计算：

(1) 截面应变保持平面。

(2) 不考虑混凝土的抗拉强度。

(3) 混凝土受压的应力与应变关系按下列规定取用：

当 $\varepsilon_c \leqslant \varepsilon_0$ 时

$$\sigma_c = f_c \left[1 - \left(1 - \frac{\varepsilon_c}{\varepsilon_0} \right)^n \right] \tag{6-1}$$

当 $\varepsilon_0 < \varepsilon_c \leqslant \varepsilon_{cu}$ 时

$$\sigma_c = f_c \tag{6-2}$$

$$n = 2 - \frac{1}{60}(f_{cu,k} - 50) \tag{6-3}$$

$$\varepsilon_0 = 0.002 + 0.5(f_{cu,k} - 50) \times 10^{-5} \tag{6-4}$$

$$\varepsilon_{cu} = 0.0033 - (f_{cu,k} - 50) \times 10^{-5} \tag{6-5}$$

式中 σ_c ——混凝土压应变为 ε_c 时的混凝土压应力；

f_c ——混凝土轴心抗压强度设计值；

ε_0 ——混凝土压应力达到 f_c 时的混凝土压应变，当计算的 ε_0 值小于 0.002 时，取为 0.002；

ε_{cu} ——正截面的混凝土极限压应变，当处于非均匀受压时按公式(6-5)计算，如计算的 ε_{cu} 值大于 0.0033，取为 0.0033；当处于轴心受压时取为 ε_0；

$f_{cu,k}$ ——混凝土立方体抗压强度标准值；

n ——系数，当计算的 n 值大于 2.0 时，取为 2.0。

（4）纵向受拉钢筋的极限拉应变取为 0.01。

（5）纵向钢筋的应力取钢筋应变与其弹性模量的乘积，但其值应符合下列要求：

$$-f'_y \leqslant \sigma_{si} \leqslant f_y \tag{6-6}$$

$$\sigma_{p0i} - f'_{py} \leqslant \sigma_{pi} \leqslant f_{py} \tag{6-7}$$

式中　σ_{si}、σ_{pi}——第 i 层纵向普通钢筋、预应力筋的应力，正值代表拉应力，负值代表压应力；

　　　　σ_{p0i}——第 i 层纵向预应力筋截面重心处混凝土法向应力等于零时的预应力筋应力；

　　f_y、f_{py}——普通钢筋、预应力筋抗拉强度设计值；

　　f'_y、f'_{py}——普通钢筋、预应力筋抗压强度设计值。

6.1.2　受压区混凝土的等效矩形应力图

矩形应力图等效代替实际混凝土压应力分布图的原则是：两种应力分布的合力相同且合力作用位置相同。因此，矩形应力图的受压区高度 x 可取等于按截面应变保持平面的假定所确定的中和轴高度乘以系数 β_1。矩形应力图的应力值取为混凝土轴心抗压强度设计值 f_c 乘以系数 α_1。当混凝土强度等级不超过 C50 时，β_1 取为 0.8，α_1 取为 1.0。当混凝土强度等级为 C80 时，β_1 取为 0.74，α_1 取为 0.94。其间按线性内插法确定。

6.1.3　相对界限受压区高度 ξ_b 的计算

纵向受拉钢筋屈服与受压区混凝土破坏同时发生时的相对界限受压区高度 ξ_b 应按下列公式计算：

（1）钢筋混凝土构件

有屈服点普通钢筋

$$\xi_b = \frac{\beta_1}{1 + \dfrac{f_y}{E_s \varepsilon_{cu}}} \tag{6-8}$$

无屈服点普通钢筋

$$\xi_b = \frac{\beta_1}{1 + \dfrac{0.002}{\varepsilon_{cu}} + \dfrac{f_y}{E_s \varepsilon_{cu}}} \tag{6-9}$$

（2）预应力混凝土构件

$$\xi_b = \frac{\beta_1}{1 + \dfrac{0.002}{\varepsilon_{cu}} + \dfrac{f_{py} - \sigma_{p0}}{E_s \varepsilon_{cu}}} \tag{6-10}$$

式中　ξ_b——相对界限受压区高度，$\xi_b = x_b / h_0$；

　　　　x_b——界限受压高度；

　　　　h_0——截面有效高度，为纵向受拉钢筋合力点至截面受压边缘的距离；

　　　　f_y——普通钢筋抗拉强度设计值；

　　　　f_{py}——预应力筋抗拉强度设计值；

　　　　E_s——钢筋弹性模量；

　　　　σ_{p0}——受拉区纵向预应力筋合力点处混凝土法向应力等于零时的预应力筋应力；

ε_{cu}——非均匀受压时的混凝土极限压应变；

β_1——与截面中和轴高度有关的系数。

当截面受拉区内配置有不同种类或不同预应力值的预应力筋时，受弯构件的相对界限受压区高度应分别计算，并取其较小值。

6.1.4 纵向钢筋应力的计算

（1）纵向钢筋应力宜按下列公式计算：

普通钢筋

$$\sigma_{si}=E_s\varepsilon_{cu}\left(\frac{\beta_1 h_{0i}}{x}-1\right) \tag{6-11}$$

预应力筋

$$\sigma_{pi}=E_s\varepsilon_{cu}\left(\frac{\beta_1 h_{0i}}{x}-1\right)+\sigma_{p0i} \tag{6-12}$$

（2）纵向钢筋应力也可按下列近似公式计算：

普通钢筋

$$\sigma_{si}=\frac{f_y}{\xi_b-\beta_1}\left(\frac{x}{h_{0i}}-\beta_1\right) \tag{6-13}$$

预应力筋

$$\sigma_{pi}=\frac{f_{py}-\sigma_{p0i}}{\xi_b-\beta_1}\left(\frac{x}{h_{0i}}-\beta_1\right)+\sigma_{p0i} \tag{6-14}$$

式中　h_{0i}——第 i 层纵向钢筋截面重心至截面受压边缘的距离；

　　　x——等效矩形应力图形的混凝土受压区高度；

σ_{si}、σ_{pi}——第 i 层纵向普通钢筋、预应力筋的应力，正值代表拉应力，负值代表压应力；

　　　σ_{p0i}——第 i 层纵向预应力筋截面重心处混凝土法向应力等于零时的预应力筋应力。

（3）按公式(6-11)～公式(6-14)计算的纵向钢筋应力应符合公式(6-6)和公式(6-7)的规定。

6.1.5 混凝土法向应力与预应力筋应力计算

由预加力产生的混凝土法向应力及相应阶段预应力筋的应力，可分别按下列公式计算：

（1）先张构件

由预加力产生的混凝土法向应力

$$\sigma_{pc}=\frac{N_{p0}}{A_0}\pm\frac{N_{p0}e_{p0}}{I_0}y_0 \tag{6-15}$$

相应阶段预应力筋的有效预应力

$$\sigma_{pe}=\sigma_{con}-\sigma_l-\alpha_E\sigma_{pc} \tag{6-16}$$

预应力筋合力点处混凝土法向应力等于零时的预应力筋应力

$$\sigma_{p0}=\sigma_{con}-\sigma_l \tag{6-17}$$

（2）后张构件

由预加力产生的混凝土法向应力

$$\sigma_{pc} = \frac{N_p}{A_n} \pm \frac{N_p e_{pn}}{I_n} y_n + \sigma_{p2} \tag{6-18}$$

相应阶段预应力筋的有效预应力

$$\sigma_{pe} = \sigma_{con} - \sigma_l \tag{6-19}$$

预应力筋合力点处混凝土法向应力等于零时的预应力筋应力

$$\sigma_{p0} = \sigma_{con} - \sigma_l + \alpha_E \sigma_{pc} \tag{6-20}$$

式中　A_n——净截面面积，即扣除孔道、凹槽等削弱部分以外的混凝土全部截面面积及纵向非预应力筋截面面积换算成混凝土的截面面积之和；对由不同混凝土强度等级组成的截面，应根据混凝土弹性模量比值换算成同一混凝土强度等级的截面面积；

　　A_0——换算截面面积，包括净截面面积以及全部纵向预应力筋截面面积换算成混凝土的截面面积；

I_0、I_n——换算截面惯性矩、净截面惯性矩；

e_{p0}、e_{pn}——换算截面重心、净截面重心至预加力作用点的距离；

y_0、y_n——换算截面重心、净截面重心至所计算纤维处的距离；

　　σ_l——相应阶段的预应力损失值；

　　α_E——钢筋弹性模量与混凝土弹性模量的比值，$\alpha_E = E_s/E_c$；

N_{p0}、N_p——先张构件、后张构件的预加力；

　　σ_{p2}——由预应力次内力引起的混凝土截面法向应力。

　　在公式(6-15)、公式(6-18)中，右边第二项与第一项的应力方向相同时取加号，相反时取减号；公式(6-16)、公式(6-20)适用于 σ_{pc} 为压应力的情况，当 σ_{pc} 为拉应力时，应以负值代入。

6.1.6　预加力及其作用点的偏心距计算

　　预应力筋与非预应力筋的合力及合力点的偏心距(图 6-1)宜按公式(6-21)～公式(6-24)计算：

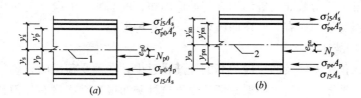

图 6-1　预加力作用点位置

(a)先张构件；(b)后张构件

1—换算截面重心轴；2—净截面重心轴

(1) 先张构件

$$N_{p0} = \sigma_{p0} A_p + \sigma'_{p0} A'_p - \sigma_{l5} A_s - \sigma'_{l5} A'_s \tag{6-21}$$

$$e_{p0} = \frac{\sigma_{p0} A_p y_p - \sigma'_{p0} A'_p y'_p - \sigma_{l5} A_s y_s + \sigma'_{l5} A'_s y'_s}{\sigma_{p0} A_p + \sigma'_{p0} A'_p - \sigma_{l5} A_s - \sigma'_{l5} A'_s} \tag{6-22}$$

(2) 后张构件

$$N_p = \sigma_{pe}A_p + \sigma'_{pe}A'_p - \sigma_{l5}A_s - \sigma'_{l5}A'_s \qquad (6\text{-}23)$$

$$e_{pn} = \frac{\sigma_{pe}A_p y_{pn} - \sigma'_{pe}A'_p y'_{pn} - \sigma_{l5}A_s y_{sn} + \sigma'_{l5}A'_s y'_{sn}}{\sigma_{pe}A_p + \sigma'_{pe}A'_p - \sigma_{l5}A_s - \sigma'_{l5}A'_s} \qquad (6\text{-}24)$$

式中　σ_{p0}、σ'_{p0}——受拉区、受压区预应力筋合力点处混凝土法向应力等于零时的预应力筋应力；

σ_{pe}、σ'_{pe}——受拉区、受压区预应力筋的有效预应力；

A_p、A'_p——受拉区、受压区纵向预应力筋的截面面积；

A_s、A'_s——受拉区、受压区纵向普通钢筋的截面面积；

y_p、y'_p——受拉区、受压区预应力合力点至换算截面重心的距离；

y_s、y'_s——受拉区、受压区普通钢筋重心至换算截面重心的距离；

σ_{l5}、σ'_{l5}——受拉区、受压区预应力筋在各自合力点处混凝土收缩和徐变引起的预应力损失值；

y_{pn}、y'_{pn}——受拉区、受压区预应力合力点至净截面重心的距离；

y_{sn}、y'_{sn}——受拉区、受压区普通钢筋重心至净截面重心的距离。

当公式(6-21)~公式(6-24)中的 $A'_p = 0$ 时，可取式中 $\sigma'_{l5} = 0$；当计算次内力时，公式(6-23)、公式(6-24)中的 σ_{l5} 和 σ'_{l5} 可近似取零。

6.2　正截面承载力计算

6.2.1　预应力混凝土受弯截面破坏形态

预应力混凝土构件的性能与普通钢筋混凝土构件的性能基本相同，但预应力混凝土构件在未受荷载时，其预应力筋已有应力，而普通钢筋混凝土构件中的钢筋则无应力。在接近破坏时，由于预应力筋多采用高强钢材，无明显的屈服台阶，因此需采用条件屈服强度作为破坏时高强钢材极限应力或根据给定的钢材应力应变曲线进行截面分析。

预应力混凝土受弯截面的破坏形态与截面面积、配筋率、混凝土的抗压强度和预应力筋的极限抗拉强度等因素有关，弯曲破坏有下列三种形态：

1. 少筋梁的破坏

由于受拉区预应力筋及非预应力筋的配筋量过少，在承受荷载时，构件内的受力筋突然拉断而产生的破坏，即为少筋梁破坏。由于这种破坏很突然，没有任何预兆，属于脆性破坏，规范要求在设计时不允许出现这种破坏形式，一般用最小配筋率或 M_u/M_{cr} 的最小比值来保证。我国规范要求预应力混凝土受弯截面的 $M_u/M_{cr} > 1.00$，其中 M_u 为截面的计算抗弯承载力，M_{cr} 为截面的开裂弯矩。

2. 超筋梁的破坏

由于构件受拉区配有过多的预应力筋和非预应力筋，在承受荷载时，通常会发生混凝土突然压碎，此时挠度很小、裂缝很细，受拉钢筋没有达到抗拉强度，甚至在有些情况下仍在比例极限之内，如图 6-2(a) 所示，这种构件的破坏也没有明显预兆，规范建议不采用这种构件。一是由于这种构件不经济，二是在超静定结构中因无法实现内力重分布而发生局部破坏，从而影响整个结构的承载能力。

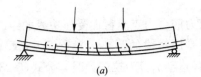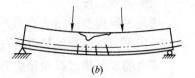

图 6-2 梁破坏形态

(a)超筋梁破坏形态；(b)适筋梁破坏形态

3. 适筋梁的破坏

当截面配筋率在少筋梁与超筋梁之间，预应力混凝土梁在开裂之后，随着荷载的增加，拉区的裂缝不断扩展，受压区不断减小，预应力筋应力也不断增大，约在破坏荷载的90%时，受压区混凝土出现纵向裂缝，预应力筋接近破坏强度，非预应力筋屈服，最后压区混凝土压碎而发生受弯破坏，破坏前有明显的预兆，如图 6-2(b)所示。这是规范要求的受弯截面破坏形态。

6.2.2 受弯计算公式

1. 矩形截面或翼缘位于受拉边的倒 T 形截面受弯构件，其正截面受弯承载力应符合下列规定(图 6-3)：

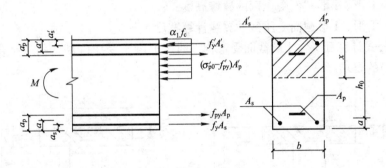

图 6-3 矩形截面受弯构件正截面受弯承载力计算

$$M \leqslant \alpha_1 f_c bx\left(h_0 - \frac{x}{2}\right) + f'_y A'_s (h_0 - a'_s) - (\sigma'_{p0} - f'_{py}) A'_p (h_0 - a'_p) \tag{6-25}$$

混凝土受压区高度应按下列公式确定：

$$\alpha_1 f_c bx = f_y A_s - f'_y A'_s + f_{py} A_p + (\sigma'_{p0} - f'_{py}) A'_p \tag{6-26}$$

混凝土受压区高度尚应符合下列条件：

$$x \leqslant \xi_b h_0 \tag{6-27}$$

$$x \geqslant 2a' \tag{6-28}$$

式中　M——弯矩设计值；

　　　α_1——系数，见 6.1.2 节规定；

A_s、A'_s——受拉区、受压区纵向普通钢筋的截面面积；

A_p、A'_p——受拉区、受压区纵向预应力筋的截面面积；

　　σ'_{p0}——受压区纵向预应力筋合力点处混凝土法向应力等于零时的预应力筋应力；

　　　b——矩形截面的宽度或倒 T 形截面的腹板宽度；

h_0——截面有效高度；

a'_s、a'_p——受压区纵向普通钢筋合力点、预应力筋合力点至截面受压边缘的距离；

a'——受压区全部纵向钢筋合力点至截面受压边缘的距离，当受压区未配置纵向预应力筋或受压区纵向预应力筋应力$(\sigma'_{p0}-f'_{py})$为拉应力时，公式(6-28)中的a'用a'_s代替。

2. 翼缘位于受压区的 T 形、I 形截面受弯构件(图 6-4)，其正截面受弯承载力计算应分别符合下列规定：

(1) 当满足下列条件时

$$f_y A_s + f_{py} A_p \leqslant \alpha_1 f_c b'_f h'_f + f'_y A'_s - (\sigma'_{p0} - f'_{py}) A'_p \tag{6-29}$$

应按宽度为b'_f的矩形截面计算。

(2) 当不满足公式(6-29)的条件时，应按下列公式计算：

$$M \leqslant \alpha_1 f_c b x \left(h_0 - \frac{x}{2} \right) + \alpha_1 f_c (b'_f - b) h'_f \left(h_0 - \frac{h'_f}{2} \right) + f'_y A'_s (h_0 - a'_s) - (\sigma'_{p0} - f'_{py}) A'_p (h_0 - a'_p) \tag{6-30}$$

混凝土受压区高度应按下列公式确定：

$$\alpha_1 f_c [bx + (b'_f - b) h'_f] = f_y A_s - f'_y A'_s + f_{py} A_p + (\sigma'_{p0} - f'_{py}) A'_p \tag{6-31}$$

式中 h'_f——T 形、I 形截面受压区的翼缘高度；

b'_f——T 形、I 形截面受压区的翼缘计算宽度。

按上述公式计算 T 形、I 形截面受弯构件时，混凝土受压区高度仍应符合公式(6-27)和公式(6-28)的要求。

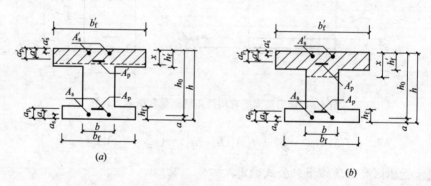

图 6-4 I 形截面受弯构件受压区高度位置

$(a) x \leqslant h'_f$; $(b) x > h'_f$

3. 正截面受弯承载力计算尚应注意：

(1) 受弯构件正截面受弯承载力的计算应符合公式(6-27)的要求。当有构造要求或按正常使用极限状态验算要求配置的纵向受拉钢筋截面面积大于受弯承载力要求的配筋面积时，在按公式(6-26)或公式(6-31)计算的混凝土受压区高度 x，可仅计入受弯承载力条件所需的纵向受拉钢筋截面面积。

(2) 当计算中计入纵向普通受压钢筋时，应满足公式(6-28)的条件；当不满足此条件时，正截面受弯承载力应符合下列规定：

$$M \leqslant f_{py} A_p (h - a_p - a'_s) + f_y A_s (h - a_s - a'_s) + (\sigma'_{p0} - f'_{py}) A'_p (a'_p - a'_s) \tag{6-32}$$

式中　a_s、a_p——受拉区纵向普通钢筋、预应力筋至受拉边缘的距离。

6.2.3　预应力混凝土受拉截面破坏过程

如图 6-5 所示，预应力混凝土受拉截面在轴向拉力作用下的破坏全过程主要经历了以下几个阶段：

第 Ⅰ 阶段：整体工作阶段（OA 段）

从加载到混凝土开裂之前，由于这时的应力和应变都很小，混凝土和钢筋可以看成一个整体，应力与应变大致成线性关系。在第 Ⅰ 工作阶段末，混凝土拉应变达到极限拉应变，裂缝即将产生。对于不允许开裂的轴心受拉构件，应以此工作阶段末作为抗裂验算的依据。

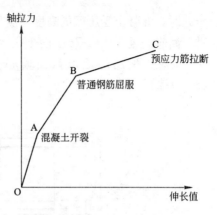

图 6-5　受拉截面破坏过程

第 Ⅱ 阶段：带裂缝工作阶段（AB 段）

当荷载增加到 A 点时，在构件较薄弱的部位首先出现与构件轴线相垂直的法向裂缝。裂缝出现后，构件裂缝截面处的混凝土退出工作，拉力全部由普通钢筋和预应力筋承担；随着荷载的增加，其他一些截面上也先后出现法向裂缝，裂缝的产生导致截面刚度的削弱，使得应力—应变曲线上出现转折点，反映出截面发生了应力重分布，此时沿横截面贯通的裂缝将构件分割为几段，各段间在裂缝处只有钢筋联系着，但裂缝与裂缝之间的混凝土仍能协同钢筋承担一部分拉力。对于轴心受拉构件，第 Ⅱ 阶段就是构件的正常使用阶段，此时构件受到的使用荷载大约为破坏荷载的 $50\%\sim70\%$，构件的裂缝宽度和变形验算是以此阶段为依据的。

第 Ⅲ 阶段：钢筋屈服阶段（BC 段）

当荷载达到 B 点时，某一裂缝截面处的个别钢筋首先达到屈服，裂缝迅速扩展，这时荷载稍稍增加，甚至不增加，都会导致截面上的普通钢筋达到屈服。此后，随着荷载的继续增加，变形迅速增大，预应力筋的应力也超过了名义屈服强度，最后由于预应力筋被拉断使整个构件达到极限承载能力。正截面强度计算是以第 Ⅲ 阶段为依据的。

6.2.4　受拉计算公式

1. 轴心受拉构件的正截面受拉承载力应符合下列规定：

$$N \leqslant f_y A_s + f_{py} A_p \tag{6-33}$$

式中　N——轴向拉力设计值；

A_s、A_p——纵向普通钢筋、预应力筋的全部截面面积。

2. 矩形截面偏心受拉构件的正截面受拉承载力应符合下列规定：

（1）小偏心受拉构件

当轴向拉力作用在钢筋 A_s 与 A_p 的合力点和 A_s' 与 A_p' 的合力点之间时（图 6-6a）：

$$Ne \leqslant f_y A_s'(h_0 - a_s') + f_{py} A_P'(h_0 - a_p') \tag{6-34}$$

$$Ne' \leqslant f_y A_s(h_0' - a_s) + f_{py} A_p(h_0' - a_p) \tag{6-35}$$

（2）大偏心受拉构件

当轴向拉力不作用在钢筋 A_s 与 A_p 的合力点和 A_s' 与 A_p' 的合力点之间时（图 6-6b）：

$$N \leqslant f_y A_s + f_{py} A_p - f_y' A_s' + (\sigma_{p0}' - f_{py}') A_p' - \alpha_1 f_c b x \tag{6-36}$$

$$Ne \leqslant \alpha_1 f_c bx \left(h_0 - \frac{x}{2}\right) + f_y' A_s' (h_0 - a_s') - (\sigma_{p0}' - f_{py}') A_p' (h_0 - a_p') \tag{6-37}$$

此时，混凝土受压区的高度应满足公式(6-27)的要求。当计算中计入纵向受压普通钢筋时，尚应满足公式(6-28)的条件；当不满足时，可按公式(6-35)计算。

（3）对称配筋的矩形截面偏心受拉构件，不论大、小偏心受拉情况，均可按公式(6-35)计算。

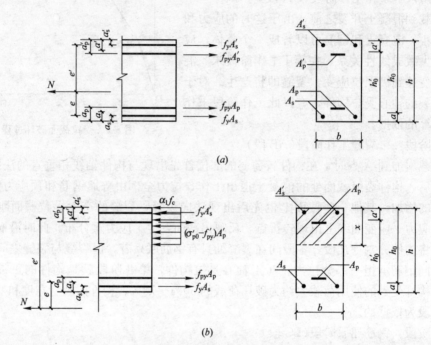

(a)

(b)

图 6-6　矩形截面偏心受拉构件正截面受拉承载力计算
(a)小偏心受拉构件；(b)大偏心受拉构件

6.3　斜截面承载力计算

6.3.1　预应力对受剪截面的有利作用

国内外大量试验研究表明，在预应力混凝土梁中，由于拉区混凝土中预压应力的作用延缓了斜裂缝的出现和发展，斜裂缝倾角的减少而增大了斜裂缝的水平投影长度，从而提高了箍筋抗剪的作用，增加了混凝土剪压区的高度，增大了骨料的咬合作用，从而提高了混凝土剪压区的抗剪强度[11][12]。此外，受剪截面中曲线预应力筋的竖向分力可部分抵消荷载剪力。

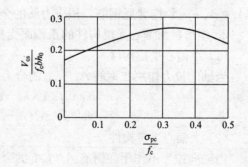

图 6-7　预应力对受弯构件抗剪承载能力的影响

但是，预应力对提高截面抗剪承载力的作用是有限的。从试验结果（图 6-7）看，当换算截面重心处的混凝土预压应力 σ_{pc} 与混凝土轴心抗压强度 f_c 之比为 0.3～0.4 之间时，这种有利作用反而有下降趋势。所以预应力对截面抗剪承载力的有利作用应有一定的限制。

另外，试验还表明，预应力混凝土受剪截面的破坏形态与普通混凝土受剪截面无明显区别，剪跨比、腹筋配筋率仍是影响破坏形态的主要因素，剪切破坏形态包括以斜压破坏、斜拉破坏等为主的脆性破坏形态和以剪压破坏为主的延性破坏。

6.3.2　计算公式

1. 矩形、T 形和 I 形截面受弯构件的受剪截面应符合下列条件：

当 $h_w/b \leqslant 4$ 时

$$V \leqslant 0.25\beta_c f_c b h_0 \tag{6-38}$$

当 $h_w/b \geqslant 6$ 时

$$V \leqslant 0.2\beta_c f_c b h_0 \tag{6-39}$$

当 $4 < h_w/b < 6$ 时，按线性内插法确定。

式中　V——构件斜截面上的最大剪力设计值；

β_c——混凝土强度影响系数，当混凝土强度等级不超过 C50 时，取 $\beta_c = 1.0$；当混凝土强度等级为 C80 时，取 $\beta_c = 0.8$；其间按线性内插法确定；

b——矩形截面的宽度，T 形截面或 I 形截面的腹板宽度；

h_0——截面的有效高度；

h_w——截面的腹板高度，矩形截面，取有效高度；T 形截面，取有效高度减去翼缘高度；I 形截面，取腹板净高。

对 T 形或 I 形截面的简支受弯构件，当有实践经验时，公式(6-38)中的系数可改用 0.3；对受拉边倾斜的构件，当有实践经验时，其受剪截面的控制条件可适当放宽。

2. 计算斜截面受剪承载力时，剪力设计值的计算截面应按下列规定采用：

(1) 支座边缘处的截面(图 6-8a、b 截面 1-1)；

(2) 受拉区弯起钢筋弯起点处的截面(图 6-8a 截面 2-2、3-3)；

(3) 箍筋截面面积或间距改变处的截面(图 6-8b 截面 4-4)；

(4) 截面尺寸改变处的截面。

受拉边倾斜的受弯构件，尚应包括梁的高度开始变化处、集中荷载作用处和其他不利的截面；箍筋的间距以及弯起钢筋前一排(对支座而言)的弯起点至后一排的弯终点的距离，应符合有关构造要求。

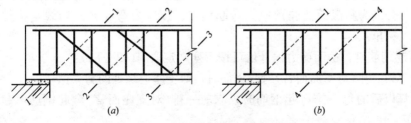

图 6-8　斜截面受剪承载力剪力设计值的计算截面

(a)弯起钢筋；(b)箍筋

1-1 支座边缘处的斜截面；2-2、3-3 受拉区弯起钢筋弯起点的斜截面；

4-4　箍筋截面面积或间距改变处的斜截面

3. 当仅配置箍筋时，矩形、T形和I形截面受弯构件的斜截面受剪承载力应符合下列规定：

$$V \leqslant V_{cs} + V_p \tag{6-40}$$

$$V_{cs} = \alpha_{cv} f_t b h_0 + f_{yv} \frac{A_{sv}}{s} h_0 \tag{6-41}$$

$$V_p = 0.05 N_{p0} \tag{6-42}$$

式中　V_{cs}——构件斜截面上混凝土和箍筋的受剪承载力设计值；

V_p——由预加力所提高的构件受剪承载力设计值；

α_{cv}——截面混凝土受剪承载力系数，对于一般受弯构件取 0.7；对集中荷载作用下（包括作用有多种荷载，其中集中荷载对支座截面或节点边缘所产生的剪力值占总剪力的 75% 以上的情况）的独立梁，取 α_{cv} 为 $\frac{1.75}{\lambda+1}$，λ 为计算截面的剪跨比，可取 λ 等于 a/h_0，当 λ 小于 1.5 时，取 1.5，当 λ 大于 3 时，取 3，a 取集中荷载作用点至支座截面或节点边缘的距离；

A_{sv}——配置在同一截面内箍筋各肢的全部截面面积，即 nA_{sv1}，此处，n 为在同一个截面内箍筋的肢数，A_{sv1} 为单肢箍筋的截面面积；

s——沿构件长度方向的箍筋间距；

f_{yv}——箍筋的抗拉强度设计值；

N_{p0}——计算截面上混凝土法向预应力等于零时的预加力，当 $N_{p0} > 0.3 f_c A_0$ 时，取 $0.3 f_c A_0$，此处，A_0 为构件的换算截面面积。

对预加力 N_{p0} 引起的截面弯矩与外弯矩方向相同的情况，以及预应力混凝土连续梁和允许出现裂缝的预应力混凝土简支梁，均应取 V_p 为 0；先张预应力混凝土构件，在计算合力 N_{p0} 时考虑预应力筋传递长度的影响。

4. 当配置箍筋和弯起钢筋时，矩形、T形和I形截面受弯构件的斜截面受剪承载力应符合下列规定：

$$V \leqslant V_{cs} + V_p + 0.8 f_{yv} A_{sb} \sin\alpha_s + 0.8 f_{py} A_{pb} \sin\alpha_p \tag{6-43}$$

式中　V——配置弯起钢筋处的剪力设计值；

V_p——由预加力所提高的构件受剪承载力设计值，按公式（6-42）计算，但计算合力 N_{p0} 时不考虑预应力弯起筋的作用；

A_{sb}、A_{pb}——分别为同一平面内的非预应力弯起钢筋、预应力弯起筋的截面面积；

α_s、α_p——分别为斜截面上非预应力弯起钢筋、预应力弯起筋的切线与构件纵轴线的夹角。

计算弯起钢筋时，截面剪力设计值可按下列规定取用（图 6-8a）：

（1）计算第一排（对支座而言）弯起钢筋时，取支座边缘处的剪力值；

（2）计算以后的每一排弯起钢筋时，取前一排（对支座而言）弯起钢筋弯起点处的剪力值。

5. 矩形、T形和I形截面的一般受弯构件，当符合下式要求时，可不进行斜截面的受剪承载力计算，其箍筋的构造要求应符合有关规定。

$$V \leqslant \alpha_{cv} f_t b h_0 + 0.05 N_{p0} \qquad (6-44)$$

式中　α_{cv}——截面混凝土受剪承载力系数，按本节第3条的规定采用。

6. 受拉边倾斜的矩形、T形和I形截面受弯构件，其斜截面受剪承载力应符合下列规定(图6-9)：

$$V \leqslant V_{cs} + V_{sp} + 0.8 f_y A_{sb} \sin\alpha_s \qquad (6-45)$$

$$V_{sp} = \frac{M - 0.8(\sum f_{yv} A_{sv} z_{sv} + \sum f_y A_{sb} z_{sb})}{z + c\tan\beta} \tan\beta \qquad (6-46)$$

式中　M——构件斜截面受压区末端的弯矩设计值；

$\quad V_{cs}$——构件斜截面上混凝土和箍筋的受剪承载力设计值，按公式(6-41)计算，其中 h_0 取斜截面受拉区始端的垂直截面有效高度；

$\quad V_{sp}$——构件截面上受拉边倾斜的纵向非预应力和预应力受拉钢筋的合力设计值在垂直方向的投影，对钢筋混凝土受弯构件，其值不应大于 $f_y A_s \sin\beta$；对预应力混凝土受弯构件，其值不应大于 $(f_{py} A_p + f_y A_s)\sin\beta$，且不应小于 $\sigma_{pe} A_p \sin\beta$；

$\quad z_{sv}$——同一截面内箍筋的合力至斜截面受压区合力点的距离；

$\quad z_{sb}$——同一弯起平面内的弯起钢筋的合力至斜截面受压区合力点的距离；

$\quad z$——斜截面受拉区始端处纵向受拉钢筋合力的水平分力至斜截面受压区合力点的距离，可近似取为 $0.9h_0$；

$\quad \beta$——斜截面受拉区始端处倾斜的纵向受拉钢筋的倾角；

$\quad c$——斜截面的水平投影长度，可近似取为 h_0。

在梁截面高度开始变化处，斜截面的受剪承载力应按等截面高度梁和变截面高度梁的有关公式分别计算，并应按不利者配置箍筋和弯起钢筋。

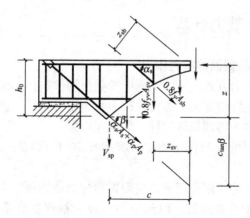

图6-9　受拉边倾斜的受弯构件斜截面受剪承载力计算

7. 受弯构件斜截面的受弯承载力应符合下列规定(图6-10)：

$$M \leqslant (f_y A_s + f_{py} A_p)z + \sum f_y A_{sb} z_{sb} + \sum f_{py} A_{pb} z_{pb} + \sum f_{yv} A_{sv} z_{sv} \qquad (6-47)$$

此时，斜截面的水平投影长度 c 可按下列条件确定：

$$V = \sum f_y A_{sb} \sin\alpha_s + \sum f_{py} A_{pb} \sin\alpha_p + \sum f_{yv} A_{sv} \qquad (6-48)$$

式中　V——斜截面受压区末端的剪力设计值；

$\quad z$——纵向受拉普通钢筋和预应力筋的合力点至受压区合力点的距离，可近似取

为 $0.9h_0$；

z_{sb}、z_{pb}——分别为同一弯起平面内的非预应力弯起钢筋、预应力弯起筋的合力点至斜截面受压区合力点的距离；

z_{sv}——同一斜截面上箍筋的合力点至斜截面受压区合力点的距离。

在计算先张法预应力混凝土构件端部锚固区的斜截面受弯承载力时，公式中的 f_{py} 应按下列规定确定：锚固区内的纵向预应力筋抗拉强度设计值在锚固起点处应取为零，在锚固终点处应取为 f_{py}，在两点之间可按线性内插法确定。此时，纵向预应力筋的锚固长度 l_a 应按 GB 50010 规定确定。

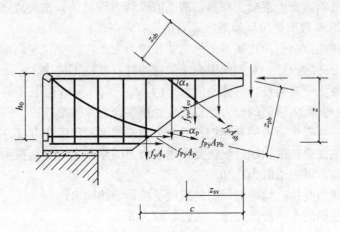

图 6-10 受弯构件斜截面受弯承载力计算

6.4 扭曲截面承载力计算

6.4.1 预应力对受扭截面的有利作用

扭转是构件的基本受力方式之一。工程中的受扭构件包括平衡扭转构件和协调扭转构件两类[9]。扭矩大小与扭转刚度无关的构件称为平衡扭转构件，如雨篷梁；扭矩大小由相对扭转刚度决定的构件称为协调扭转构件，如框架边梁。

与预应力对受剪截面的有利作用相似，施加预应力可以推迟受扭截面的斜裂缝的出现，提高其抗扭承载力。

试验研究表明[7]，在纯扭矩作用下，仅配置预应力筋的预应力混凝土受扭截面与素混凝土受扭构件的破坏形态非常相似，但预应力可以大幅度提高素混凝土构件的抗扭承载力，最大可提高 2.5 倍以上。需要指出，仅增加受扭截面的纵向钢筋不能相应增加受扭截面的承载力，只有同时增加纵向钢筋与箍筋时，才能有效提高其抗扭承载力。

6.4.2 计算公式

1. 在弯矩、剪力和扭矩共同作用下，h_w/b 不大于 6 的矩形、T 形、I 形截面和 h_w/t_w 不大于 6 的箱形截面构件（图 6-11），其截面应符合下列条件：

当 h_w/b（或 h_w/t_w）不大于 4 时

$$\frac{V}{bh_0}+\frac{T}{0.8W_t}\leqslant 0.25\beta_c f_c \tag{6-49}$$

当 h_w/b(或 h_w/t_w)等于 6 时

$$\frac{V}{bh_0} + \frac{T}{0.8W_t} \leqslant 0.2\beta_c f_c \tag{6-50}$$

当 $4 < h_w/b$(或 h_w/t_w)< 6 时,按线性内插法确定。

式中 T——扭矩设计值;

b——矩形截面的宽度,T 形或 I 形截面取腹板宽度,箱形截面取两侧壁总厚度 $2t_w$;

W_t——受扭构件的截面受扭塑性抵抗矩;

h_w——截面的腹板高度,对矩形截面,取有效高度 h_0;对 T 形截面,取有效高度减去翼缘高度;对 I 形和箱形截面,取腹板净高;

t_w——箱形截面壁厚,其值不应小于 $b_h/7$,此处,b_h 为箱形截面的宽度。

当 $h_w/b > 6$ 或 $h_w/t_w > 6$ 时,受扭构件的截面尺寸条件及扭曲截面承载力计算应符合专门规定。

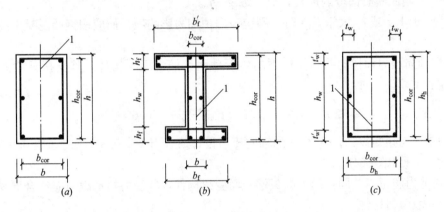

图 6-11 受扭构件截面

(a)矩形截面;(b)T 形、I 形截面;(c)箱形截面($t_w \leqslant t_w'$)

1—弯矩、剪力作用平面

2. 在弯矩、剪力和扭矩共同作用下的构件,当符合下列要求时,可不进行构件受剪扭承载力计算,但应按规定配置构造纵向钢筋和箍筋。

$$\frac{V}{bh_0} + \frac{T}{W_t} \leqslant 0.7f_t + 0.05\frac{N_{p0}}{bh_0} \tag{6-51}$$

或

$$\frac{V}{bh_0} + \frac{T}{W_t} \leqslant 0.7f_t + 0.07\frac{N}{bh_0} \tag{6-52}$$

式中 N_{p0}——计算截面上混凝土法向应力等于零时的纵向预应力筋及普通钢筋的合力,当 $N_{p0} > 0.3f_c A_0$ 时,取 $0.3f_c A_0$,此处,A_0 为构件的换算截面面积;

N——与剪力、扭矩设计值 V、T 相应的轴向压力设计值,当 $N > 0.3f_c A$ 时,取 $0.3f_c A$,此处,A 为构件的截面面积。

3. 矩形截面纯扭构件的受扭承载力应符合下列规定:

$$T \leqslant 0.35f_t W_t + 1.2\sqrt{\zeta}f_{yv}\frac{A_{st1}A_{cor}}{s} \tag{6-53}$$

$$\zeta = \frac{f_y A_{stl} s}{f_{yv} A_{st1} u_{cor}} \tag{6-54}$$

偏心距 e_{p0} 不大于 $h/6$ 的预应力混凝土纯扭构件，当计算的 ζ 值不小于 1.7 时，取 1.7，并可在公式(6-53)的右边增加预加力影响项 $0.05\frac{N_{p0}}{A_0}W_t$，此处，$N_{p0}$ 的取值同上条的规定。

式中 ζ——受扭的纵向钢筋与箍筋的配筋强度比值，ζ 值不应小于 0.6，当 ζ 大于 1.7 时，取 1.7；

A_{stl}——受扭计算中取对称布置的全部纵向普通钢筋截面面积；

A_{st1}——受扭计算中沿截面周边配置的箍筋单肢截面面积；

f_{yv}——受扭箍筋的抗拉强度设计值；

A_{cor}——截面核心部分的面积，取为 $b_{cor}h_{cor}$，此处，b_{cor}、h_{cor} 为分别为箍筋内表面范围内截面核心部分的短边、长边尺寸；

u_{cor}——截面核心部分的周长，取 $2(b_{cor}+h_{cor})$。

当 ζ 小于 1.7 或 e_{p0} 大于 $h/6$ 时，不应考虑预加力影响项，而应按钢筋混凝土纯扭构件计算。

4. 在轴向压力和扭矩共同作用下的矩形截面钢筋混凝土构件，其受扭承载力应符合下列规定：

$$T \leqslant 0.35 f_t W_t + 1.2\sqrt{\zeta} f_{yv}\frac{A_{st1}A_{cor}}{s} + 0.07\frac{N}{A}W_t \tag{6-55}$$

式中 N——与扭矩设计值 T 相应的轴向压力设计值，当 $N>0.3f_c A$ 时，取 $0.3f_c A$；

ζ——见式(6-54)。

5. 在剪力和扭矩共同作用下的矩形截面剪扭构件，其受剪扭承载力应符合下列规定：

(1) 一般剪扭构件

① 受剪承载力

$$V \leqslant (1.5-\beta_t)(0.7f_t bh_0 + 0.05N_{P0}) + f_{yv}\frac{A_{sv}}{s}h_0 \tag{6-56}$$

$$\beta_t = \frac{1.5}{1+0.5\dfrac{VW_t}{Tbh_0}} \tag{6-57}$$

式中 A_{sv}——受剪承载力所需的箍筋截面面积；

β_t——一般剪扭构件混凝土受扭承载力降低系数，当 β_t 小于 0.5 时，取 0.5；当 β_t 大于 1.0 时，取 1.0。

② 受扭承载力

$$T \leqslant \beta_t(0.35f_t + 0.05\frac{N_{P0}}{A_0})W_t + 1.2\sqrt{\zeta} f_{yv}\frac{A_{st1}A_{cor}}{s} \tag{6-58}$$

式中 ζ——见式(6-54)。

(2) 集中荷载作用下的独立剪扭构件

① 受剪承载力

$$V \leqslant (1.5-\beta_t)\left(\frac{1.75}{\lambda+1}f_t bh_0 + 0.05N_{P0}\right) + f_{yv}\frac{A_{sv}}{s}h_0 \tag{6-59}$$

$$\beta_t = \frac{1.5}{1+0.2(\lambda+1)\dfrac{VW_t}{Tbh_0}} \tag{6-60}$$

式中　λ——计算截面的剪跨比；

　　　β_t——集中荷载作用下剪扭构件混凝土受扭承载力降低系数，当β_t小于 0.5 时，取 0.5；当β_t大于 1.0 时，取 1.0。

② 受扭承载力

受扭承载力仍应按公式(6-58)计算，但式中的β_t应按公式(6-60)计算。

6. 在弯矩、剪力和扭矩共同作用下的矩形、T 形、I 形和箱形截面的弯剪扭构件，可按下列规定进行承载力计算：

(1) 当 V 不大于 $0.35f_tbh_0$ 或 V 不大于 $0.875f_tbh_0/(\lambda+1)$ 时，可仅计算受弯构件的正截面受弯承载力和纯扭构件的受扭承载力；

(2) 当 T 不大于 $0.175f_tW_t$ 或 T 不大于 $0.175\alpha_h f_tW_t$ 时，可仅验算受弯构件的正截面受弯承载力和斜截面受剪承载力。

7. 矩形、T 形、I 形和箱形截面弯剪扭构件，其纵向钢筋截面面积应分别按受弯构件的正截面受弯承载力和剪扭构件的受扭承载力计算确定，并应配置在相应的位置；箍筋截面面积应分别按剪扭构件的受剪承载力和受扭承载力计算确定，并应配置在相应的位置。

6.5　受冲切承载力计算

6.5.1　预应力混凝土抗冲切破坏形态

预应力混凝土的抗冲切问题主要是指预应力混凝土平板节点的抗冲切计算。预应力混凝土平板的板厚往往不是由抗弯能力控制，而是由平板节点的抗冲切能力控制。在平板结构中，由于柱支撑着双向板，柱边处存在着很高的剪应力，可能产生冲切或冲剪破坏。在局部荷载下形成的锥台状块体称为"冲切破坏锥"。根据板底环形裂缝离冲切荷载边缘的距离推算，板柱连接试件冲切破坏锥体斜面的倾角，一般在 20°～45°之间，如图 6-12 所示。

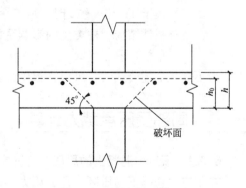

图 6-12　平板冲切破坏面

有关无粘结预应力混凝土平板节点的抗冲切性能试验研究表明：①由于预应力的作用，平板节点的抗冲切承载力平均可提高 45%；②配有箍筋的板柱节点与未配箍筋的板柱节点相比，箍筋的作用使节点在冲切破坏后混凝土锥体保持完整，避免了冲切破坏过于突然以及混凝土的爆裂现象；③预应力混凝土平板节点的抗冲切承载力，主要取决于混凝土的强度和有效预压应力值，此外还与板的有效高度、柱的边长和形状、受拉钢筋、板的双向性质等因素有关，为了提高其冲切承载力，可采用带柱帽、托板的平板以及配筋加强措施等。

6.5.2　计算公式

根据无附加钢筋的单柱预应力平板的试验结果，通常假定板的冲切破坏锥体与板底面成 $45°$ 角，在冲切承载力计算中取冲切破坏锥体斜面的上下边长的平均值，即距荷载边 $h_0/2$ 处的周长作为计算周长。

《无粘结预应力混凝土结构技术规程》JGJ/T 92—2004 中给出了平板节点抗冲切承载力的计算公式如下，该公式未考虑传递节点不平衡弯矩的剪应力的影响。

$$F_l \leqslant (0.7f_t + 0.15\sigma_{pc,m})\eta u_m h_0 \tag{6-61}$$

公式(6-61)中的系数 η 应按下列两个公式计算，并取其中较小值：

$$\eta_1 = 0.4 + \frac{1.2}{\beta_s} \tag{6-62}$$

$$\eta_2 = 0.5 + \frac{\alpha_s h_0}{4u_m} \tag{6-63}$$

式中　F_l——集中反力设计值，即所承受的轴向力设计值减去柱顶冲切破坏锥体范围内的荷载设计值；

$\sigma_{pc,m}$——临界截面周长上两个方向混凝土有效预压应力按长度的加权平均值，其值控制在 $1.0\sim3.5\text{N/mm}^2$；

u_m——临界截面的周长，距离局部荷载或集中反力作用面积周边 $h_0/2$ 处板垂直截面的最不利周长；

h_0——截面有效高度，取两个配筋方向的截面有效高度的平均值。

η_1——局部荷载或集中反力作用面积形状的影响系数；

η_2——临界截面周长与板截面有效高度之比的影响系数；

β_s——局部荷载或集中反力作用面积为矩形时的长边与短边的尺寸的比值，β_s 不宜大于 4；当 $\beta_s<2$ 时，取 $\beta_s=2$；当面积为圆形时，取 $\beta_s=2$；

α_s——板柱结构中柱类型的影响系数，对中柱，取 $\alpha_s=40$；对边柱，取 $\alpha_s=30$；对角柱，取 $\alpha_s=20$。

当不满足上述公式时，可以在板中配置抗冲切锚栓。

6.6　局部受压承载力计算

6.6.1　预应力混凝土的局压应力分布

在预应力筋锚下局压区，预加压力 N_p 将通过锚具、锚垫板及锚下构造等传递给混凝土。因此锚垫板下的混凝土将承受着很大的局部应力，一般需对锚垫板下的混凝土进行局部承压强度和抗裂性计算。

构件锚端中心在局部荷载 N_p 的作用下(图 6-13a)，锚下截面 AA′ 的具有较大的局部压应力，随着逐渐远离锚具，截面应力将逐步扩散，最后被均匀地传递到整个截面(如 BB′ 截面)上。自 AA′ 截面至开始均匀受力的 BB′ 截面，这个区段一般称为过渡段或锚固段。试验和理论研究表明，过渡段的长度约等于构件的高度 h。因此常把等于 h 的这一过渡段称为端块。图 6-13(b)表示端块的应力轨迹，可见端块的受力情况比较复杂，它不仅存在着不均匀的纵向应力，而且也存在着剪应力和横向应力。

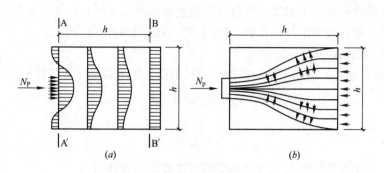

图 6-13 预应力筋锚下应力分布

(*a*)锚固端块的压应力分布；(*b*)锚固端块的应力轨迹

6.6.2 预应力混凝土的局压承载力计算原理

局部承压，是指构件受力表面，仅有部分面积承受压力的受力状态。试验表明，混凝土局部承压强度值比抗压强度标准值大很多。

国内外根据对局部承压的开裂和破坏机理的研究，提出了以"剪切破坏机理"为依据的局部承压计算理论和方法。有关研究认为，在局部荷载 N 作用下，局部承压构件可以假想为一个带有多根"拉杆"的拱(图 6-14*a*)。紧靠承压板下的混凝土，纵向承受着局部荷载 N，横向承受拱顶侧向压力 T；离承压板较远的部位，则由假想"拉杆"承受由 N 引起的横向拉力 T。当 N 增加到使假想"拉杆"承受的拉力 T 达到其抗拉强度时，则在局部承压区产生局部纵向裂缝(图 6-14*b*)，此时的荷载称为局部承压开裂荷载 N_{cr}。当荷载继续增加时，裂缝将进一步延伸。由于拱顶部位的内力重分布，"拉杆"的合力中心到拱顶的压力中心间的距离 k_1h 继续加大，而使 T/N 的比值下降。承压板下承受三轴向应力的混凝土，此时所受到的横向压应力也随之降低，因而逐步形成剪切破坏的楔形体(图 6-14*c*)。

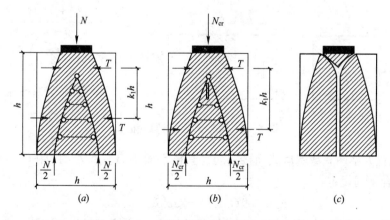

图 6-14 局部承压破坏机理示意

以上所述楔形体的形成和破坏机理，都能在试验中得到证实。总之，局部承压构件在不同的受力阶段存在着两种类型的劈裂力，第一种是拱作用引起的横向劈裂拉力，它的作用位置在拱拉杆部位(即端块的中下部位)，这种拉力自加载开始直至破坏始终存在；第二种劈裂力是楔形体形成时引起的，它仅仅在接近破坏阶段才产生，作用部位在楔形体高度范围内。显然，这两类力的作用位置、时间和形成原因都各不相同。

6.6.3 计算公式

1. 配置间接钢筋的混凝土结构构件，其局部受压区的截面尺寸应符合下列要求：

$$F_l \leqslant 1.35\beta_c\beta_l f_c A_{ln} \tag{6-64}$$

$$\beta_l = \sqrt{\frac{A_b}{A_l}} \tag{6-65}$$

式中　　F_l——局部受压面上作用的局部荷载或局部压力设计值；

　　　　f_c——混凝土轴心抗拉强度设计值，在后张预应力混凝土构件的张拉阶段验算中，应符合相应阶段的混凝土立方体抗压强度 f'_{cu} 值；

　　　　β_c——混凝土强度影响系数；

　　　　β_l——混凝土局部受压时的强度提高系数；

　　　　A_l——混凝土的局部受压面积；

　　　　A_{ln}——混凝土局部受压净面积，对后张构件，应在混凝土局部受压面积中扣除孔道、凹槽部分的面积；

　　　　A_b——混凝土局部受压的计算底面积，可由局部受压面积与计算底面积按同心、对称的原则确定；对常用情况，可按图 6-15 取用。

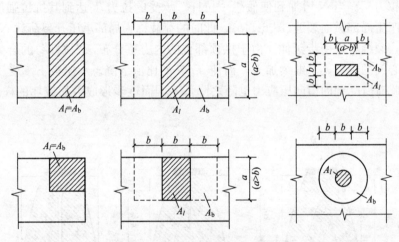

图 6-15　局部受压的计算底面积

2. 当配置方格网式或螺旋式间接钢筋且其核心面积 $A_{cor} \geqslant A_l$ 时（图 6-16），局部受压承载力应符合下列规定：

$$F_l \leqslant 0.9(\beta_c\beta_l f_c + 2\alpha\rho_v\beta_{cor}f_{yv})A_{ln} \tag{6-66}$$

当为方格网式配筋时（图 6-16a），其体积配筋率 ρ_v 应按下列公式计算：

$$\rho_v = \frac{n_1 A_{s1} l_1 + n_2 A_{s2} l_2}{A_{cor}s} \tag{6-67}$$

此时钢筋网两个方向上单位长度内钢筋截面面积的比值不宜大于 1.5。

当为螺旋式配筋时（图 6-16b），其体积配筋率 ρ_v 应按下列公式计算：

$$\rho_v = \frac{4A_{ss1}}{d_{cor}s} \tag{6-68}$$

式中 β_{cor}——配置间接钢筋的局部受压承载力提高系数，按公式(6-65)计算，但公式中 A_b 应代之以 A_{cor}，且当 A_{cor} 大于 A_b 时，取 A_b；当 A_{cor} 不大于混凝土局部受压面积 A_l 的 1.25 倍时，β_{cor} 取 1.0；

    α——间接钢筋对混凝土约束的折减系数，当混凝土强度等级不超过 C50 时，取 1.0，当混凝土强度等级为 C80 时，取 0.85，其间按线性内插法确定；

    f_{yv}——间接钢筋的抗拉强度设计值；

    A_{cor}——方格网式或螺旋式间接钢筋内表面范围内的混凝土核心面积，其重心应与 A_l 的重心重合，计算中仍按同心、对称的原则取值；

    ρ_v——间接钢筋的体积配筋率；

n_1、A_{s1}——分别为方格网沿 l_1 方向的钢筋根数、单根钢筋的截面面积；

n_2、A_{s2}——分别为方格网沿 l_2 方向的钢筋根数、单根钢筋的截面面积；

    A_{ss1}——单根螺旋式间接钢筋的截面面积；

    d_{cor}——螺旋式间接钢筋内表面范围内的混凝土截面直径；

    s——方格网式或螺旋式间接钢筋的间距，宜取 30~80mm。

    间接钢筋应配置在图 6-16 所规定的高度 h 范围内，对方格网式钢筋，不宜小于 4 片；对螺旋式钢筋，不应小于 4 圈。对柱接头，h 尚不应小于 $15d$，d 为柱的纵向钢筋直径。

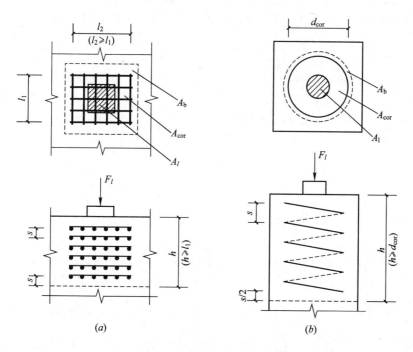

图 6-16 局部受压区的间接钢筋

(a)方格网式配筋；(b)螺旋式配筋

参考文献

[1] T. Y. Lin，NED H. Burns. Design of Prestressed Concrete Structures. Third Edition. John Wiley & Sons，New York，1981

[2] Michael P. Collins，Denis Mitchell. Prestressed Concrete Structures. Prentice Hall，Inc.，Englewood Cliffs，New Jersey，1991

[3] 杜拱辰. 现代预应力混凝土结构. 北京：中国建筑工业出版社，1988

[4] 陶学康. 后张预应力混凝土设计手册. 北京：中国建筑工业出版社，1996

[5] 薛伟辰. 现代预应力结构设计. 北京：中国建筑工业出版社，2003

[6] 吕志涛. 现代预应力结构体系与设计方法. 江苏：江苏科学技术出版社，2010

[7] 吕志涛，孟少平. 现代预应力设计. 北京：中国建筑工业出版社，1998

[8] 熊学玉，黄鼎业. 预应力工程设计施工手册. 北京：中国建筑工业出版社，2003

[9] 张誉，薛伟辰. 混凝土结构基本原理. 北京：中国建筑工业出版社，2000

[10] 顾祥林. 混凝土结构基本原理. 上海：同济大学出版社，2004

[11] 李国平，薛伟辰. 预应力混凝土结构设计原理. 第2版. 北京：人民交通出版社，2009

[12] 江见鲸. 混凝土结构工程学. 北京：中国建筑工业出版社，1998

[13] 中华人民共和国国家标准. 混凝土结构设计规范 GB 50010—2010

[14] 中华人民共和国国家标准. 混凝土结构耐久性设计规范 GB 50476—2008

[15] 中华人民共和国行业标准. 无粘结预应力混凝土结构技术规程 JGJ 92—2004

[16] 中华人民共和国行业标准. 预应力混凝土结构抗震设计规程 JGJ 140—2004

[17] 中华人民共和国行业标准. 建筑结构体外预应力加固技术规程 JGJ/T 279—2012

第7章

正常使用极限状态验算

7.1 裂缝控制验算

7.1.1 预应力混凝土裂缝控制等级

预应力混凝土结构与普通混凝土结构的区别之一是预加应力能够延缓构件的开裂，提高构件的抗裂度和刚度。不同的环境对结构物的影响也不相同，因此在不同的环境中要求预应力混凝土构件的最大裂缝宽度也应该有差别。

《混凝土结构设计规范》GB 50010—2010 将预应力混凝土结构按所处环境类别和结构类别确定相应的裂缝控制等级及最大裂缝宽度限值，并按下列规定进行受拉边缘应力或正截面裂缝宽度验算：

(1) 一级裂缝控制等级构件，在荷载标准组合下，受拉边缘应力应符合下列规定：

$$\sigma_{ck} - \sigma_{pc} \leqslant 0 \tag{7-1}$$

(2) 二级裂缝控制等级构件，在荷载标准组合下，受拉边缘应力应符合下列规定：

$$\sigma_{ck} - \sigma_{pc} \leqslant f_{tk} \tag{7-2}$$

(3) 三级裂缝控制等级时，钢筋混凝土构件的最大裂缝宽度可按荷载准永久组合并考虑长期作用影响的效应计算，预应力混凝土构件的最大裂缝宽度可按荷载标准组合并考虑长期作用影响的效应计算。最大裂缝宽度应符合下列规定：

$$w_{max} \leqslant w_{lim} \tag{7-3}$$

对环境类别为二 a 类的预应力混凝土构件，在荷载准永久组合下，受拉边缘应力尚应符合下列规定：

$$\sigma_{cq} - \sigma_{pc} \leqslant f_{tk} \tag{7-4}$$

式中 σ_{ck}、σ_{cq} ——荷载标准组合、准永久组合下抗裂验算边缘的混凝土法向应力；

         σ_{pc} ——扣除全部预应力损失后在抗裂验算边缘混凝土的预压应力；

         f_{tk} ——混凝土轴心抗拉强度标准值；

         w_{max} ——按荷载的标准组合或准永久组合并考虑长期作用影响计算的最大裂缝宽度；

         w_{lim} ——最大裂缝宽度限值，按表 7-1 采用。

结构构件的裂缝控制等级及最大裂缝宽度的限值(mm)　　　　表 7-1

环境类别	钢筋混凝土结构		预应力混凝土结构	
	裂缝控制等级	w_{lim}	裂缝控制等级	w_{lim}
一	三级	0.30(0.40)	三级	0.20
二 a				0.10
二 b		0.20	二级	—
三 a、三 b			一级	—

7.1.2 最大裂缝宽度计算

1. 最大裂缝宽度计算公式

《混凝土结构设计规范》GB 50010—2010 计算裂缝宽度的基本思路是：通过粘结应力传递长度 l 求出平均裂缝间距 l_m，然后由钢筋的平均伸长与相应水平处构件侧表面混凝土平均伸长的差值求出平均裂缝宽度，再将平均裂缝宽度乘以扩大系数即得最大裂缝宽度 w_{max}。在矩形、T 形、倒 T 形和 I 形截面的钢筋混凝土受拉、受弯和偏心受压构件及预应力混凝土轴心受拉和受弯构件中，按荷载标准组合或准永久组合并考虑长期作用影响的最大裂缝宽度可按下列公式计算：

$$w_{max}=\alpha_{cr}\psi\frac{\sigma_s}{E_s}\left(1.9c_s+0.08\frac{d_{eq}}{\rho_{te}}\right) \tag{7-5}$$

$$\psi=1.1-0.65\frac{f_{tk}}{\rho_{te}\sigma_s} \tag{7-6}$$

$$d_{eq}=\frac{\sum n_id_i^2}{\sum n_iv_id_i} \tag{7-7}$$

$$\rho_{te}=\frac{A_s+A_p}{A_{te}} \tag{7-8}$$

式中　α_{cr}——构件受力特征系数，按表 7-2 采用；

ψ——裂缝间纵向受拉钢筋应变不均匀系数，当 $\psi<0.2$ 时，取 $\psi=0.2$；当 $\psi>1.0$ 时，取 $\psi=1.0$；对直接承受重复荷载的构件，取 $\psi=1.0$；

σ_s——按荷载准永久组合计算的钢筋混凝土构件纵向受拉钢筋应力或按标准组合计算的预应力混凝土构件纵向受拉钢筋等效应力；

E_s——钢筋弹性模量；

c_s——最外层纵向受拉钢筋外边缘至受拉区底边的距离(mm)，当 $c_s<20$ 时，取 $c_s=20$；当 $c_s>65$ 时，取 $c_s=65$；

ρ_{te}——按有效受拉混凝土截面面积计算的纵向受拉钢筋配筋率，对无粘结后张构件，仅取纵向受拉钢筋计算配筋率；在最大裂缝宽度计算中，当 $\rho_{te}<0.01$ 时，取 $\rho_{te}=0.01$；

A_{te}——有效受拉混凝土截面面积，对轴心受拉构件，取构件截面面积；对受弯、偏心受压和偏心受拉构件，取 $A_{te}=0.5bh+(b_f-b)b_f$，此处，b_f、h_f 为受拉翼缘的宽度、高度；

A_s——受拉区纵向钢筋截面面积；

A_p——受拉区纵向预应力筋截面面积；

d_{eq}——受拉区纵向钢筋的等效直径(mm)，对无粘结后张构件，仅为受拉区纵向受拉钢筋的等效直径(mm)；

d_i——受拉区第 i 种纵向钢筋的公称直径，对于有粘结预应力钢绞线束的直径取为 $\sqrt{n_1}d_{p1}$，其中 d_{p1} 为单根钢绞线的公称直径，n_1 为单束钢绞线根数；

n_i——受拉区第 i 种纵向钢筋的根数，对于有粘结预应力钢绞线，取为钢绞线束数；

v_i——受拉区第 i 种纵向钢筋的相对粘结特性系数，按表7-3采用。

对承受吊车荷载但不需作疲劳验算的受弯构件，可将计算求得的最大裂缝宽度乘以系数 0.85；对 $e_0/h_0 \leqslant 0.55$ 的偏心受压构件，可不验算裂缝宽度。

构件受力特征系数 表 7-2

类型	α_{cr}	
	钢筋混凝土构件	预应力混凝土构件
受弯、偏心受压	1.9	1.5
偏心受拉	2.4	—
轴心受拉	2.7	2.2

钢筋的相对粘结特性系数 表 7-3

钢筋类别	钢筋		先张预应力筋			后张预应力筋		
	光面钢筋	带肋钢筋	带肋钢筋	螺旋肋钢丝	钢绞线	带肋钢筋	钢绞线	光面钢丝
v_i	0.7	1.0	1.0	0.8	0.6	0.8	0.5	0.4

注：对环氧树脂涂层带肋钢筋，其相对粘结特性系数应按表中系数的 80% 取用。

2. 钢筋应力(σ_{sk})计算公式

在荷载效应的标准组合下，预应力混凝土构件受拉区纵向钢筋的等效应力计算公式为：

(1) 轴心受拉构件

$$\sigma_{sk} = \frac{N_k - N_{p0}}{A_p + A_s} \tag{7-9}$$

(2) 受弯构件

$$\sigma_{sk} = \frac{M_k \pm M_2 - N_{p0}(z - e_p)}{(\alpha_1 A_p + A_s)z} \tag{7-10}$$

$$e = e_p + \frac{M_k \pm M_2}{N_{p0}} \tag{7-11}$$

$$z = \left[0.87 - 0.12(1 - \gamma_f')\left(\frac{h_0}{e}\right)^2\right]h_0 \tag{7-12}$$

式中 A_p——受拉区纵向预应力筋截面面积，对轴心受拉构件，取全部纵向预应力筋截面面积；对受弯构件，取受拉区纵向预应力筋截面面积；

z——受拉区纵向非预应力筋和预应力筋合力点至截面受压区合力点的距离，按公式(7-12)计算，其中 e 按公式(7-11)计算，b_f'、h_f' 分别为受压区翼缘的宽度和高度，当 $h_{\mathrm{f}}' \geqslant 0.2h_0$ 时，取 $h_{\mathrm{f}}'=0.2h_0$；

$$\gamma_{\mathrm{f}}'=\frac{(b_{\mathrm{f}}'-b)h_{\mathrm{f}}'}{bh_0} \tag{7-13}$$

α_1——无粘结预应力筋的等效折减系数，取 α_1 为 0.3；对灌浆的后张预应力筋，取 α_1 为 1.0；

e_{p}——混凝土法向预应力等于零时全部纵向预应力和非预应力筋的合力 N_{p0} 的作用点至受拉区纵向预应力和非预应力筋合力点的距离；

M_2——后张法预应力混凝土超静定结构构件中的次弯矩，公式(7-10)、公式(7-11)中，当 M_2 与 M_{k} 的作用方向相同时，取加号；当 M_2 与 M_{k} 的作用方向相反时，取减号。

7.1.3 使用阶段应力验算

1. 混凝土法向应力

(1) 混凝土法向应力验算公式

即为公式(7-1)与公式(7-2)。

(2) 混凝土法向应力计算公式

在荷载效应的标准组合和准永久组合下，抗裂验算边缘混凝土的法向应力应按下列公式计算：

① 轴心受拉构件

$$\sigma_{\mathrm{ck}}=\frac{N_{\mathrm{k}}}{A_0} \tag{7-14}$$

$$\sigma_{\mathrm{cq}}=\frac{N_{\mathrm{q}}}{A_0} \tag{7-15}$$

② 受弯构件

$$\sigma_{\mathrm{ck}}=\frac{M_{\mathrm{k}}}{W_0} \tag{7-16}$$

$$\sigma_{\mathrm{cq}}=\frac{M_{\mathrm{q}}}{W_0} \tag{7-17}$$

③ 偏心受拉和偏心受压构件

$$\sigma_{\mathrm{ck}}=\frac{M_{\mathrm{k}}}{W_0}+\frac{N_{\mathrm{k}}}{A_0} \tag{7-18}$$

$$\sigma_{\mathrm{eq}}=\frac{M_{\mathrm{q}}}{W_0}+\frac{N_{\mathrm{q}}}{A_0} \tag{7-19}$$

式中　N_{q}、M_{q}——按荷载效应的准永久组合计算的轴向力值、弯矩值；

$\quad\quad A_0$——构件换算截面面积；

$\quad\quad W_0$——构件换算截面受拉边缘的弹性抵抗矩。

2. 混凝土主拉应力与主压应力

(1) 混凝土主拉应力与主压应力验算公式

预应力混凝土受弯构件应分别对截面上的混凝土主拉应力和主压应力进行验算，应选择跨度内不利位置的截面，对该截面的换算截面重心处和截面宽度突变处进行验算。

① 混凝土主拉应力

一级裂缝控制等级构件，应符合下列规定：

$$\sigma_{tp} \leqslant 0.85 f_{tk} \tag{7-20}$$

二级裂缝控制等级构件，应符合下列规定：

$$\sigma_{tp} \leqslant 0.95 f_{tk} \tag{7-21}$$

② 混凝土主压应力

对一、二级裂缝等级构件，均应符合下列规定：

$$\sigma_{cp} \leqslant 0.60 f_{ck} \tag{7-22}$$

式中　σ_{tp}、σ_{cp}——分别为混凝土的主拉应力、主压应力。

对允许出现裂缝的吊车梁，在静力计算中应符合公式(7-21)和公式(7-22)的规定。

（2）混凝土主拉应力与主压应力计算公式

混凝土主拉应力和主压应力应按下列公式计算：

$$\left.\begin{array}{r}\sigma_{tp} \\ \sigma_{cp}\end{array}\right\} = \frac{\sigma_x + \sigma_y}{2} \pm \sqrt{\left(\frac{\sigma_x - \sigma_y}{2}\right)^2 + \tau^2} \tag{7-23}$$

$$\sigma_x = \sigma_{pc} + \frac{M_k y_0}{I_0} \tag{7-24}$$

$$\tau = \frac{(V_k - \sum \sigma_{pe} A_{pb} \sin\alpha_p) S_0}{I_0 b} \tag{7-25}$$

式中　σ_x——由预加力和弯矩值 M_k 在计算纤维处产生的混凝土法向应力；

σ_y——由集中荷载标准值 F_k 产生的混凝土竖向压应力；

τ——由剪力值 V_k 和预应力弯起筋的预加力在计算纤维处产生的混凝土剪应力；当计算截面上有扭矩作用时，尚应计入扭矩引起的剪应力；对超静定后张法预应力混凝土结构构件，在计算剪应力时，尚应计入预加力引起的次剪力；

σ_{pc}——扣除全部预应力损失后，在计算纤维处由预加力产生的混凝土法向应力；

y_0——换算截面重心至计算纤维处的距离；

I_0——换算截面惯性矩；

V_k——按荷载标准组合计算的剪力值；

S_0——计算纤维以上部分的换算截面面积对构件换算截面重心的面积矩；

σ_{pe}——预应力弯起筋的有效预应力；

A_{pb}——计算截面上同一弯起平面内的预应力弯起筋的截面面积；

α_p——计算截面上预应力弯起筋的切线与构件纵向轴线的夹角。

公式(7-23)和公式(7-24)中的 σ_x、σ_y、σ_{pc} 和 $M_k y_0/I_0$，当为拉应力时，以正值代入；当为压应力时，以负值代入。

7.1.4　施工阶段应力验算

对制作、运输及安装等施工阶段预拉区允许出现拉应力的构件，或预压时全截面受压的构件，在预加力、自重及施工荷载作用下（必要时应考虑动力系数）截面边缘的混凝土法向应力宜符合下列规定（图7-1）：

$$\sigma_{ct} \leqslant f'_{tk} \tag{7-26}$$

$$\sigma_{cc} \leqslant 0.8 f'_{ck} \tag{7-27}$$

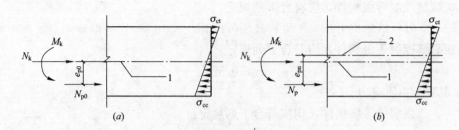

图 7-1 预应力混凝土构件施工阶段验算

(a)先张构件；(b)后张构件

1—换算截面重心轴；2—净截面重心轴

简支构件的端截面预拉区边缘纤维的混凝土拉应力允许大于 f'_{tk}，但不应大于 $1.2f'_{tk}$。截面边缘的混凝土法向应力可按下列公式计算：

$$\sigma_{cc} \text{ 或 } \sigma_{ct} = \sigma_{pc} + \frac{N_k}{A_0} \pm \frac{M_k}{W_0} \qquad (7-28)$$

式中 σ_{ct}——相应施工阶段计算截面预拉区边缘纤维的混凝土拉应力；

σ_{cc}——相应施工阶段计算截面预压区边缘纤维的混凝土压应力；

f'_{tk}、f'_{ck}——与各施工阶段混凝土立方体抗压强度 f'_{cu} 相应的抗拉强度标准值、抗压强度标准值，中间数值以线性内插法确定；

N_k、M_k——构件自重及施工荷载的标准组合在计算截面产生的轴向力值、弯矩值；

W_0——验算边缘的换算截面弹性抵抗矩。

施工阶段预拉区、预压区分别系指施加预应力时形成的截面拉应力区、压应力区；公式(7-28)中，当 σ_{pc} 为压应力时，取正值，当 σ_{pc} 为拉应力时，取负值；当 N_k 为轴向压力时，取正值，当 N_k 为轴向拉力时，取负值；当 M_k 产生的边缘纤维应力为压应力时式中符号取加号，拉应力时式中符号取减号。当有可靠的工程经验时，叠合式受弯构件预拉区的混凝土法向拉应力可按 $\sigma_{ct} \leqslant 2f'_{tk}$ 控制。

施工阶段预拉区允许出现拉应力的构件，预拉区纵向钢筋的配筋率$(A'_s + A'_p)/A$ 不宜小于 0.15%，对后张构件不应计入 A'_p，其中，A 为构件截面面积。预拉区纵向钢筋的直径不宜大于 14mm，并应沿构件预拉区的外边缘均匀配置。施工阶段预拉区不允许出现裂缝的板类构件，预拉区纵向钢筋的配筋可根据具体情况按实践经验确定。

7.2 受弯构件挠度验算

7.2.1 概述

1. 计算规定

预应力混凝土构件所使用的材料一般都是高强度材料，相对普通钢筋混凝土来说同样承载能力下其截面尺寸较小，同时，预应力混凝土结构构件的跨度较大。因此，应注意验算预应力混凝土受弯构件的挠度，防止过大的下挠度(或反拱度)影响构件的正常使用。

预应力混凝土受弯构件在正常使用极限状态下的挠度，可根据构件的刚度用结构力学方法计算。在等截面构件中，可假定各同号弯矩区段内的刚度相等，并取用该区段内最大弯矩处的刚度。当计算跨度内的支座截面刚度不大于跨中截面刚度的两倍或不小于跨中截面刚度的1/2时，该跨也可按等刚度构件进行计算，其构件刚度可取跨中最大弯矩截面的刚度。

2. 预加力反拱

预应力受弯构件的向上反拱，是由预加力引起的，它与荷载引起的向下挠度方向相反，故又称反挠度或反拱度。反拱度受混凝土徐变的影响随时间的增长而增大。构件在预应力作用下的反拱，可用结构力学方法按刚度 $E_c I_0$ 计算。考虑到预压应力的长期作用影响，应将计算求得的施加预应力时引起的反拱值乘以增大系数2.0。在计算中，预应力筋的应力应扣除全部预应力损失。

需要指出，由于受到预应力损失值和混凝土徐变的影响，对重要的或特殊的预应力混凝土受弯构件的长期反拱值，可根据专门的试验分析确定或采用合理的收缩、徐变计算方法经分析确定。

3. 挠度限值

预应力混凝土受弯构件的最大挠度应按荷载效应标准组合，并考虑荷载长期作用影响的刚度 B 进行计算，所求得的挠度计算值不应超过表7-4规定的限值。

受弯构件的挠度限值

表 7-4

构件类型	挠度限值
屋盖、楼盖及楼梯构件： 当 $l_0 < 7$m 时 当 7m$\leq l_0 \leq 9$m 时 当 $l_0 > 9$m 时	 $l_0/200 (l_0/250)$ $l_0/250 (l_0/300)$ $l_0/300 (l_0/400)$

注：1. 表中 l_0 为构件的计算跨度，计算悬臂构件的挠度限值时，其计算跨度 l_0 按实际悬臂长度的2倍取用；
  2. 表中括号内的数值适用于使用上对挠度有较高要求的构件；
  3. 对预应力混凝土构件，应减去预加力所产生的反拱值。

4. 预应力混凝土构件反拱和挠度

全预应力混凝土受弯构件，因为消压弯矩始终大于荷载准永久组合作用下的弯矩，在一般情况下预应力混凝土梁总是向上拱曲的；但对部分预应力混凝土梁，常为允许开裂，其上拱值将减小，当梁的永久荷载与可变荷载的比值较大时，有可能随时间的增长出现梁逐渐下挠的现象。因此，对预应力混凝土梁规定应采取措施控制挠度。

当预应力长期反拱值小于按荷载标准组合计算的长期挠度时，则需要进行施工起拱，其值可取为荷载标准组合计算的长期挠度与预加力长期反拱值之差。对永久荷载较小的构件，当预应力产生的长期反拱值大于按荷载标准组合计算的长期挠度时，梁的上拱值将增大。因此，在设计阶段需要进行专项设计，并通过控制预应力度、选择预应力筋配筋数量、设置施工反拱等措施控制反拱。

因此对预应力混凝土构件应采取措施控制反拱和挠度提出下列规定：

(1) 当考虑反拱后计算的构件长期挠度不符合表7-4的有关规定时，可采用施工预先起拱等方式控制挠度；

(2) 对永久荷载相对于可变荷载较小的预应力混凝土构件，应考虑反拱过大对正常使用的不利影响，并应采取相应的设计和施工措施。

7.2.2 考虑荷载长期作用影响的刚度 B

矩形、T 形、倒 T 形和 I 形截面受弯构件考虑荷载长期作用影响的刚度 B 可按下列规定计算：

1. 采用荷载标准组合时

$$B = \frac{M_k}{M_q(\theta-1)+M_k}B_s \tag{7-29}$$

2. 采用荷载准永久组合时

$$B = \frac{B_s}{\theta} \tag{7-30}$$

式中 M_k——按荷载的标准组合计算的弯矩，取计算区段内的最大弯矩值；

M_q——按荷载的准永久组合计算的弯矩，取计算区段内的最大弯矩值；

B_s——按荷载准永久组合计算的钢筋混凝土受弯构件或按标准组合计算的预应力混凝土受弯构件的短期刚度；

θ——考虑荷载长期作用对挠度增大的影响系数，对预应力混凝土受弯构件取 2.0。

考虑预加应力长期作用对反拱增大的影响系数 θ 未能反映混凝土收缩、徐变损失以及配筋率等因素的影响，因此，对长期反拱值，如有专门的试验分析或根据收缩、徐变理论进行计算分析，也可采用有关计算方法。

7.2.3 短期刚度 B_s

按裂缝控制等级要求的荷载组合作用下，钢筋混凝土受弯构件和预应力混凝土受弯构件的短期刚度 B_s，可按下列公式计算，对预压时预拉区出现裂缝的构件，B_s 应降低 10%。

1. 钢筋混凝土受弯构件

$$B_s = \frac{E_s A_s h_0^2}{1.15\psi + 0.2 + \dfrac{6\alpha_E\rho}{1+3.5\gamma_f}} \tag{7-31}$$

2. 预应力混凝土受弯构件

（1）要求不出现裂缝的构件

$$B_s = 0.85E_c I_0 \tag{7-32}$$

（2）允许出现裂缝的构件

$$B_s = \frac{0.85E_c I_0}{\kappa_{cr}+(1-\kappa_{cr})\omega} \tag{7-33}$$

$$\kappa_{cr} = \frac{M_{cr}}{M_k} \tag{7-34}$$

$$\omega = \left(1.0+\frac{0.21}{\alpha_E\rho}\right)(1+0.45\gamma_f)-0.7 \tag{7-35}$$

$$M_{cr} = (\sigma_{pc}+\gamma f_{tk})W_0 \tag{7-36}$$

$$\gamma_f = \frac{(b_f-b)h_f}{bh_0} \tag{7-37}$$

式中 ψ——裂缝间纵向受拉钢筋应变不均匀系数，按公式(7-6)确定；

α_E——钢筋弹性模量与混凝土弹性模量的比值，即 E_s/E_c；

ρ——纵向受拉钢筋配筋率，对钢筋混凝土受弯构件，取为 $A_s/(bh_0)$；对预应力混凝土受弯构件，取为 $\rho=(\alpha_1 A_p+A_s)/(bh_0)$，对灌浆的后张预应力筋，取 $\alpha_1=1.0$，对无粘结后张预应力筋，取 $\alpha_1=0.3$；

I_0——换算截面惯性矩；

γ_f——受拉翼缘截面面积与腹板有效截面面积的比值；

b_f、h_f——分别为受拉区翼缘的宽度、高度；

κ_{cr}——预应力混凝土受弯构件正截面的开裂弯矩 M_{cr} 与弯矩 M_k 的比值，当 $\kappa>1.0$ 时，取 $\kappa_{cr}=1.0$；

σ_{pc}——扣除全部预应力损失后，由预加力在抗裂验算边缘产生的混凝土预压应力；

γ——混凝土构件的截面抵抗矩塑性影响系数，可按下列公式计算：

$$\gamma=\left(0.7+\frac{120}{h}\right)\gamma_m \tag{7-38}$$

式中 γ_m——混凝土构件的截面抵抗矩塑性影响系数基本值，可按正截面应变保持平面的假定，并取受拉区混凝土应力图形为梯形、受拉边缘混凝土极限拉应变为 $2f_{tk}/E_c$ 确定；对常用的截面形状，γ_m 值可按表 7-5 取用；

h——截面高度（mm），当 $h<400$ 时，取 $h=400$；当 $h>1600$ 时，取 $h=1600$；对圆形、环形截面，取 $h=2r$，此处，r 为圆形截面半径或环形截面的外环半径。

截面抵抗矩塑性影响系数基本值 γ_m　　　　表 7-5

项次	1	2	3		4		5
截面形状	矩形截面	翼缘位于受压区的 T 形截面	对称 I 形截面或箱形截面		翼缘位于受拉区的倒 T 形截面		圆形和环形截面
			$b_f/b\leqslant2$，h_f/h 为任意值	$b_f/b>2$，$h_f/h<0.2$	$b_f/b\leqslant2$，h_f/h 为任意值	$b_f/b>2$、$h_f/h<0.2$	
γ_m	1.55	1.50	1.45	1.35	1.50	1.40	$1.6-0.24r_1/r$

注：1. 对 $b_f'>b_f$ 的 I 形截面，可按项次 2 与项次 3 之间的数值采用；对 $b_f'<b_f$ 的 I 形截面，可按项次 3 与项次 4 之间的数值采用；

　　2. 对于箱形截面，b 系指各肋宽度的总和；

　　3. r_1 为环形截面的内环半径，对圆形截面取 r_1 为零。

参考文献

［1］ T. Y. Lin，NED H. Burns. Design of Prestressed Concrete Structures. Third Edition. John Wiley & Sons，New York，1981

［2］ Michael P. Collins，Denis Mitchell. Prestressed Concrete Structures. Prentice Hall，Inc.，Englewood Cliffs，New Jersey，1991

［3］ 杜拱辰. 现代预应力混凝土结构. 北京：中国建筑工业出版社，1988

［4］ 陶学康. 后张预应力混凝土设计手册. 北京：中国建筑工业出版社，1996

［5］ 薛伟辰. 现代预应力结构设计. 北京：中国建筑工业出版社，2003

［6］ 吕志涛. 现代预应力结构体系与设计方法. 江苏：江苏科学技术出版社，2010

[7] 熊学玉，黄鼎业. 预应力工程设计施工手册. 北京：中国建筑工业出版社，2003

[8] 李国平. 预应力混凝土结构设计原理. 北京：人民交通出版社，2000

[9] 高承勇，张家华，张德锋，王绍义. 预应力混凝土设计技术与工程实例. 北京：中国建筑工业出版社，2010

[10] 中华人民共和国国家标准. 混凝土结构设计规范 GB 50010—2010

[11] 中华人民共和国国家标准. 混凝土结构耐久性设计规范 GB 50476—2008

[12] 中华人民共和国行业标准. 无粘结预应力混凝土结构技术规程 JGJ 92—2004

[13] 中华人民共和国行业标准. 预应力混凝土结构抗震设计规程 JGJ 140—2004

[14] 中华人民共和国行业标准. 建筑结构体外预应力加固技术规程 JGJ/T 279—2012

超静定预应力结构设计

8.1 概述

8.1.1 超静定预应力混凝土结构的优点

随着建筑结构向日趋复杂的形式发展，产生了越来越多的超静定结构，如大跨度预应力混凝土框架结构体系、大空间预应力混凝土井式刚架结构体系、预应力混凝土多跨刚架和连续梁等预应力超静定结构。

与静定结构相比，超静定预应力混凝土结构有以下优点：

（1）预应力混凝土超静定结构在给定的跨度和荷载下，其设计弯矩比相应的预应力混凝土静定结构要小，构件截面尺寸相应减小，节约材料，结构的自重更轻；

（2）预应力混凝土超静定结构的跨中和支座处的弯矩分布相对比较均匀；

（3）预应力混凝土超静定结构具有内力重分布的特性，因此其承载能力更大；

（4）预应力混凝土超静定结构整体刚度大，荷载作用下构件的变形小，因此可以适当增大结构的跨度或减少截面尺寸；

（5）后张预应力筋束可以在混凝土连续梁或框架梁中连续布置，使同一束预应力筋既能抵抗跨中正弯矩又能抵抗支座负弯矩，进一步节约了钢材；

（6）相对于简支结构，预应力混凝土连续梁可以节约中间支座处的锚具，可节省张拉劳动量，降低工程造价，实现良好的经济效益。

8.1.2 超静定预应力混凝土结构的应用要点

在多跨连续结构中，通常预应力筋随弯矩图连续多波布置，对具有多次反向曲线的预应力筋，其摩擦损失值可能较大。通常采用超张拉、两端张拉或无粘结预应力技术以及控制张拉束的长度和曲率等措施来减少摩擦损失。在条件允许的情况下，可采用变截面或在梁端加腋，使预应力筋平直，以减少摩擦损失。

预应力超静定结构的设计计算比较复杂，需要考虑由预加力产生的结构次内力的影响，有时尚需考虑由混凝土收缩徐变、温度变化及支座不均匀沉降等所产生的附加内力和变形。此外，还需要考虑超静定结构内力重分布与截面弯矩调幅，这些都增加了设计计算的复杂程度。

超静定结构中同一截面可能存在正、负交变弯矩，使预应力筋较难布置。此时，可在局部增配普通钢筋。

超静定结构设计中常常存在最大负弯矩截面内力远大于最大正弯矩截面内力而导致难以采用统一配筋方案的问题。对于这些内力较大的截面除了采用变截面或局部增配预应力筋等措施外，还可按部分预应力的设计原理，局部增配非预应力普通钢筋来补足强度的不足。其中，局部增配非预应力普通钢筋对提高整个结构的延性很有帮助，地震区的连续结构应按此方法进行结构设计。

超静定结构施加预应力时，多跨连续梁产生的轴向压缩变形将对与它相连的具有约束作用的支撑构件产生较大的附加弯矩，需采取断开或允许其自由变形的措施，以减少此弯矩值。

超静定结构在进行预应力施工时，预应力的施加顺序对结构内力影响较大，应进行专门的预应力施工验算。

8.2 次弯矩与荷载效应组合

8.2.1 预应力主弯矩、综合弯矩与次弯矩

在预应力静定结构中，预应力筋合力作用线（简称 c.g.s. 线）与截面内混凝土预压应力合力作用线（即压力线，简称 C 线）重合，两者处于平衡状态。而预应力超静定结构在施加预应力后，预加应力使构件产生的变形受到多余约束的限制，支座中产生与构件变形方向相反的附加反力（称之为次反力），次反力必将引起附加的弯矩和剪力（称之为次弯矩和次剪力），即超静定结构内由于施加预应力将产生次内力。预应力次内力包括预应力次弯矩、预应力次剪力和预应力次轴力等，一般对结构两类极限状态设计有较重要影响的是预应力次弯矩[6]，以下主要讨论预应力主弯矩和次弯矩。

由预应力合力 N_p 对超静定结构产生的内力称为主内力。由此可见，预加应力在静定结构中只产生主内力，而在超静定结构中除产生主内力外，还产生次内力。预加应力在超静定结构内产生的总内力为主内力与次内力之和，称为综合内力。以弯矩为例，三者之间的关系为

$$M_2 = M_r - M_1 \tag{8-1}$$

$$M_1 = N_p e_{pn} \tag{8-2}$$

式中　M_r——预应力综合弯矩；

　　　M_1——预应力主弯矩；

　　　M_2——预应力次弯矩；

　　　N_p——预应力筋及非预应力筋的合力；

　　　e_{pn}——净截面重心至预应力筋及非预应力筋合力点的距离。

直线配筋的预应力混凝土双跨连续梁，由于施加预应力产生的预应力主弯矩、次弯矩和综合弯矩参见图 8-1。

通常对预应力筋由于布置上的几何偏心引起的内弯矩 $N_p e_{pn}$ 以 M_1 表示。由该弯矩对连续梁引起的支座反力称为次反力，由次反力对梁引起的弯矩称为次弯矩 M_2。在预应力混凝土超静定梁中，由预加对任一截面引起的总弯矩 M_r 为主弯矩 M_1 与次弯矩 M_2 之和，即 $M_r = M_1 + M_2$。次剪力可根据结构构件各截面次弯矩分布按力学分析方法计算。此外，在预加力梁、板构件中，当预加力引起的结构变形受到柱、墙等侧向构件约束时，在梁、板中将产生与预加力反向的次轴力。为求次轴力也需要应用力学分析方法。

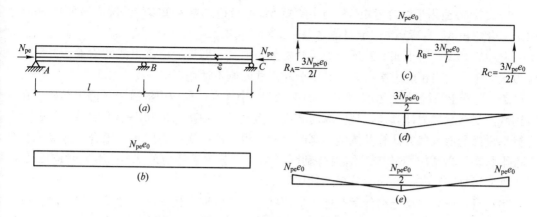

图 8-1 预应力主弯矩、次弯矩和综合弯矩
(a)直线配筋的两跨连续梁；(b)由预应力引起的主弯矩；(c)由预应力引起的次反力；
(d)由预应力引起的次弯矩；(e)由预应力引起的综合弯矩

为确保预应力能够有效地施加到预应力结构构件中，应采用合理的结构布置方案，合理布置竖向支承构件，如将抗侧力构件布置在结构位移中心不动点附近；采用相对细长的柔性柱以减少约束力，必要时应在柱中配置附加钢筋承担约束作用产生的附加弯矩。在预应力框架梁施加预应力阶段，可将梁与柱之间的节点设计成在张拉过程中可产生滑动的无约束支座，张拉后再将该节点做成刚接。对后张楼板为减少约束力，可采用后浇带或施工缝将结构分段，使其与约束柱或墙暂时分开；对于不能分开且刚度较大的支承构件，可在板与墙、柱结合处开设结构洞以减少约束力，待张拉完毕后补强。对于平面形状不规则的板，宜划分为平面规则的单元，使各部分能独立变形，以减少约束；当大部分收缩变形完成后，如有需要仍可以连为整体。

8.2.2 荷载效应组合

预应力混凝土超静定结构荷载组合的关键是在结构两类极限状态设计中如何考虑预应力次内力的影响。下面介绍国内规范的有关规定和要求。

1.《无粘结预应力混凝土结构技术规程》JGJ/T 92—2004 中规定，预应力次弯矩一直存在并保持不变，因此，在承载能力极限状态设计以及在正常使用极限状态时均应考虑预应力次弯矩的影响。承载能力极限状态下的计算公式为：

负弯矩截面：

$$|M| - |M_2| \leqslant M_u \tag{8-3}$$

正弯矩截面：

$$|M| + |M_2| \leqslant M_u \tag{8-4}$$

式中 M——结构截面上的弯矩设计值，不包括预应力次弯矩；

M_2——预应力次弯矩，超静定结构由于预应力主弯矩引起的变形受到约束而产生的弯矩；

M_u——构件正截面受弯承载力设计值。

在对截面进行受弯受剪承载力计算时，当参与组合的次弯矩、次剪力对结构不利时，预应力分项系数应取 1.2；有利时取 1.0。

公式(8-3)适用于综合弯矩 M_r 与主弯矩 M_l 绝对值之差大于零的情况,而公式(8-4)适用于综合弯矩 M_r 主弯矩 M_l 绝对值之差小于零的情况。

上述规定仅适用于如下的预应力次弯矩分布形式:即正、负弯矩截面均承受正号的预应力次弯矩。而当预应力次弯矩有其他分布形式时则不适用。

2.《混凝土结构设计规范》GB 50010—2010 中规定,预应力混凝土超静定结构,在进行正截面受弯承载力计算及抗裂验算时,在弯矩设计值中次弯矩和次轴力应参与组合;在进行斜截面受剪承载力计算及抗裂验算时,剪力设计值中次剪力应参与组合。即对承载能力极限状态,当预应力效应对结构有利时,预应力分项系数应取 1.0;不利时应取 1.2。对正常使用极限状态,预应力分项系数应取 1.0。

当进行预应力混凝土构件承载能力极限状态及正常使用极限状态的荷载组合时,应计算预应力作用效应并参与组合,对预应力混凝土超静定结构,预应力效应为综合内力 M_r、V_r 及 N_r,包括预应力产生的次弯矩、次剪力和次轴力。在承载能力极限状态下,预应力作用分项系数 γ_p 应按预应力作用的有利或不利分别取 1.0 或 1.2。当不利时,如预应力混凝土构件锚头局压区的张拉控制力,预应力作用分项系数 γ_p 应取 1.2。在正常使用极限状态下,预应力作用分项系数 γ_p 通常取 1.0。当按承载能力极限状态计算时,预应力筋超出有效预应力值达到强度设计值之间的应力增量仍为结构抗力部分。

8.3 压力线、线性变换与吻合束

8.3.1 压力线

压力线是结构中各截面上压力中心的连线。当结构上的荷载增加时,截面上的弯矩增加,在截面不开裂的情况下,预应力混凝土结构主要靠内力臂的增加来抵抗外弯矩的增大,即压力线将随外荷载的变化而移动[1]。

当静定结构不受外荷载作用时,不管对其施加多大的预应力,预应力仅影响其内部应力。当没有外荷载作用时,外弯矩为零,其内部抵抗弯矩也为零。即压力中心与各截面上的预应力合力作用点相重合,也就是说,压力线与预应力筋的轮廓线相重合。

图 8-2 所示预应力混凝土简支梁,预应力引起的截面总弯矩为 $N_{pe}e_0$,N_{pe} 为预应力束的有效预拉力。在自重弯矩 M 作用下,压力线将向上移动,其移动量为 $M/N_{pe}-e_0$。这时,压力线的偏心是 e_0-M/N_{pe},作用在截面上的总弯矩为 $N_{pe}e_0-M$。这样,作用在截面上的预应力和自重引起的总弯矩可用预加力 N_{pe} 及相应的压力线偏心距求得。从上可知,

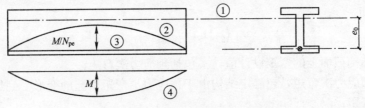

图 8-2 简支梁的压力线

①—重心轴;②—由预应力和自重引起的压力线;
③—预应力引起的压力线(与直线索吻合);④—自重引起的弯矩图

压力线的偏心是指截面上压力合力点的偏心，而不是预应力筋位置的偏心。如果有负弯矩作用于该截面，则压力线将向下移动，移到预应力筋位置下面 M/N_{pe} 处，则压力线的偏心变成 (e_0+M/N_{pe})。

8.3.2 线性变换

线性变换是指将预应力超静定结构的预应力筋束（即 c.g.s. 线）在各中间支座处平移或转动，但不改变该预应力筋束在每一跨内的原来形状（曲率或弯折），并保持预应力筋束在梁端的偏心距不变。

有关线性变换的重要定理为：在超静定结构中，任何预应力筋束（即 c.g.s. 线）经线性变换到其他位置，都不改变原来压力线（C 线）的位置。即线性变换不改变混凝土截面内由预应力引起的总内力。应当指出，尽管 C 线和综合弯矩均保持不变，但由预加力引起的主弯矩、次反力和次弯矩都是随 c.g.s. 线的线性变换而变化的。

线性变换定理适用于连续梁以及带刚性节点的框架。若连续梁或框架在一端或两端支座嵌固，线性变换对端支座处预应力筋偏心距改变的情况也适用。

为进一步说明线性变换的性质，可参见以下线性变换定理图解。

图 8-3(a)、(b)所示预应力混凝土连续梁中给出了两种预应力筋布置。图 8-3(a)所示的预应力连续梁的主弯矩为 $N_{pe}e_0$。图 8-3(b)所示的预应力连续梁的主弯矩如图 8-3(c)所示。可以求得该连续梁的预应力次反力预应力次弯矩和预应力综合弯矩如图 8-3(d)、(e)和(f)所示。可见，在两种不同的预应力筋布置方案下，预应力主弯矩是不同的，但它们产生的等效荷载是相同的，因此其综合弯矩也相同。

尽管线性变换不影响预应力的综合效应，即两种预应力筋引起的综合弯矩图完全相同，但由于线性变换，不同的预应力筋产生的主弯矩和次弯矩都是不一样的，即不同预应力筋布置情况下的框架梁或连续梁的极限承载力是不同的。因此，在实际工程中，可利用线性变换来调整预应力筋的布置，既保证使用性能，又保证在极限破坏状态下能充分发挥预应力筋的作用。

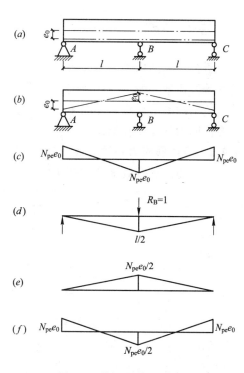

图 8-3 线性变换定理图解

线性变换的概念对超静定预应力混凝土结构中预应力筋的布置非常重要，它允许在不改变混凝土压力线位置的条件下调整预应力筋合力线的位置以适应不同结构的要求。可以在保持混凝土的 C 线和混凝土应力不改变的条件下调整 c.g.s. 线。

8.3.3　吻合束

吻合束是预应力混凝土超静定结构中的一种特殊的预应力筋布置方式，即预应力在结构中产生的压力线(C 线)与预应力筋合力重心线(c. g. s 线)相重合的预应力筋。吻合束在预应力混凝土超静定结构中不产生次内力。

对于静定结构而言，任意形状的预应力筋束都是吻合的束。而对于超静定结构而言，其吻合束也不是唯一的，作用在超静定结构上的任意外荷载产生的弯矩图的相似图形均为吻合束的线型。

采用预应力吻合束主要为简化结构分析，而在实际工程中很少采用吻合束。并且预应力筋采用吻合束布置对结构性能来说不是一种最理想的布置。合理的预应力筋合力线的选择取决于得到一条理想的压力线，而不是预应力筋的吻合性与非吻合性[10]。

预应力工程设计中，预应力筋合力线的布置原则通常是：考虑保护层和非预应力筋的布置要求，在支座截面尽量布置在最高点，在跨中截面则尽量布置在最低点，使得二者都有比较大的预应力偏心距，以充分发挥预应力筋的最佳效果。而这样布置的预应力筋一般都是非吻合束。

8.4　等效荷载

在进行预应力结构的内力分析时，预应力筋对结构构件作用可以用一组等效荷载来代替。这种等效荷载一般由两部分组成：①作用在构件端部锚具处的集中力或弯矩；②作用构件跨度范围内的由预应力筋曲率引起的横向分布力，或由预应力筋转折引起的横向集中力。此类横向力与作用在结构上的外荷载方向常相反，因此也称之为反向荷载。

8.4.1　直线预应力筋的等效荷载

直线预应力筋的等效荷载包括预应力轴压力和由此引起的偏心弯矩，如图 8-4 所示。

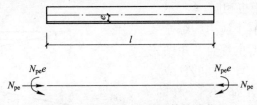

图 8-4　直线预应力筋的等效荷载

8.4.2　折线预应力筋的等效荷载

图 8-5(a)所示为折点位于任一位置的预应力筋的简支梁，预应力筋的两端通过混凝土截面的形心。其在 C 点产生向上的作用力为 $N_p(\sin\theta_1+\sin\theta_2)$。当预应力筋的弯折角度不大时，$\sin\theta_1\approx\tan\theta_1$，$\sin\theta_2\approx\tan\theta_2$，所以，折线预应力筋在 C 点处的等效荷载为

$$N_p(\tan\theta_1+\tan\theta_2)=N_pe\left(\frac{1}{a}+\frac{1}{b}\right) \tag{8-5}$$

在两端锚固处对混凝土端部产生向下的竖向分力分别为：

$N_p\sin\theta_1=N_pe/a$，$N_p\sin\theta_2=N_pe/b$，以及水平压力 $N_p\cos\theta_1=N_p\cos\theta_2=N_p$，如图 8-5
(b)所示。

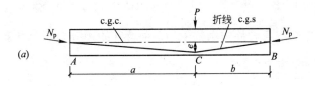

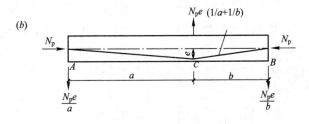

图 8-5 配置折线形预应力筋的简支梁

(a)梁立面图；(b)等效荷载图

8.4.3 曲线预应力筋的等效荷载

图 8-6(a)所示为简支梁配置抛物线预应力筋，跨中的偏心距为 e，梁端的偏心距为零。

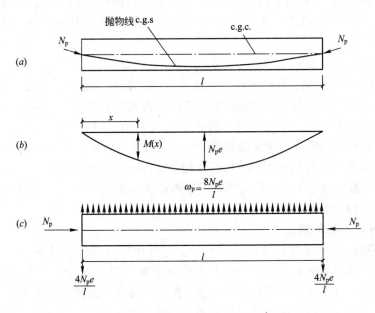

图 8-6 配置抛物线筋的简支梁

(a)梁立面图；(b)主弯矩图；(c)等效荷载图

由预加力 N_p 引起的弯矩图也是抛物线的，如图 8-6(b)所示，则梁左端 x 处的弯矩值为

$$M(x)=\frac{4N_p e}{l^2}(l-x)x \qquad (8-6)$$

将 $M(x)$ 对 x 求二次导数，即可得出此弯矩引起的等效荷载 ω_p 即

$$\omega_p=\frac{\mathrm{d}^2 M}{\mathrm{d}x^2}=-\frac{8N_p e}{l^2} \qquad (8-7)$$

式中，负号表示方向向上。如图 8-6(c) 所示，曲线预应力筋的等效荷载为向上的均布荷载 ω_p，轴力近似为 N_p，支座竖向作用力为 $4N_p/l$。

8.5 荷载平衡法

8.5.1 概念

荷载平衡法是将预应力筋产生的等效荷载用于抵消结构上部分荷载作用，即平衡掉部分荷载。等效荷载的分布形式可设计为与外荷载的分布形式相同。当外荷载为均布荷载时，则预应力束的线形取抛物线，这样产生的等效荷载将与外荷载的作用方向相反，可使梁上一部分以至全部的外荷载被预应力产生的反向荷载所抵消。当外荷载为集中荷载时，则预应力束的线形可取折线形，其弯折点应在集中荷载作用处，预应力束的等效荷载为与外荷载作用方向相反的集中荷载。如果外荷载在同一跨内既有均布荷载，又有集中荷载作用，则该跨预应力束的线形可取抛物线与折线的结合。当外荷载全部被预应力所平衡时，梁如同一根轴向构件只受到轴力作用而没有弯矩作用，因此也没有竖向挠度。

荷载平衡法是一种既适用于预应力超静定结构又适用于预应力静定结构的设计方法[1]。荷载平衡法大大简化了超静定预应力结构的设计计算过程，避开了次内力计算等问题，从而为预应力连续梁、板、壳体和框架等结构的设计提供了一种很有用的分析工具。

采用荷载平衡法主要用于概念与初步设计：

(1) 在连续梁中，采用荷载平衡设计法所得到的预应力索的线形在中间支座处有尖角，这在实际设计中是不可行的，实际设计中用反向的抛物线代替，但这与理想的布置方式得到的弯矩数值差别不大，可以用理想的布置方式进行计算。

(2) 为了达到荷载平衡，简支梁两端的预应力筋中心线必须通过截面重心，即偏心距为零，荷载平衡法不能直接考虑预应力筋在构件端部偏心引起的弯矩。

(3) 荷载平衡设计法不考虑沿构件长度摩擦损失的影响，但这种局限在采用其他方法中的初步设计阶段也是存在的。

8.5.2 平衡荷载的确定

如何合理选择平衡荷载是应用荷载平衡法进行预应力结构设计的一个关键问题。目前，一般选择全部恒载或恒载加部分活荷载作为平衡荷载。国内外工程设计的经验表明，预应力平衡荷载选择全部恒载是合理的。若考虑加上部分活荷载，则取用的活荷载应该取实际活荷载，而不取设计活荷载值。如果规定的设计活荷载值比实际值高很多，就只需要平衡掉活荷载的一小部分甚至完全不考虑平衡。反之，由于活荷载的准永久部分是长期作用的，它应当被预应力所平衡。

当结构承受的活荷载与全部荷载相比数值较大时，除恒载外，再平衡掉一部分活荷载是需要的。当平衡荷载取全部恒载再加一半活载时，受弯构件在活载的一半作用下不受弯，也没有挠度。当全部活载移去时，可按活载的一半向上作用进行设计；当全部活载作用于结构时，则按活载的一半向下作用考虑设计。当活荷载是持续性的荷载时，例如仓库，货栈等，上述取平衡荷载的原则是合理的。

在对超静定预应力结构进行配筋设计时，必须进行规范规定的承载能力极限状态计算以及正常使用极限状态验算，即需验算承载力、变形、裂缝控制要求以及施工阶段的应力。在实际设计中变形主要由结构的跨高比控制，裂缝则主要由预应力筋的数量控制。当按裂缝控制要求配置的预应力筋量不满足承载力要求时，可通过增配非预应力筋予以满足。因此，预应力筋的数量主要是由裂缝控制要求确定的。

按结构的裂缝控制等级合理选取平衡荷载的基本原则是：

(1) 一、二级裂缝控制等级的结构，当准永久荷载系数较大时，一般可取永久荷载(即恒载)和准永久荷载的一部分(30%~70%)作为平衡荷载。可变荷载比例较大时，可取较大值；可变荷载比例不大时，可取较小值。

(2) 三级裂缝控制等级的结构，预应力筋的配置可由正截面承载力计算确定，其中预应力筋所承担的承载力一般不大于总承载力的 75%。

现以均布荷载下的预应力混凝土连续梁为例，按裂缝控制等级要求，直接推导出平衡荷载的计算公式。按《混凝土结构设计规范》GB 50010—2010 二级抗裂要求应符合

$$\sigma_{ck}-\sigma_{pc}\leqslant f_{tk} \tag{8-8}$$

均布荷载 ω 作用下应采用抛物线形预应力筋。设预应力筋的有效预应力合力为 N_p，抛物线的垂度为 e，由等效荷载在控制截面受拉边缘产生的压应力为

$$\sigma_{pc}=\frac{N_p}{A}+\frac{M_p}{W} \tag{8-9}$$

$$N_p=\frac{\omega_b l^2}{8e} \tag{8-10}$$

$$M_p=\beta\omega_b l^2 \tag{8-11}$$

式中　ω_b——控制跨上预应力筋产生的等效均布荷载；

β——控制截面的弯矩系数，可从有关设计手册中查得。

所以

$$\sigma=\beta\omega_b l^2/W \tag{8-12}$$

$$\sigma_{pc}=\frac{\omega_b l^2}{8eA}+\frac{\beta\omega_b l^2}{W} \tag{8-13}$$

将上两式代入式(8-11)，整理得平衡荷载的计算公式为

$$\omega_b\geqslant\frac{\dfrac{\beta\omega l^2}{W}-f_{tk}}{\left(\dfrac{\beta}{W}+\dfrac{1}{8eA}\right)l^2} \tag{8-14}$$

应用式(8-14)时，应分别按荷载的短期和长期效应组合值 ω_s 和 ω_t 计算出 ω_b，取其较大值作为需平衡的荷载。

集中荷载作用下的单向体系以及双向体系(双向板)的平衡荷载计算也可参照此方法。

8.5.3　采用荷载平衡法的主要设计步骤

(1) 首先按经验试算和选择截面尺寸，由跨高比确定截面高度，而截面高度与宽度之比 h/b 约为 2~2.5。

(2) 选定需要被平衡的荷载值 q_b：

$$q_b=q_G+q_D+kq_L \tag{8-15}$$

其中，kq_L 一般取活荷载的准永久部分。这样的取值将使结构长期处于水平状态而不会发

生挠度或反拱。

（3）选定预应力筋束形和偏心距。

根据荷载特点选定抛物线、折线等束形，在中间支座处的偏心距和跨中截面的矢高要尽量大，端支座偏心距应为零。如有悬臂边跨，则端部预应力筋 c.g.s. 线的斜率应为零。

（4）根据每跨需要被平衡掉的荷载求出各跨要求的预应力（初始张拉力 N_{con} 约等于 $(1.2\sim1.25)N_p$），取各跨中求得最大预应力值 N_p 作为整根连续梁的预加力。调整各跨的垂度使满足 N_p 与被平衡荷载的关系。

（5）计算未被平衡掉的荷载 q_{nb} 引起的不平衡弯矩 M_{nb}，将梁当作非预应力连续梁按弹性分析方法进行计算。

（6）核算控制截面应力，应力计算公式为：

$$\sigma = \frac{N_p}{A} + \frac{M_{nb}}{W} \tag{8-16}$$

如求得的截面顶部和底部纤维应力都不超过许可限值，设计可进行下去。如应力超过规定，一般应加大预应力配筋或改变截面尺寸。

（7）修正理论束形，使中间支座处预应力筋的锐角弯折改为反向相接的抛物线曲线，并核算这种修正给弯矩带来的影响。这种修改都要引起次弯矩的变化，但这种变化对板的影响不大，可以忽略。

8.6 约束次弯矩

8.6.1 理论公式

等效荷载法是目前普遍采用的计算预应力超静定结构次弯矩的方法。该方法将预应力对结构的作用等效为相应的荷载作用于结构上，然后按结构力学的方法计算出综合弯矩，用综合弯矩减去主弯矩即得次弯矩。求解超静定结构的预应力次弯矩，关键在于求解结构各杆单元在主弯矩作用下的固端次弯矩，即约束次弯矩。

在工程设计中，为简化次弯矩的计算，常用杆单元内的有效预应力平均值 N_p 来近似计算约束次弯矩。当 N_p 为一定值时，则有：

$$A = N_p\int_0^L e(x)dx = \int_0^L M_1 dx \tag{8-17}$$

$$S_A = N_p\int_0^L e(x) \cdot x dx = \int_0^L M_1 x dx \tag{8-18}$$

式中 A、S_A——分别为有效预应力 N_p 产生的主弯矩图面积及其对截面重心轴的面积矩；

N_p——杆单元内的有效预应力平均值，可用杆单元的两端截面有效预应力与两倍的跨中截面有效预应力进行平均得到；

M_1——杆单元的预应力主弯矩；

$e(x)$——杆单元中预应力筋对截面重心轴的偏心矩。

按照上述方法，三种常见等刚度杆单元由于预应力作用产生的约束次弯矩列于表 8-1[11]。

有效预应力作用下杆端的约束次弯矩公式　　　　　　　　表 8-1

杆件单元约束形式	M_{ij}	M_{ji}
	$\dfrac{A}{L}$	$-\dfrac{A}{L}$
	$\dfrac{4}{L}A - \dfrac{6}{L^2} \cdot S_A$	$\dfrac{2}{L}A - \dfrac{6}{L^2} \cdot S_A$
	0	$-\dfrac{3}{L^2} \cdot S_A$

注：表中 M_{ij}、M_{ji} 分别为杆单元左端与右端由于预应力作用产生的约束次弯矩。

8.6.2　常见预应力筋线形的约束次内力

对几种不同的预应力筋形状和布置，所产生的固端约束次内力见表 8-2。

预应力引起的固端约束次内力　　　　　　　　表 8-2

		N	M_A	M_B	V
对称抛物线形		N_p	$\dfrac{2}{3}N_p e$	$\dfrac{2}{3}N_p e$	—
非对称抛物线形		N_p	—	$N_p e$	$N_p e / L$
直线筋		N_p	$N_p e$	$\dfrac{1}{2}N_p e$	$\dfrac{3}{2} - \dfrac{N_p e}{L}$
双折线筋		N_p	$N_p e(1-\alpha)$	$N_p e\alpha$	$\dfrac{N_p e(1-2\alpha)}{L}$
三折线筋		N_p	$N_p e(1-\alpha)$	$N_p e(1-\alpha)$	—

续表

		N	M_A	M_B	V
多根抛物线相切	二次抛物线交点 e αL L αL	N_p	$\dfrac{2}{3}N_p e(1-\alpha)$	$\dfrac{2}{3}N_p e(1-\alpha)$	—
收缩	$A_cE_c\varepsilon_{sh}$ $\longleftarrow$ $\longrightarrow$ $A_cE_c\varepsilon_{sh}$	—	—	—	—
温度梯度	N_p h ΔT N_p	—	$I_cE_c\dfrac{\Delta T\alpha_0}{h}$	$I_cE_c\dfrac{\Delta T\alpha_0}{h}$	—

8.7 弯矩重分布与调幅

8.7.1 弯矩重分布

当外荷载作用下结构的荷载效应超过了结构的弹性极限,即结构的部分截面表现出非线性行为时(如截面发生塑性转动),如果该截面具有在基本不变的弯矩作用下保持塑性转动的能力,则结构在该外荷载作用下的弯矩分布将不同于按线弹性结构分析所求的弯矩分布,即结构发生了弯矩重分布。

预应力混凝土连续梁在外荷载作用下,预压受拉区混凝土开裂后其受力性能不同于线弹性体系的连续梁,主要表现在弯矩的分布不同于按线弹性结构分析所求的弯矩分布[12]。这是由于梁体的混凝土开裂后其截面刚度发生了较大的变化。一般情况,等截面的连续梁在外荷载作用下,在内支座处出现裂缝后,其内力重分布就表现出内支座截面的弯矩增量要比按线弹性结构分析所得的值小,而跨内正弯矩的增量则比按线弹性结构分析所得的值大,如图8-7所示。

超静定梁的内力重分布是其截面延性的体现。预应力混凝土连续梁内力重分布的影响因素很多,其主要影响因素是配筋率、截面尺寸以及混凝土的强度等。对于部分预应力混凝土连续梁,其非预应力筋的含量是主

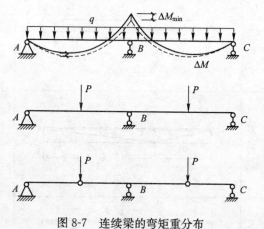

图8-7 连续梁的弯矩重分布

要影响因素之一,尤其对于无粘结部分预应力混凝土连续梁,其有粘结非预应力筋含量的

影响更为突出。

8.7.2 弯矩调幅

1. 国外规范的规定

在预应力混凝土结构设计中，对于连续梁内力重分布的考虑，各国规范都是通过对支座负弯矩和跨内正弯矩的调幅来实现的。表 8-3 列出了各国规范对内力重分布的内力幅度调整的表达式。

弯 矩 调 幅   表 8-3

规范	支座弯矩调幅值（%）	备注
美国 ACI 318-83	$20\left[1-\dfrac{w_{\mathrm{p}}+\dfrac{d_{\mathrm{ns}}}{d_{\mathrm{ps}}}(w-w')}{0.36\beta_1}\right]$	$w_{\mathrm{p}}=\dfrac{A_{\mathrm{ps}}f_{\mathrm{ps}}}{bd_{\mathrm{ps}}f'_{\mathrm{c}}}$，$w=\dfrac{A_{\mathrm{ns}}f_{\mathrm{y}}}{bd_{\mathrm{ns}}f_{\mathrm{c}}}$ $w'=\dfrac{A_{\mathrm{ns}}f'_{\mathrm{y}}}{bd_{\mathrm{ns}}f'_{\mathrm{c}}}$ $w_{\mathrm{p}}+\dfrac{d_{\mathrm{ns}}}{d_{\mathrm{ps}}}(w-w')\leqslant 0.24\beta_1$ w_{p}、w、w' 分别为预应力筋、拉、压非预应力筋配筋指标 β_1 为等效矩形应力块系数
ACI 318-89	$20\left[1-\dfrac{0.85(a/d_{\mathrm{ps}})}{0.36\beta_1}\right]$	$0.85\dfrac{a}{d_{\mathrm{ps}}}\leqslant 0.24\beta_1$（$a$ 为受压区混凝土高度）
英国 BS8110-89	$50-100(x/d)<20$	只对承载力极限状态下，由特定的荷载组合所得弯矩进行分布，荷载组合 ① 每隔一跨受最大设计荷载，其他跨受最小荷载 ② 所有跨受最大设计荷载
CEB-FIP	后张法：C12—C35　$0.56-1.25(x/d)<0.25$ 　　　　　C40—C80　$0.44-1.25(x/d)<0.25$ 先张法：C12—C80　$0.25-1.25(x/d)<0.10$	后张梁：C12—C35$(x/d)<0.45$ 　　　　（x 为受压混凝土高度） 　　　　C40—C80$(x/d)<0.35$ 先张梁：C 40—C80$(x/d)<0.25$
加拿大 A23.3-1984	$30-50(c/d)<20$	$(c/d)<0.5$（c 为受压区混凝土高度） 最大内力重分布幅度为 20%
CP-110	$50-100(c/d)<20$	最大内力重分布幅度为 20%
澳大利亚 NAASRA	$\beta<30\%$	β 为内力重分布系数

从表 8-3 可以看出各国规范考虑预应力混凝土超静定结构内力重分布时支座弯矩调幅的不同规定。表中所列各种方法对支座负弯矩的调幅范围一般都在 20% 左右，所考虑的主要影响因素为预应力筋与非预应力筋的配筋率、混凝土强度以及截面尺寸等。备注栏则为对构件截面的延性要求。由此可见，超静定结构内力重分布的最必要的条件是构件截面需具有一定的延性。

2. 国内研究及 GB 50010 的规定

国内进行了后张法预应力混凝土连续梁内力重分布的试验研究，并探讨了次弯矩存在对内力重分布的影响。试验研究及有关文献建议，对存在次弯矩的后张法预应力混凝土超静定结构，其弯矩重分布规律可描述为：$(1-\beta)M_d+\alpha M_2\leqslant M_u$，其中，$\alpha$ 为次弯矩消失系数。直接弯矩的调幅系数定义为：$\beta=1-M_a/M_d$，此处，M_a 为调整后的弯矩值，M_d 为按弹性分析算得的荷载弯矩设计值；直接弯矩调幅系数 β 的变化幅度是：$0\leqslant\beta\leqslant\beta_{max}$，此处，$\beta_{max}$ 为最大调幅系数。次弯矩随结构构件刚度改变和塑性铰转动而逐步消失，它的变化幅度是：$0\leqslant\alpha\leqslant1.0$；且当 $\beta=0$ 时，取 $\alpha=1.0$；当 $\beta=\beta_{max}$ 时，可取 α 接近为 0。且 β 可取正值或负值，当取 β 为正值时，表示支座处的直接弯矩向跨中调幅；当取 β 为负值时，表示跨中的直接弯矩向支座处调幅。上述试验结果从概念设计的角度说明，在超静定预应力混凝土结构中存在的次弯矩，随着预应力构件开裂、裂缝发展以及刚度减小，在极限荷载阶段会相应减小。当截面配筋率高时，次弯矩的变化较小，反之可能大部分次弯矩都会消失。次弯矩参与重分布，即内力重分布所考虑的最大弯矩除了荷载弯矩设计值外，还包括预应力次弯矩在内。《混凝土结构设计规范》GB 50010—2010 规定对预应力混凝土框架梁及连续梁在重力荷载作用下，当受压区高度 $x\leqslant0.3h_0$ 时，可允许有限量的弯矩重分配，同时可考虑次弯矩变化对截面内力的影响，但总调幅值不宜超过 20%。

GB 50010—2010 规定对允许出现裂缝的后张法有粘结预应力混凝土框架梁及连续梁，在重力荷载作用下按承载能力极限状态计算时，可考虑内力重分布，并应满足正常使用极限状态验算要求。当截面相对受压区高度 ξ 不小于 0.1 且不大于 0.3 时，其任一跨内的支座截面最大负弯矩设计值可按下列公式确定：

$$M=(1-\beta)(M_{GQ}+M_2) \tag{8-19}$$
$$\beta=0.2(1-2.5\xi) \tag{8-20}$$

且调幅幅度不宜超过重力荷载下弯矩设计值的 20%。

式中 　M——支座控制截面弯矩设计值；

M_{GQ}——控制截面按弹性分析计算的重力荷载弯矩设计值；

ξ——截面相对受压区高度；

β——弯矩调幅系数。

参考文献

[1] T. Y. Lin, NED H. Burns. Design of Prestressed Concrete Structures. Third Edition. John Wiley & Sons, New York, 1981

[2] 杜拱辰. 现代预应力混凝土结构. 北京：中国建筑工业出版社，1988

[3] 陶学康. 后张预应力混凝土设计手册. 北京：中国建筑工业出版社，1996

[4] 薛伟辰. 现代预应力结构设计. 北京：中国建筑工业出版社，2003

[5] 熊学玉，黄鼎业. 预应力工程设计施工手册. 北京：中国建筑工业出版社，2003

[6] 张誉，薛伟辰. 混凝土结构基本原理. 北京：中国建筑工业出版社，2000

[7] 薛伟辰. 预应力次弯矩的设计研究. 同济大学学报，2001，29(6)：631-635

[8] 薛伟辰，吕志涛. 部分预应力混凝土超静定结构的设计方法. 工业建筑. 1995，25(6)：9-12

[9] 薛伟辰. 预应力混凝土空旷房屋抗震性能与抗震设计方法的研究. 东南大学博士学位论文，1995 年 1 月

[10] 薛伟辰，吕志涛. 预应力混凝土超静定结构的设计研究. 东南大学学报，1994，24(3)：35-39

[11] 熊学玉，孙宝俊. 有效预应力作用下预应力混凝土超静定结构的次弯矩计算. 建筑结构学报，1994，15(6)：55-63

[12] 房贞政. 无粘结与部分预应力结构. 北京：人民交通出版社，1999

[13] 吕志涛. 现代预应力结构体系与设计方法. 江苏：江苏科学技术出版社，2010

[14] 中华人民共和国行业标准. 无粘结预应力混凝土结构技术规范 JGJ/T 92—2004

[15] 中华人民共和国国家标准. 混凝土结构设计规范 GB 50010—2010

无粘结预应力结构设计

9.1 结构形式选用

9.1.1 一般原则

无粘结预应力混凝土结构广泛用于大型商场、办公楼、车库、仓库、住宅等建筑结构中，作为楼盖和屋盖的混凝土结构构件。板通常支承于墙上，或支承在与板整浇的梁上；直接支承在柱上形成无梁楼盖，即板柱结构体系。

后张预应力混凝土平板结构具有如下优点：①降低层高，减少建筑结构用料，具有良好的经济效益；②与其他结构相比，可以减少水暖管线及设备的容量和维护费用，降低装修费用，并取得良好的通风、采光效果，综合经济效益显著；③改善结构的受力性能，在自重和准永久荷载作用下预应力平板的挠度小；④可以为建筑提供较大跨度的空间，便于灵活布置各种用房，以满足较高的使用功能要求；⑤便于采用定型模板与飞模技术施工，可节省模板，加快施工速度；⑥结构整体性能和抗震性能良好等。

无粘结预应力主要应用于混凝土楼板，也可以用于梁或其他结构构件，其中梁板的主要形式、特点及适用范围如下。

1. 平板结构

主要优点是具有平整的底板，支模简单，施工方便。平板的厚度最薄，管道设备布置方便。如图 9-1(a)所示。

平板厚度一般由板的抗冲切承载力控制，平板结构不宜用于直接抵抗水平风荷载及地震作用。普通钢筋混凝土平板：跨高比为 35～40，经济跨度为 8m。无粘结预应力混凝土平板：跨高比为 40～45，跨度为 10m。

2. 带托板的平板结构

如图 9-1(b)所示，带托板的平板结构与无托板的平板结构的优点相似。由于在柱边增加板厚将提高结构的刚度及抗冲切能力，并减少配筋。带托板的平板的经济跨度和最大跨度均有所增加，普通钢筋混凝土带托板的平板：跨高比为 40～45，跨度为 10m。无粘结预应力混凝土带托板的平板：跨高比为 45～50，跨度为 12m。

3. 单向密肋板结构

如图 9-1(c)所示。密肋板适用于双向大柱网体系，由于大大减少混凝土及钢筋的用量，从而具有减轻重量、节省材料的优点，但密肋板支模复杂，布筋麻烦。如采用重复使

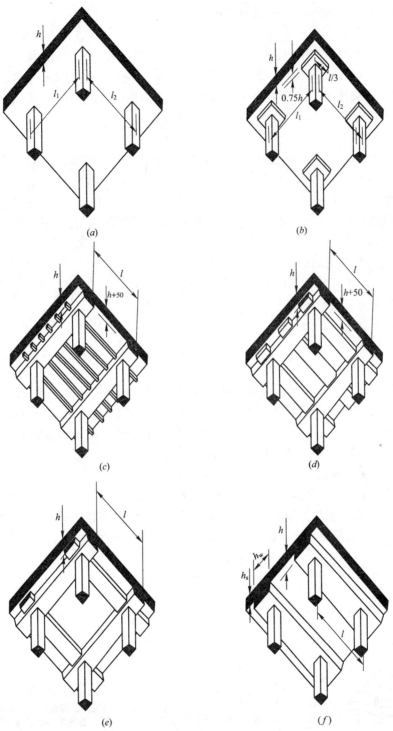

图 9-1　预应力楼盖主要结构形式

(a)平板；(b)带托板的平板；(c)密肋板；(d)次梁-板；(e)梁-板；(f)扁梁-板

用的标准模板或模壳，将有利于减少施工的费用及支模的麻烦。密肋板楼盖的刚度较大，允许高跨比也较大。普通钢筋混凝土密肋板：跨高比为 25～30，跨度为 12m。预应力混凝土密肋板：跨高比为30～35，跨度为15m。

4. 次梁-板结构

如图9-1(d)所示。次梁—板结构施工比密肋板简单，通常次梁与次梁之间的板厚由防火要求控制，对2h耐火期的板，最小板厚为120mm，跨度一般为4m左右。普通钢筋混凝土次梁-板：跨高比为20～25，跨度为12m。预应力混凝土次梁-板：跨高比为25～30，跨度为15m。

5. 梁-板结构

如图9-1(e)所示。梁-板结构由轴线上的梁以及梁之间的板组成，梁高较大，刚度更大。梁与柱一起形成水平抗侧刚度很大的结构。这种梁-板结构的支模复杂，不利于设备布置。根据板的尺寸不同，板可分为单向板或双向板两种。板可为普通钢筋混凝土板，也可为预应力混凝土板。预应力混凝土板中一般采用无粘结预应力筋，预应力混凝土梁常采用有粘结预应力筋。

梁-板结构中板与梁的经济跨高比通常取为：

普通钢筋混凝土板：单向板30～35，双向板35～40；

预应力混凝土板：单向板40～45，双向板45～50；

普通钢筋混凝土梁：10～14；

预应力混凝土梁：15～18。

6. 扁梁-板结构

如图9-1(f)所示。通常扁梁是指宽度大于其高度的宽梁。这种扁梁-板结构可以减小结构高度，有利于模板及支承布置，有利于简化配筋，也便于梁下管道设备的通过。扁梁-板结构中的扁梁一般与柱同轴，但也有在轴线之间布置扁梁。扁梁体系的经济跨度与扁梁的宽度有关。扁梁的经济跨高比及跨度通常取为：

普通钢筋混凝土扁梁：跨高比为15～20，跨度为15m；

预应力混凝土扁梁：跨高比为20～25，跨度为20m。

9.1.2 美国后张预应力协会(PTI)设计手册(第六版)选型原则[12]

PTI后张预应力混凝土楼盖包括单向结构体系(表9-1)和双向结构体系(表9-2)。

单 向 结 构 体 系　　　　　　　　表 9-1

楼盖体系与 预应力筋的布置	常用跨度(柱中心至中心)	常用荷载	使用说明
单向梁板 预应力施加于： 梁，板(受力与温度筋)	梁：15～20m 板：4.5～9m	5～10kN/m²	• 通常应用于停车场建筑结构，大跨度办公楼也可以有效采用； • 这种结构体系适合特定的模板体系(如钢模板或大模板)

续表

楼盖体系与 预应力筋的布置	常用跨度(柱中心 至中心)	常用荷载	使用说明
主次梁体系 预应力施加于: 主梁,次梁,板(受力与温度筋)	主梁:15~20m 次梁:10~12m 板:4.5~6m	5~10kN/m²	• 主次梁体系比厚板框架梁体系更经济; • 常用于停车场结构的转弯通道,次梁跨度10m以上
单向板与宽扁梁 预应力施加于: a. 梁 b. 板 c. 梁和板	梁:8~12m 板:5.5~7.5m	5~10kN/m²	• 在短跨与其垂直方向上灵活布置柱子; • 通常梁在长跨,板在短跨; • 用在建筑高度有限制的地方
宽主梁与肋板 预应力施加于: 宽主梁和肋板 注:宽主梁和肋应等高	宽主梁:6~11m 肋板:11~20m 板大约1m	5~10kN/m²	• 在短跨与其垂直方向上灵活布置柱子; • 通常梁在长度,板在短跨; • 减少建筑结构高度
宽主梁与少肋板 预应力施加于: 宽主梁和肋、或板中 注:宽主梁和肋应等高	宽主梁:6~11m 肋板:11~17m 板:1~4m	5~10kN/m²	• 采用肋板应尽可能不增加板的成本; • 肋板可以更有效发挥预应力的作用

双 向 结 构 体 系   表 9-2

楼盖体系与预应力筋的布置	常用跨度(柱中心至中心)	常用荷载	使用说明
平板 一个方向带状布筋，另一个方向均匀布筋	6～9m	5～10kN/m²	• 模板费用低，柱网布置灵活，天花板面平整，室内管道等设施布置灵活； • 柱网尺寸为正方形时，使用效率最佳； • 传力路径明确，可设置栓钉或抗剪钢筋提高抗冲切能力
带柱帽的平板 一个方向带状布筋，另一个方向均匀布筋	8～11m	5～10kN/m²	• 建筑设计允许条件下，可增加柱帽提高抗冲切能力； • 柱帽较小时，抗弯能力提高很小
带托板的平板 一个方向带状布筋，另一个方向均匀布筋	9～12m	5～10kN/m²	• 较大的托板可有效减少受弯钢筋设置； • 常用于较大跨度楼盖
有板带的平板 一个方向带状布筋，另一个方向均匀布筋	8～14m	5～10kN/m²	• 适宜柱网长宽比较大的情形； • 应确认这种楼盖体系的双向受力性能，以免受规程对单向体系要求的限制
密肋楼板 两个方向有肋 注：实心托板与板肋等高	9～18m	5～10kN/m²	• 适用于重载或跨度较大时的情形； • 柱网尺寸为正方形时，使用效率最佳

9.2 受弯构件性能研究

9.2.1 无粘结与有粘结受弯构件的性能比较

纯无粘结预应力混凝土受弯构件的受力性能与有粘结预应力混凝土构件有较大差别。从裂缝分布及开展情况来看，纯无粘结预应力混凝土受弯构件裂缝的展开情况如图 9-2(a) 所示[7]，随着裂缝的迅速展开，截面中和轴上升，混凝土受压应变增加很快，挠度增加较快，但预应力筋的应变增加较慢，最后无粘结预应力混凝土受弯构件产生类似带拉杆的扁拱那样的破坏形式。而有粘结后张预应力混凝土受弯构件在承受荷载时，任意截面的预应力筋与它周围混凝土的变形是协调的，有粘结预应力筋的最大应力出现在最大弯矩截面处。有粘结受弯构件的裂缝分布较均匀，间距较小，裂缝和挠度增加较慢，如图 9-2(b)所示。与相同配筋无粘结预应力混凝土受弯构件相比，开裂后有粘结预应力混凝土受弯构件的挠度较小，且极限承载能力要高 $10\%\sim30\%$。

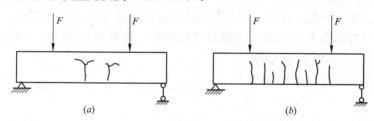

图 9-2　使用荷载下预应力受弯构件裂缝分布
(a)无粘结受弯构件；(b)有粘结受弯构件

9.2.2 混合配筋无粘结部分预应力混凝土构件性能

纯无粘结预应力混凝土构件一旦拉区混凝土开裂，裂缝少且发展快，延性较差，破坏呈明显的脆性。而且预应力筋的能力得不到充分发挥。为了改善纯无粘结预应力混凝土受弯构件的受力性能，常在构件中适当配置非预应力筋，从而形成混合配筋构件，一般称为无粘结部分预应力混凝土构件。

配置一定有粘结非预应力普通钢筋的无粘结部分预应力混凝土构件的受力性能与有粘结预应力混凝土受弯构件基本类似，破坏特征是有粘结非预应力筋首先屈服，然后裂缝迅速向上伸展，受压区越来越少，最后由于受压区混凝土被压碎而导致构件破坏。

9.2.3 无粘结预应力筋极限应力研究

大量的试验研究表明，保证合理的非预应力钢筋的配筋率 ρ_s，如配置 $0.3\%bh$ 以上的非预应力筋，且梁中配置的非预应力受拉钢筋在极限状态下的拉力不低于预应力筋和非预应力筋在极限状态下拉力之和的 25%，即 $A_s f_y/(A_s f_y+A_p \sigma_p) \geqslant 0.25$，可使无粘结预应力梁开裂后的性能和有粘结预应力梁类同。在一般情况下，达到极限承载时普通钢筋先屈服，裂缝向上延伸，待到压区混凝土压应变达到其极限压应变时混凝土压碎，梁呈延性弯曲破坏。由于非预应力筋使裂缝分布均匀且间距小，改善了梁的受弯延性，对无粘结筋极限应力 σ_p 的增长产生有利影响。但当 ρ_s 超过所需的数量时，导致梁的中性轴位置降低较多，使 σ_p 趋于下降。影响无粘结预应力筋极限应力的主要因素有：

(1)在同样配筋率的情况下，弹性应变极限值大的高强度钢丝比软钢提高 σ_p 的作用明显。

(2) 无粘结筋的配筋率 ρ_s 越小，σ_p 的增量越大。

(3) 有效预应力 σ_{pe} 越大，σ_p 越大。

(4) 混凝土抗压强度 f_c 越高，σ_p 越大。

(5) 一般跨高比 l/h 越大，σ_p 越小。

影响 σ_p 的因素还有加载方式、承载条件、无粘结筋的布置和形状及与管壁之间的摩擦力等。但试验表明，这些反映梁的纵向特征的因素对 σ_p 的影响较小，可以忽略，而主要考虑(1)～(5)五项影响因素，其中前四项反映了梁的截面特征对 σ_p 的影响，可用总的配筋指标反映。

从预应力筋应力增量来看，纯无粘结预应力混凝土构件受弯时，由于无粘结预应力筋与混凝土之间不存在粘结力，预应力筋能够相对混凝土发生滑动。在荷载作用下，各截面处预应力筋的应变增量不再与混凝土的应变增量相协调，而是整束预应力筋的总伸长量与其整个长度范围内预应力筋周围混凝土的总伸长量相等。从这一点来看，纯无粘结预应力混凝土受弯构件更像一根拉杆拱。而在有粘结预应力的混凝土构件中，预应力筋的应变增量在各截面处与其周围混凝土的应变增量是相同的。由此可以看出，在弯矩最大的截面处，相同构件中无粘结预应力筋的应力要低于有粘结预应力筋的应力。试验也证实了这一点，如图 9-3 所示，在整个加载过程中，无粘结预应力筋的应力总是低于有粘结筋的应力，而且这种差距随荷载的增大而增大。当构件达到极限荷载时，无粘结预应力筋的应力达不到极限强度 f_{pu}。当受弯构件由于受压区混凝土达到极限应变导致弯曲破坏时，无粘结预应力筋中的最大应变将比有粘结预应力筋的最大应变小。所以无粘结预应力筋的极限应力将低于有粘结预应力筋的极限应力。

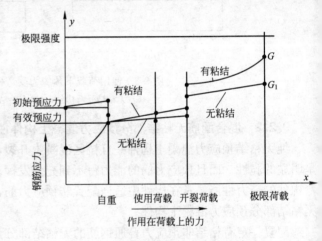

图 9-3　荷载-预应力筋应力变化的关系

在混凝土开裂之前，无粘结预应力筋的应力增量很小。在开裂之后，无粘结预应力筋应力增加较快。无粘结预应力筋的极限应力与有效预应力、预应力筋和有粘结非预应力筋的配筋率、高跨比、钢筋和混凝土的材料特性、预留套管与预应力筋摩擦力等因素有关[2][3]。考虑这些因素，可以建立一个无粘结预应力筋极限应力 σ_{pu} 的经验计算公式。

9.2.4　现行规范计算规定

《混凝土结构设计规范》GB 50010—2010 规定，对无粘结预应力筋的受弯构件在进行正截面承载力计算时，无粘结预应力筋的设计应力值 σ_{pu} 宜按下列公式计算：

$$\sigma_{pu} = \sigma_{pe} + \Delta\sigma_p \tag{9-1}$$

$$\Delta\sigma_p = (240 - 335\xi_0)\left(0.45 + 5.5\,\frac{h}{l_0}\right)\frac{l_2}{l_1} \tag{9-2}$$

$$\xi_0 = \frac{\sigma_{pe}A_p + f_yA_s}{f_cbh_p} \tag{9-3}$$

对于跨数不少于 3 跨的连续梁、连续单向板及连续双向板，$\Delta\sigma_p$ 取值不应小于 50N/mm^2。

无粘结预应力筋应力设计值 σ_{pu} 尚应符合下列条件：

$$\sigma_{pu} \leqslant f_{py} \tag{9-4}$$

式中 σ_{pe}——扣除全部预应力损失后，无粘结预应力筋中的有效预应力(N/mm^2)；

$\Delta\sigma_p$——无粘结预应力筋中的应力增量(N/mm^2)；

ξ_0——综合配筋指标，不宜大于 0.4；

l_0——受弯构件计算跨度；

h——受弯构件截面高度；

h_p——无粘结预应力筋合力点至截面受压边缘的距离；

l_1——连续无粘结预应力筋两个锚固端间的总长度；

l_2——l_1 中的活荷载作用跨长度之和。

对翼缘位于受压区的 T 形、I 形截面受弯构件，当受压区高度大于翼缘高度时，综合配筋指标 ξ_0 按下式计算：

$$\xi_0 = \frac{\sigma_{pe}A_p + f_yA_s - f_c(b_f' - b)h_f'}{f_cbh_p} \tag{9-5}$$

式中 h_f'——T 形、I 形截面受压区的翼缘高度；

b_f'——T 形、I 形截面受压区的翼缘计算宽度。

9.3 单向板与双向板设计

9.3.1 一般规定

无粘结预应力混凝土结构设计的一般规定有：

1. 跨高比选用

在初步设计阶段，通常按跨高比估算结构构件的高度或厚度，以满足设计验算要求。一般民用建筑采用无粘结预应力混凝土梁板结构，其高跨比可按表 9-3 的规定采用。

无粘结预应力混凝土梁板结构的跨高比选用范围   表 9-3

构件类别		跨高比	
		连续	简支
单向板		40~45	35~40
柱支承双向板	无托板	40~45	—
	带平托板	45~50	—
周边支承双向板		45~50	40~45
柱支承双向密肋板		30~35	—
框架梁		15~22	12~18
次梁		20~25	16~22

续表

构件类别	跨高比	
	连续	简支
扁梁	20～25	18～22
井字梁	20～25	

注：1. 外挑的悬挑板，其跨高比不宜大于15；
2. 周边支承双向板的跨高比，宜按柱网的短向跨度计；柱支承双向板的跨高比，宜按柱网的长向跨度计；
3. 扁梁的宽度不宜大于柱宽加1.5倍梁高，梁高宜大于板厚度的2倍；
4. 无粘结预应力混凝土用于工业建筑(含仓库)或荷载较大的梁板时，表中所列跨高比宜按荷载情况适当减小；
5. 当有工程实践经验并经验算符合设计要求时，表中跨高比可适当放宽。

对柱支承双向板结构，当不设置柱帽或平托板时，抗冲切能力是限制其在大跨度结构中应用的最主要因素[10]。为解决这个问题，方法之一是在保持楼板底面平整的基础上，在板中配置箍筋、弯起钢筋、锚栓或型钢等附加钢筋，方法之二是在柱周围设置柱帽或托板。因此在初步确定板厚时，应验算该板是否有足够的抗冲切能力。

2. 防火及防腐蚀要求

无粘结预应力混凝土板的防火能力与混凝土骨料种类、板厚、钢筋保护层厚度及热膨胀程度等因素有关。无粘结预应力混凝土板防火要求的最小保护层厚度参见表9-4，无粘结预应力梁的最小保护层厚度参见表9-5。锚固区的耐火极限不得低于结构本身的耐火极限。

板的混凝土保护层最小厚度(mm)　　　　　　　　　　　　表9-4

约束条件	耐火极限(h)			
	1	1.5	2	3
简支	25	30	40	55
连续	20	20	25	30

梁的混凝土保护层最小厚度(mm)　　　　　　　　　　　　表9-5

约束条件	梁宽	耐火极限(h)			
		1	1.5	2	3
简支	200≤b<300	45	50	65	采取特殊措施
简支	≥300	40	45	50	65
连续	200≤b<300	40	40	45	50
连续	≥300	40	40	40	45

注：如耐火等级较高，当混凝土保护层厚度不能满足列表要求时，应使用防火涂料。

工程结构设计中还应考虑预应力混凝土中无粘结预应力筋的防腐问题。无粘结预应力筋张拉完毕后，应及时对锚固区进行保护。当锚具采用凹进混凝土表面布置时，宜先切除外露无粘结预应力筋多余长度，在夹片及无粘结预应力筋端头外露部分应涂专用防腐油脂或环氧树脂，并罩帽盖进行封闭，该防护帽与锚具应可靠连接；然后应采用后浇微膨胀混凝土或专用密封砂浆进行封闭。锚固区也可用后浇的钢筋混凝土外包圈梁进行封闭，但外包圈梁不宜突出在外墙面以外。当锚具凸出混凝土表面布置时，锚具的混凝土保护层厚度不应小于50mm；外露预应力筋的混凝土保护层厚度要求：处于一类室内正常环境时，不应小于 30mm；处于二类、三类易受腐蚀环境时，不应小于 50mm。

3. 平均预压应力

平均预压应力指扣除全部预应力损失后，在混凝土总截面面积上建立的平均预压应力。对无粘结预应力混凝土平板，混凝土平均预压应力不宜小于 1.0MPa，也不宜大于 3.5 MPa。若施加预应力仅为了满足构件的允许挠度时，可不受平均预压力最小值的限制。当预应力筋的长度较短，混凝土强度等级较高或采用专门措施时，最大平均预压应力限值可适当提高。

9.3.2 单向板设计

单向板中预应力筋垂直于支承边布置，通常采用抛物线形预应力筋，预应力筋的最大间距可取板厚度的 6 倍，且不宜大于 1.0m。预应力筋的估算可按荷载平衡法进行。

单向板往往连续多跨或带有悬臂，在内支座处，预应力筋应设在板顶以承受负弯矩，所以理论上相邻两跨的抛物线筋应在支座处相交，但工程中往往在支座两侧 αL 的范围内采用反向曲线过渡，如图 9-4 所示。工程结构设计计算时，α 通常取 0.05～0.10。由于板多采用无粘结预应力筋，而板的高度相对较小，因此多跨连续板的摩擦损失不大，可以实现预应力筋多次弯曲变向。

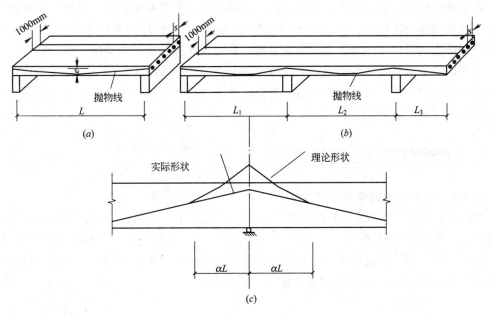

图 9-4 单向板
(a)简支板；(b)连续板；(c)内支座处的细节

单向板的设计内容主要包括抗弯承载力设计、抗裂控制或验算等[4]。按荷载平衡法设计的板，应校核未被平衡的外荷载（通常为活载）引起的挠度，在计算中一般可采用混凝土毛截面惯性矩。无粘结预应力混凝土结构受弯构件的斜截面受剪承载力应按现行规范的有关规定进行验算，但无粘结预应力筋的应力设计值应取有效预应力值。

对无粘结预应力混凝土单向多跨连续板，为避免由于偶然荷载或意外事故造成某一跨破坏而引起的连续倒塌，在设计中宜将无粘结预应力筋分段锚固。可对一部分或全部预应力筋在两个锚具之间的长度予以限制，或增加中间锚固点。非预应力筋的最小配筋率应符合《无粘结预应力混凝土结构技术规程》JGJ/T 92—2004 的规定，即单向板的受拉区非预应力纵向受力钢筋的截面面积不小于 $0.0025bh$，直径不应小于 8mm，间距不应大于 200mm。

9.3.3 周边支承的双向板设计

四边有墙或刚度较大的梁支承且 l_x/l_y 数值符合一定要求的板属双向板。在竖向荷载作用下，板的任意位置都受到两个方向的弯曲。由于板在短边方向的曲率大于长边方向的曲率，而弯矩与曲率成正比，故短边方向的弯矩会大于长边方向的弯矩。另外双向板在荷载作用下除产生弯矩外，还产生扭矩。双向板的预应力筋沿平行于板边的两个方向布置，每一个方向的预应力筋按各自所承担的竖向荷载来配置。

荷载平衡法可用于周边支承双向板的设计，但双向在纵横两个方向均设置预应力筋，因此将得到双向等效平衡荷载。当双向等效荷载的代数和正好与给定的竖向荷载相等时，则板仅承受本身平面内的均匀压应力，不产生弯矩和扭矩，也无挠度产生。未被平衡的荷载在板中产生的弯矩和挠度，可按弹性板的理论分析或静力计算手册进行计算。四边支承的双向板的抗剪承载力一般不起控制作用，起控制作用的是板的抗弯承载力。计算这种板破坏时的极限荷载，可以用屈服线理论或弹性理论。

在双向平板的工程设计中，预应力筋采用单根均匀布置并不是最合适的，这是因为靠近支承边的预应力筋所能发挥的作用不如靠近跨度中央的预应力筋的作用来得大。因此，较为合理的方式是在中间板带多配预应力筋，靠近支座边的板带内少配一些。此外，设置预应力筋时，通常将沿短跨的预应力筋尽量靠近截面受拉边缘设置，沿长跨的预应力筋则设置在短跨筋的上面。计算偏心距时，若板较厚，可按平均偏心距计算；若板较薄，则须按两向的实际偏心距分别计算。

9.4 无梁双向平板结构设计

9.4.1 双向平板结构的受力性能

无梁双向平板是房屋建筑常用的结构形式之一。无粘结预应力的应用大大地改善了结构使用性能，可以有效控制板中的裂缝和挠度，截面高度减小，因此可以有效地降低结构总高度。

图 9-5 是典型的平板结构，因沿着柱轴线方向没有设置梁来支承板，因而柱轴线方向的板起到暗梁的作用。按板带的平面位置，平板板带可分为柱上板带和跨中板带两种。

当板上作用竖向荷载时，平板将在平行于轴线的两个方向承受弯矩作用，板面将变形成为双曲面。当在图 9-5 所示板的中心施加一竖向集中荷载时，它作用在长跨方向和短跨方向的同一中间板带上，荷载在长跨和短跨方向板带之间的分配取决于这一共同板带的长宽比及边界条件，也就是说取决于板的支承条件。每个方向的中间板带将荷载传到相应的柱上板带，柱上板带即相当于前面所述板的四周支承梁。

由长跨方向中间板带承受的部分荷载将传到短跨

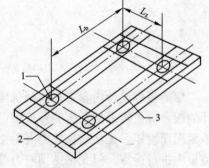

图 9-5 平板结构

1—支撑柱；2—跨中板带；3—柱上板带

方向的柱上板带上，加上直接由短跨方向的中间板带承受的荷载，即为作用到这一板格上的全部竖向荷载，反之亦然。因此，从静力平衡要求来看，每一个方向上的平板板带（包含柱上板带和跨中板带）均需独自承担全部竖向荷载作用。

如图 9-6 所示平板结构由 a、b、c、d 四柱支承，承受 $\omega \mathrm{kN/m^2}$ 的均布荷载。图 9-6(b) 为在 l_1 跨度方向的弯矩图，在这一方向，板带将被看成宽为 l_2 的扁梁，沿跨长 l_1 每单位长度上承受的线荷载为 $\omega l_2 \mathrm{kN/m}$。

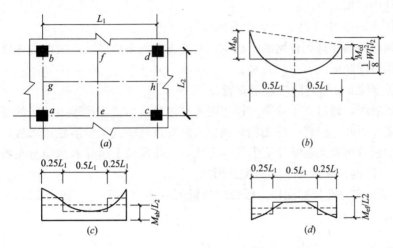

图 9-6 板带弯矩沿板带宽度的分布

基于静力平衡条件，竖向荷载下的连续梁板，任一跨两端支座弯矩的平均值加上跨中弯矩值应等于相应竖向荷载作用下该跨两端为简支时的跨中弯矩值，即

$$\frac{1}{2}(M_{ab}+M_{cd})+M_{ef}=\frac{1}{8}\omega l_2 l_1^2 \tag{9-6}$$

同样，在垂直于 l_1 的跨度方向上也应满足静力平衡条件，即

$$\frac{1}{2}(M_{ac}+M_{bd})+M_{gh}=\frac{1}{8}\omega l_1 l_2^2 \tag{9-7}$$

公式(9-6)和公式(9-7)中支座弯矩和跨中弯矩可根据弹性分析求得，数值的大小取决于荷载、连续板的刚度、板带与柱的连接刚度等因素。

公式(9-6)和公式(9-7)给出了一个总弯矩，但实际板带中各临界截面弯矩沿板带宽度的分布是非均匀的。图 9-6 (c) 和(d) 给出了沿 ab 线及沿 ef 线的弯矩分布，可见板带弯矩沿板带宽度方向是曲线分布的。为便于说明问题，假想用直线弯矩分布来代替柱上板带和跨中板带原来的曲线弯矩分布，这样，柱上板带和跨中板带的弯矩均假定为均匀分布。从图 9-6(c)和(d) 可见，沿板带宽度方向预应力筋的布置应是不均匀的，在柱上板带应密一些，在中间板带应疏一些。

预应力混凝土平板结构是超静定结构，预应力筋不仅在平板中产生次内力，在柱中也产生次内力。因此，在承载能力极限状态和正常使用极限状态设计中均应考虑次内力（其中主要是次弯矩）的影响。

荷载平衡法对设计预应力混凝土平板是非常有用的，它的基本思想是将预应力产生的均布向上的平衡荷载与恒载加部分活载相抵消，这样在恒载及这部分活载作用下，板将处于轴心受压状态，既没有向上的反拱也没有向下的挠度，而在恒载及全部活载作用下，只要考虑超过平衡荷载的那一部分荷载作用即可，其力学分析可采用等代框架法或有限元分析等方法进行。

9.4.2 无粘结预应力筋的布置

平板板带弯矩沿板带宽度不均匀分布，因此无粘结预应力筋在柱上板带及跨中板带的分布也不一样。随预应力筋布置方式的不同，平板的截面应力分布与受力性能也有所改变，结构设计中应加以考虑。

1. 规则柱网平板中无粘结预应力筋的布置

无粘结预应力筋在规则柱网的平板中，纵横方向均采用多波连续曲线布筋的方式，在均布荷载作用下配筋形式有下列几种：

（1）按划分柱上板带与跨中板带布置

试验结果表明，通过柱子或靠近柱边的无粘结预应力筋，比远离柱子的预应力筋分担的承载力要多。因此，应将一些无粘结预应力筋穿过柱子或至少沿柱边布置。采用划分柱上板带和跨中板带布置无粘结预应力筋的方式，正是反映了这样的弯矩分布特点。对长短边比不超过 1.33 的板有两种不同的配筋形式：

① 无粘结预应力筋分配在柱上板带的数量可占 60%～75%，其余 25%～40% 则分配在跨中板带上（图 9-7a）。

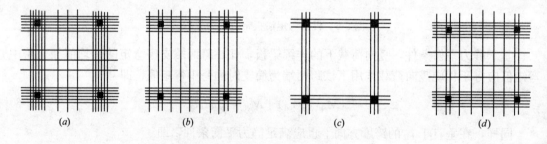

图 9-7　无粘结预应力筋的布置

(a)75% 布置在柱上板带，25% 布置在跨中板带；(b) 一向为带状集中布筋，另一向均匀布筋；
(c) 双向集中通过柱内布筋；(d) 一向按图布筋，另一向均匀布筋

② 将 50% 或更多的无粘结预应力筋直接穿过柱子布置，其余的预应力筋在柱间板带上均匀布置。以上两种布置方式的优点是与板中弯矩分布情况一致，但是需将预应力筋编结成网，施工编束铺设预应力筋较繁琐。

（2）一向集中布置，另一向均匀布置

对于这种布筋方案，可以产生具有双向预应力的单向板系统，平板中的带状预应力筋起到支承梁的作用。对集中布置的无粘结预应力筋，宜分布在各离柱边 $1.5h$ 的范围内；对均布方向的无粘结预应力筋，最大间距不得超过板厚度的 6 倍，且不宜大于 1.0m（图 9-7b）。

这种布筋方式避免了无粘结预应力筋的编束工序，在施工质量上易于保证无粘结预应力筋的有效矢高，同时这种布置方式也便于应用荷载平衡法估算预应力筋的数量，设计较为简便。以上两种布筋方式，每一方向穿过柱子的无粘结预应力筋的数量不得少于两根。

（3）在两个方向上均沿柱轴线上集中布置

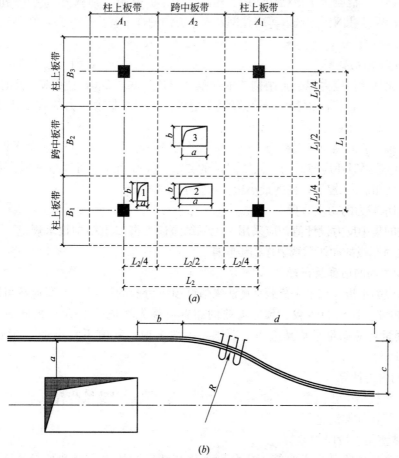

将两个方向上的无粘结预应力筋都集中布置在柱轴线附近，形成暗梁支承平板（图 9-7c)，此种配筋方式的优点是有利于提高平板节点的抗冲切承载能力，另外由于在平板内未配置无粘结预应力筋，方便开洞，洞边构造钢筋布置也较为方便。缺点是钢筋用量较大，板柱节点处钢筋的布置较困难。

（4）在一个方向按柱上板带集中布筋及跨中板带分散布筋，另一方向均匀分散布筋

这种布筋方式（图 9-7d)综合了图 9-7(a)及图 9-7(b)的优点，可在一个方向将 75％的无粘结预应力筋布置在柱上板带，25％布置在跨中板带，而另一方向的预应力筋均匀分散布置。

2. 楼板局部设置洞口

根据建筑使用功能改变要求，可以在楼板局部设洞口，但需要验算结构承载力及刚度。当未作专门分析而在板的不同部位设单个洞口时，所有洞边均应设置补强钢筋，设单个洞口的大小及洞口处无粘结预应力筋的布置应符合下列要求（图 9-8)：

图 9-8　板柱体系楼板开洞示意

(a)开单个洞大小要求；(b)洞口无粘结预应力筋布置要求

注：1. 洞口无粘结预应力筋布置宜满足：$a \geqslant 150\text{mm}$，$b \geqslant 300\text{mm}$，$R \geqslant 6.5\text{m}$；

2. 当 $c : d > 1 : 6$ 时，需配置 U 形筋。

（1）在两个方向的柱上板带公共区域内，所开洞 1 的长边尺寸 b 应满足：$b \leqslant b_c / 4$ 且 $b \leqslant h / 2$，其中，b_c 为相应于洞口长边方向的柱宽度，h 为板厚度。

（2）在一个方向的跨中板带和另一个方向的柱上板带公共区域内，洞 2 的边长应满足：$a \leqslant A_2/4$，$b \leqslant B_1/4$。

（3）在两个方向的跨中板带公共区域内，所开洞 3 的边长应满足：$a \leqslant A_2/4$，$b \leqslant B_2/4$。

（4）若在同一部位开多个洞时，则在同一截面上各个洞宽之和不应大于该部位单个洞的允许宽度；

（5）在板内被孔洞阻断的无粘结预应力筋分两侧绕过洞口铺设，其离洞口的距离不宜小于 150mm，水平偏移的曲率半径不宜小于 6.5m，洞口四周应配置构造钢筋加强；当楼盖因设楼、电梯间开洞较大，且在板边需截断无粘结预应力筋或截断密肋板的肋时，应沿洞口周边设置边梁或加强带，以补足被孔洞削弱的板或肋的承载力和截面刚度。

9.4.3 设计步骤

1. 柱网布置

无粘结预应力混凝土平板结构适用于柱网尺寸为 6～12m、活载 $\leqslant 5kN/m^2$ 和中等地震烈度区的双向柱网。柱网优先选取等跨柱网，一个方向的柱不宜少于 3 根，必要时须设置抗侧剪力墙。

2. 材料与截面选择

根据《无粘结预应力混凝土结构技术规范》JGJ/T 92—2004 的要求，板的混凝土强度等级不应低于 C30，柱的混凝土强度等级不应低于 C40。非预应力筋宜采用 HRB335 级、HRB400 级热轧带肋钢筋。

对于多跨连续的预应力混凝土平板，楼面平板跨高比可取 40～45，屋盖平板跨高比可取 45～50。板厚选择时还应考虑防火及防腐蚀的要求。柱截面尺寸可通过轴压比限值(与普通混凝土框架柱相似)来控制，柱的最小边长不宜小于 350mm。

3. 冲切承载力的初步验算

估算柱的集中反力设计值，应采用《无粘结预应力混凝土结构技术规范》JGJ/T 92—2004 中公式对平板的冲切承载力作初步验算。

4. 预应力筋的估算及布置

对于预应力平板，宜采用荷载平衡法来估算预应力筋的面积。平衡荷载可取板自重或板自重加 30%～70% 的活载。预应力筋的布置可优先选取图 9-7(b) 的布置方式。板中预应力筋用量还应满足平均预应力的要求，一般来说，其值不宜小于 1.0MPa，也不宜大于 3.5MPa。

5. 结构内力计算

预应力平板结构在恒载、竖向活载、预应力等效荷载以及风荷载和地震作用下结构内力计算可按等代框架法进行。

6. 正常使用阶段应力验算

对于正常使用阶段应力验算，应分别采用荷载短期效应组合和长期效应组合进行验算。若设置的预应力筋不能满足要求，则需调整预应力筋的面积，重新计算。

7. 正截面承载力验算

在进行正截面承载力验算时，应考虑次弯矩的影响。

8. 冲切承载力验算

节点冲切承载力计算时应考虑节点不平衡弯矩的影响进行验算。若不能满足设计要

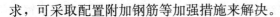

求，可采取配置附加钢筋等加强措施来解决。

9. 挠度验算

挠度计算应考虑预应力反拱的影响。

10. 施工阶段验算

施工阶段应对在施工荷载和预应力共同作用下的控制截面上、下边缘的法向应力进行验算，并进行局部承压设计计算。

9.4.4　构造措施

1. 非预应力筋

预应力混凝土平板通常采用无粘结预应力筋，并应在混凝土受拉区配置一定数量有粘结非预应力筋，以分散混凝土裂缝，改善结构延性，并可增加其抗弯承载力。预应力平板中非预应力筋最小截面面积及其分布应符合下列规定：

（1）在柱边的负弯矩区，每一方向上纵向普通钢筋的截面面积应符合下列规定：

$$A_s \geqslant 0.00075hl$$

式中　l——平行于计算纵向受力钢筋方向上板的跨度；

　　　h——板的厚度。

由上式确定的纵向钢筋，应分布在各离柱边 1.5h 的板宽范围内。每一方向至少应设置 4 根直径不小于 16mm 的钢筋。纵向钢筋间距不应大于 300mm，外伸出柱边长度至少为支座每一边净跨的 1/6。在承载力计算中考虑纵向钢筋的作用时，其外伸长度应按计算确定，并应符合《混凝土结构设计规范》GB 50010—2010 对锚固长度的规定。

（2）在正弯矩区每一方向上的非预应力筋的截面面积应符合下列规定：

$$A_s \geqslant 0.0025bh$$

在正常使用极限状态下受拉区不允许出现拉应力时，双向板每一方向上的非预应力筋的截面面积按下列公式计算：

$$A_s \geqslant 0.0001bh$$

且钢筋直径不应小于 8mm，间距不应大于 200mm。

非预应力筋应均匀分布在平板的受拉区内，并应尽可能靠近平板截面的受拉边缘布置。在平板截面承载力计算中应考虑非预应力筋的作用，此时非预应力筋的长度应符合有关规范对锚固长度的规定。

（3）在平板的边缘和拐角处，应设置暗圈梁或设置钢筋混凝土边梁。暗圈梁的纵向钢筋直径不应小于 12mm，且不应少于 4 根；箍筋直径不应小于 6mm，间距不应大于 150mm。

2. 平板节点

平板节点形式及构造应符合下列要求：

（1）无粘结预应力筋和按规定设置的非预应力纵向筋应正交穿过平板节点。每一方向穿过柱子的无粘结预应力筋不应少于 2 根。

（2）如需增强平板节点的冲切承载力，可采用以下方法：

① 平板节点附近平板局部加厚或加柱帽。

② 设置穿过柱截面布置于板内的暗梁，该暗梁由抗剪箍筋与纵向钢筋构成。此时暗梁上部钢筋不应少于暗梁宽度范围内柱上板带所需非预应力纵向筋，且直径不应小于 16mm，下部钢筋直径也不应小于 16mm。

③ 设置穿过柱截面的、互相垂直的型钢组合体，如工字钢，槽钢焊接而成的型钢剪力架等。

参考文献

［1］T. Y. Lin，NED H. Burns. Design of Prestressed Concrete Structures. Third Edition. John Wiley & Sons，New York，1981

［2］杜拱辰，陶学康. 部分预应力混凝土梁无粘结预应力筋极限应力的研究. 建筑结构学报，1985，6(6)

［3］Gongchen Du，Xuekang Tao. Ultimate Strength of Unbonded Tendons in Partially Prestressed Concrete Beams. PCI Journal，1985，30(6)：72-91

［4］吕志涛，孟少平. 现代预应力设计. 北京：中国建筑工业出版社，1998

［5］孙宝俊. 现代 PRC 结构设计. 南京：南京出版社，1995

［6］李国平，薛伟辰. 预应力混凝土结构设计原理. 北京：人民交通出版社，2000

［7］陶学康. 后张预应力混凝土设计手册. 北京：中国建筑工业出版社，1996

［8］冯大斌，栾贵臣. 后张预应力混凝土施工手册. 北京：中国建筑工业出版社，1999

［9］陶学康. 无粘结预应力混凝土设计与施工. 北京：地震出版社，1993

［10］薛伟辰. 现代预应力结构设计. 北京：中国建筑工业出版社，2003

［11］吕志涛. 现代预应力结构体系与设计方法. 江苏：江苏科学技术出版社，2010

［12］Post-tensioning Manual，Sixth Edition. By Post-tensioning Institute，U. S. A. 2006

［13］中华人民共和国国家标准. 混凝土结构设计规范 GB 50010—2010

［14］中华人民共和国国家标准. 预应力筋用锚具、夹具和连接器 GB/T 14370-2007

［15］中华人民共和国行业标准. 预应力筋用锚具、夹具和连接器应用技术规程 JGJ 85-2010

［16］中华人民共和国行业标准. 无粘结预应力混凝土结构技术规程 JGJ 92-2004

预应力混凝土空心楼盖设计

10.1 概述

现浇混凝土空心楼板是指按一定规则放置埋入式内模后，经现场浇筑混凝土而在楼板中形成空腔的楼板；由现浇混凝土空心楼板和支承梁（或暗梁）等水平构件形成的楼盖结构称为现浇混凝土空心楼盖。现浇预应力混凝土空心楼盖可以认为是依据建筑与结构等功能要求，由现浇混凝土空心楼盖配置预应力筋而形成的楼盖。国内已经有大量的现浇混凝土空心楼盖工程应用，当楼板跨度增加且荷载较大时，常采用预应力混凝土空心楼盖设计方案。

预应力混凝土空心楼盖与普通混凝土空心楼盖相比有许多不同之处，设计时更强调发挥空心楼盖结构与预应力技术二者有机结合的优越性，需要满足现行规范对空心楼盖和预应力混凝土结构的规定。

大部分预应力空心楼盖配筋采用无粘结预应力筋，主要原因是单根无粘结预应力筋的直径较小，便于施工和容易在楼板中形成设计曲线。当楼板的跨度超过 12~18m 时，随着楼板厚度的增加，可以考虑采用有粘结预应力配筋，特别是可以采用有粘结扁锚与扁波纹管预应力体系。

国内现浇混凝土空心楼盖的空心腔填充材料也得到了快速的发展，随着工程数量和应用范围的扩大，设计时已经不再仅限于管状空心材料，还有各种块状的空心材料可以选择，应用于不同受力形式的楼板中。空心腔填充材料正在向着专业化和多样化发展，新型的空心腔填充材料也不断涌现出来。

与同等跨度及同荷载条件下的预应力实心楼盖相比较，现浇预应力混凝土空心楼盖的自重可以减轻，但是板的厚度会增大，因此预应力筋的有效矢高也随之增加，这样能够更充分发挥出预应力配筋的综合优势。

大跨度预应力空心楼盖主要应用于跨度超过 9m 的现浇混凝土楼盖体系，目前常见的是用于混凝土框架-剪力墙结构体系中局部的大跨度楼板，如会议室、教室、报告厅等。预应力空心楼盖的常用跨度一般在 9~24m 范围，跨度超过 24m 以上的预应力空心楼盖在建筑功能有特殊要求时采用。

现浇预应力空心楼盖有较好的隔声和抗振动性能，能够满足一些特殊的使用功能。如北京电视中心裙楼工程，地上 9 层，主要使用功能是录音录像厅，楼板的跨度为 24m，设计中采用了现浇预应力空心楼盖,既满足了大跨度的要求,也有效地解决了楼层间隔声和抗振动的问题。

10. 2 结构分析

10.2.1 结构分析方法

楼盖结构可以分为周边支承楼盖和柱支承楼盖。周边支承楼盖包括刚性支承楼盖和柔性支承楼盖。柱支承即由柱作为楼板竖向支承,且支承间没有刚性梁或柔性梁的楼盖。

1. 周边支承楼盖的内力分析方法

(1) 根据楼板的长宽比将楼板分成单向和双向受力板;

(2) 根据周边支承与约束条件将楼板分成嵌固支承和简支支承;

(3) 楼板仅考虑竖向受力和变形。

周边刚性支承的内置填充体现浇混凝土空心楼板,可采用拟板法按计算;也可采用拟梁法计算。周边刚性支承的外露填充体现浇混凝土空心楼板宜采用拟梁法计算。

2. 柱支承、柔性支承及混合支承楼盖的内力分析方法

柱支承、柔性支承及混合支承现浇混凝土空心楼盖宜采用经验系数法计算竖向均布荷载下的内力;当不符合经验系数法的规定时,可采用等代框架法计算。承受地震及风荷载作用的柱支承、柔性支承及混合支承现浇混凝土空心楼,宜采用等代框架法计算。必须注意经验系数法不适用于预应力混凝土平板设计计算;等代框架法可以用于预应力混凝土空心楼盖设计计算。

3. 有限元分析方法

对结构复杂的空心楼盖深入分析计算,可采用有限元方法按照三维结构建模,采用弹性有限元理论计算结构在荷载作用下的效应并进行内力分析。计算时应注意计算模型与实际结构符合性,技术条件应符合相关规范或标准的要求,并对计算结构进行校核和判断后使用。

预应力的设计计算可以采用荷载平衡法,将预应力的作用用等效荷载来替代,将等效荷载作为外荷载,作用于楼盖结构上,其作用的方向由预应力设计曲线确定。

10.2.2 拟板法

拟板法可用于周边支撑现浇混凝土空心楼板结构内力分析,即将现浇混凝土空心楼板等效为等厚度的实心板计算内力和变形。两对边刚性支承的现浇混凝土空心楼板可按单向板计算;四边刚性支承现浇混凝土空心楼板的长边与短边长度之比不大于 2 时,应按双向板计算;当长边与短边长度之比大于 2,但小于 3 时,宜按双向板计算;长边与短边长度之比不小于 3 时,可按单向板计算。同时应符合规定:(1)现浇混凝土空心楼板肋间距宜小于 2 倍板厚;(2)内置填充体空心楼板双向刚度相同或相差较小时,可作为各向同性板计算,否则宜按正交各向异性板计算。

拟板法等效方法如下:

1. 当现浇混凝土空心板作为各向同性板计算时,其弹性模量按下式确定:

$$E = \frac{I}{I_0} E_c \tag{10-1}$$

式中 I——计算单元截面惯性矩，按 JGJ/T 268—2012 的规定计算；

I_0——计算单元等宽度的实心板截面惯性矩。

2. 当现浇混凝土空心楼板作为正交各向异性板时，其力学参数按以下方法确定：

x 向和 y 向弹性模量分别为：

$$E_x = \frac{I_x}{I_{0x}} E_c \tag{10-2}$$

$$E_y = \frac{I_y}{I_{0y}} E_c \tag{10-3}$$

x 向和 y 向泊松比按如下原则确定：

$$\max(\nu_x, \nu_y) = \nu_c \tag{10-4}$$

$$E_x \nu_y = E_y \nu_x \tag{10-5}$$

对于内置填充体现浇混凝土空心楼板，其剪变模量可按下式计算；对于外露填充体形成的现浇混凝土空心楼板，宜根据抗扭刚度确定剪变模量。

$$G_{xy} = \frac{\sqrt{E_x E_y}}{2(1+\sqrt{\nu_x \nu_y})} \tag{10-6}$$

式中 I_x、I_y——x 方向、y 方向计算单元截面惯性矩，按 JGJ/T 268—2012 的规定计算；

I_{0x}、I_{0y}——x 方向、y 方向与计算单元等宽度的实心板截面惯性矩；

E_x、ν_x——x 方向弹性模量和泊松比；

E_y、ν_y——y 方向弹性模量和泊松比；

ν_c——混凝土泊松比。

10.2.3 拟梁法

周边刚性支承的内置填充体或外露填充体现浇混凝土空心楼板宜采用拟梁法计算。拟梁法是忽略了拟梁之间剪切和扭转影响的简化计算方法。现浇混凝土空心楼板按拟梁法进行计算时，应符合下列规定：(1)所取拟梁宜在相邻的区格间连续；(2)每个区格板内拟梁的数量在各方向上均不宜少于 5 根；(3)计算中宜考虑空心板扭转刚度的影响；(4)拟梁法在计算现浇混凝土空心楼板的自重时应扣除两个方向拟梁交叉重叠而增加的重量。

拟梁的截面可按抗弯刚度相等、截面高度相等的原则确定，拟梁的宽度按下式计算：

$$b_b = \frac{I}{I_0} b_0 \tag{10-7}$$

式中 b_0——拟梁对应的空心板宽度，见图 10-1(a)；

b_b——拟梁宽度；

I——拟梁对应 b_0 宽度范围内截面惯性矩之和，可按 JGJ/T 268—2012 的规定计算；

I_0——拟梁对应宽度 b_0 范围内按等厚实心板计算的截面惯性矩。

拟梁的抗弯刚度可取拟梁所代表的楼板宽度范围内各部分的抗弯刚度之和。当内置填充体为箱体时，楼板空心区域两个方向的抗弯刚度可按实际截面计算。

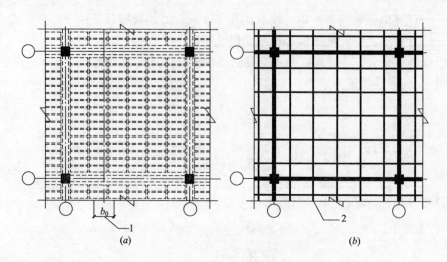

图 10-1 拟梁法示意图

(a)现浇混凝土空心楼盖示意图；(b)拟梁后楼盖示意图

1—拟梁对应的空心板宽度；2—拟梁尺寸为 $b_b \times h$

10.2.4 等代框架法

采用等代框架法可以计算承受地震及风荷载作用的柱支承、柔性支承及混合支承现浇混凝土空心楼盖。采用等代框架法计算内力时，应按楼盖的纵横两个方向分别进行，在计算中每个方向均应取全部竖向作用荷载。等代框架梁的计算宽度按以下规定确定：

1. 竖向荷载作用下，等代框架梁的计算宽度可取垂直于计算方向的两个相邻区格板中心线之间的距离，见图 10-2。

2. 水平荷载或地震作用下，等代框架梁的计算宽度宜取下列公式计算结果的较小值：

$$b = \frac{1}{2}(l_2 + b_{ce2})$$

$$b = \frac{3}{4}l_1 \qquad (10\text{-}8)$$

式中　b——等代框架梁的计算宽度；

l_1、l_2——计算方向及与之垂直方向柱支座中心线间距离；

b_{ce2}——垂直于计算方向的柱帽有效宽度。

3. 柱支承楼盖在竖向均布荷载作用下，按等代框架法进行计算时，负弯矩控制截面可按下述规定确定：

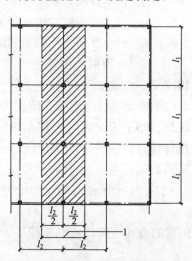

图 10-2 竖向荷载下等代框架梁计算宽度

1—等代框架梁计算宽度

（1）对内跨支座，弯矩控制截面可取柱（柱帽）侧面处，但与柱中心的距离不应大于 $0.175l_1$；

（2）对有柱帽或托板的边跨支座，弯矩控制截面距柱侧距离不应超过柱帽侧面与柱侧面距离的 1/2。

4. 等代框架可采用弯矩分配法或有限元法进行内力分析。

10.3　设计计算要求

10.3.1　一般要求

1. 现浇混凝土空心楼盖的跨高比可参考表 10-1 的规定。

空心楼盖适用的跨度及跨高比参考值　　　　　　　表 10-1

结构类别		适用跨度(m)	跨高比	备注
刚性支承楼盖	单向板	7～20	30～40	—
	双向板	7～25	35～45	取短向跨度
柔性支承楼盖	区格板	7～20	30～40	取长向跨度
柱支承楼盖	有柱帽	7～15	35～45	取长向跨度
	无柱帽	7～10	30～40	取长向跨度

注：1. 当耐火等级低于二级(含二级)、无开洞、静态均布荷载大于 70% 时，跨高比宜取上限；
　　2. 如遇荷载集中(单重大于 5kN 的集中活荷载)，开洞较大(大于 300mm)时，跨高比宜取下限；
　　3. 如属耐火等级为一级的重要建筑物，跨高比宜取下限；
　　4. 对预应力混凝土空心楼盖，可适当放宽跨度限值。

2. 现浇混凝土空心楼盖进行承载力计算和抗裂验算时，应取楼盖混凝土实际截面计算；正截面受弯承载力计算时，位于受压区的翼缘计算宽度应按《混凝土结构设计规范》GB 50010—2010 的有关规定取用；受压区高度不宜大于受压翼缘的厚度，当采用单向布置的填充体时，横向承载力计算的受压区高度不应大于受压翼缘的厚度。抗裂验算时，应考虑位于受拉区的翼缘。

3. 对于现浇预应力混凝土空心楼盖，除应进行承载能力极限状态验算和正常使用极限状态验算外，尚应根据具体情况对施工阶段进行验算。预应力作为荷载效应时：对于承载能力极限状态，当预应力效应对结构有利时，预应力分项系数应取 1.0，对结构不利时应取 1.2；对于正常使用极限状态，预应力分项系数应取 1.0。

4. 超静定现浇预应力混凝土空心楼盖在进行承载力计算和抗裂验算时，应考虑次内力影响，次内力参与组合的计算应符合《混凝土结构设计规范》GB 50010—2010 和《无粘结预应力混凝土结构技术规程》JGJ 92—2004 的有关规定。

10.3.2　承载能力极限状态计算

刚性支承现浇混凝土空心楼板按拟板法求得的空心板竖向荷载产生的弹性弯矩值，可按下列规定取控制计算值：

正弯矩：每个方向分别划分为板边区域和跨中区域三个配筋范围(图 10-3)，均按 1/4 板短跨尺寸分界；板边区域的弯矩控制值可取该方向计算最大正弯矩值的 1/2，中间区域的弯矩控制值可取该方向计算最大正弯矩值。负弯矩：均取相应方向负弯矩的最大值。

柱支承及柔性支承楼盖，柱上板带的承载力计算应考虑水平荷载效应与竖向荷载效应的组合，跨中板带可仅考虑竖向荷载作用效应的组合。刚性支承楼盖，板的承载力计算可仅考虑竖向荷载作用效应的组合。

空心楼盖的正截面受弯承载力应按《混凝土结构设计规范》GB 50010—2010 的有关

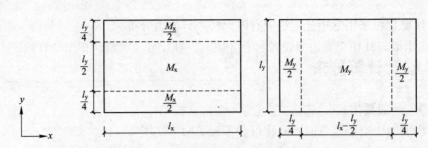

图 10-3　双向板弹性正弯矩取值示意

注：图中 $l_x \geqslant l_y$，M_x、M_y 分别为 l_x、l_y 跨度方向的计算最大正弯矩。

规定计算，并符合其相关的构造要求。

对内置填充体为填充管、填充棒且未配置抗剪钢筋的现浇混凝土空心楼盖，其计算单元宽度 $b = D + b_w$ 范围内的受剪承载力应符合下列规定（图 10-4）：

空心楼板沿管纵向受剪承载力按下式计算：

$$V \leqslant 0.7 f_t b_w h_0 + V_p \qquad (10-9)$$

空心楼板沿管横向受剪承载力应同时满足公式（10-10）和公式（10-11）：

$$V \leqslant 0.5 f_t b(h - D) + V_p \qquad (10-10)$$

$$V \leqslant 0.5 \beta f_t b_w b \qquad (10-11)$$

式中　β——沿管横向受剪承载力调整系数，$\beta = \dfrac{h + D}{2(D + b_w)}$；

V_p——计算方向宽度 $b = D + b_w$ 范围内由预应力所提高的计算截面受剪承载力设计值，按现行《混凝土结构设计规范》GB 50010—2010 有关规定确定；

V——计算宽度 $b = D + b_w$ 范围内剪力设计值；

h_0——楼盖截面有效高度；

h——板厚；

b_w——肋宽；

b——计算单元宽度，大小为 $D + b_w$。

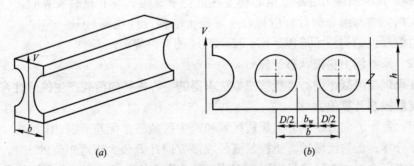

(a)　　　　　　　　　　　　　　(b)

图 10-4　沿管纵向和横向受剪

(a)沿管纵向受剪；(b)沿管横向受剪

柱支承楼盖，应在柱周围设置楼板实心区域，其尺寸和配筋应根据受冲切承载力计算确定，冲切承载力按《混凝土结构设计规范》GB 50010—2010 规定验算。

柔性支承楼盖，宜由支承梁抗剪承载能力或节点实心区域抗冲切承载能力承受全部冲切荷载。支承梁与柱相交周边应设置实心区域时，其尺寸及配筋应根据计算确定。

10.3.3 正常使用极限状态验算

现浇混凝土空心楼盖可按区格板进行挠度验算。在楼面竖向均布荷载作用下区格板的最大挠度计算值应按荷载效应标准组合并考虑荷载长期作用影响的刚度计算。预应力产生的变形可用等效荷载计算，所求得的最大挠度计算值不应超过表 10-2 规定的挠度限值。如果构件制作时预先起拱，且使用上允许，则最大挠度计算值可减去起拱值，预应力混凝土构件尚可考虑预应力所产生的反拱值，考虑预压应力长期作用的影响，按现行《混凝土结构设计规范》GB 50010—2010 规定计算。

楼盖挠度限值 　　　　　　　　　　　　　　　　　　　　表 10-2

跨度(m)	挠度限值
$l_0 < 7$	$l_0/200$（$l_0/250$）
$7 \leqslant l_0 \leqslant 9$	$l_0/250$（$l_0/300$）
$l_0 > 9$	（$l_0/300$）（$l_0/400$）

注：1. 表中 l_0 为楼盖的计算跨度；
　　2. 表中括号内数值用于使用上对挠度有较高要求的楼盖。

楼盖挠度可按下列规定计算：

（1）空心楼板的刚度应按《混凝土结构设计规范》GB 50010—2010 和《无粘结预应力混凝土结构技术规程》JGJ 92—2004 的有关规定计算，并应考虑楼板的空心效应；

（2）刚性支承楼盖，板刚度可取短跨方向跨中最大弯矩处的刚度；

（3）柱支承及柔性支承楼盖，板刚度可取两个方向中间板带跨中最大弯矩处的刚度平均值。

在楼面竖向荷载作用下，钢筋混凝土及有粘结预应力混凝土空心楼盖的裂缝控制应符合《混凝土结构设计规范》GB 50010—2010 的有关规定；无粘结预应力混凝土空心楼盖的裂缝宽度计算应符合《无粘结预应力混凝土结构技术规程》JGJ 92—2004 的有关规定。

对于大跨度现浇混凝土空心楼盖，宜进行竖向自振频率验算，其自振频率不宜小于表 10-3 的限值。

楼盖竖向自振频率的限值（Hz） 　　　　　　　　　　　　表 10-3

房屋类型	自振频率限值
住宅、公寓	5
办公、旅馆	4
大跨度公共建筑	3

10.4 构造设计

预应力混凝土空心楼盖设计，需要选择内模填充体空心材料，内模空心材料的性能应符合：①自重轻；②强度高，施工时不易破损，不易变形；③吸水率较小且不积水等。

按照材料的不同分类：主要有薄壁水泥管材料、聚苯块材料、金属波纹管及混凝土装配箱产品等。按照形状的不同分类：有条状（管、筒和棒形等）和块状（圆形、方形和箱体等），条状材料的断面形状可以是多种多样的，一般常见的有矩形、多边形、圆形和椭圆形，断面尺寸可以根据设计需要调整；块状材料大多数是矩形，也有圆柱形和其他形状。

1. 一般规定

（1）现浇混凝土空心楼板的厚度不宜小于180mm。体积空心率不宜小于20%，也不宜大于65%。

（2）内置填充体形成的现浇混凝土空心楼板，其上、下翼缘的厚度宜为板厚的1/8～1/4，同时宜满足最小厚度不小于50mm，见图10-5；外露填充体预制底板不受此限制。

（3）现浇混凝土空心楼盖应沿受力方向设肋，肋宽宜为填充体高度的1/8～1/3，且当填充体为管、棒时，不应小于50mm；当填充体为箱体时，不宜小于70mm；当肋中放置预应力筋时，肋宽不应小于80mm。

（4）现浇混凝土空心楼板边部填充体与竖向支承构件间应设置实心区，实心区宽度应满足板的剪切承载力要求，从支承边起不宜小于0.20h，且不应小于50mm（图10-6）。

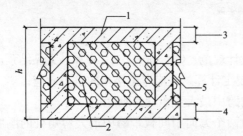
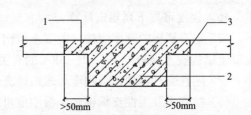

图10-5　上、下翼缘厚度及肋宽示意图

1—现浇混凝土；2—填充体；

3—上翼缘厚度；4—下翼缘厚度；5—肋宽

图10-6　混凝土实心区范围示意图

1—混凝土实心区；2—支承构件；

3—填充体起始处

（5）现浇预应力混凝土空心楼盖填充体为填充板时，预应力筋宜布置在主肋内，主肋宽不宜小于100mm，次肋宽度不宜小于50mm（图10-7）。

（6）当采用填充体为管状时，顺管方向宜设肋，肋间距不宜大于1.2m，肋宽不宜小于100mm。

（7）受力钢筋与填充体的净距不得小于10mm，填充体为内置填充体时，楼板中非预应力受力钢筋宜均匀布置，其间距不宜大于250mm。跨中的板底钢筋应全部伸入支座，支座的板面钢筋向板内延伸的长度应覆盖负弯矩图并满足锚固长度的要求，负弯矩受力钢筋应锚入边梁内，其锚固长度 l_a 应满足相关规范要求。对无边梁的楼盖，边支座锚固长度从柱中心线算起。

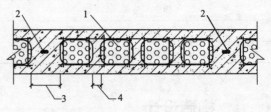

图10-7　填充板空心楼板构造

1—填充板；2—预应力筋；3—主肋肋宽；4—次肋肋宽

（8）空心楼盖的受力钢筋最小配筋

率、温度收缩钢筋的配筋率应符合现行国家标准《混凝土结构设计规范》GB 50010—2010 的有关规定，配筋率按楼板截面的实际截面计算。单向布管状填充体的空心板，其横向最低配筋率按同宽度顺向实际截面计算；当为预应力混凝土空心板时，非预应力筋的最低配筋率在两个方向都应满足：

$$A_S/A_0 \geqslant 0.0025 \tag{10-12}$$

式中 A_S——非预应力筋的面积；

　　　 A_0——相同外形的实心平板相应横截面面积（即扣除空心状填充体面积后，混凝土实心横截面面积）。

注：① 柱上板带和暗梁的截面最低配筋率取 0.003；

　　② 当有系统的或专门的结构试验依据时，可按试验结果确定。

（9）当现浇混凝土空心楼板为内置填充体，纵、横向的受力钢筋间距大于 150mm 时，角部宜配置附加的构造钢筋，构造钢筋应符合下列规定：楼盖角部板顶、板底均应配置构造钢筋，配筋的范围从支座中心算起，两个方向的延伸长度均不小于所在角区格板短边跨度的 1/4，构造钢筋的直径不小于 8mm，间距为 200mm，配筋方式宜沿两个方向垂直布置、放射状布置或斜向平行布置。

（10）当空心楼盖需要设置洞口时，如洞口尺寸不大于 300mm 或不大于板厚时，可以将填充体在洞口处取消，钢筋绕过洞口（图 10-8a）。如洞口尺寸大于 300mm 并大于板厚时，洞口周边应布置不小于 100mm 宽的实心板带，且应在洞边布置加强钢筋，每方向的加强钢筋面积不应小于该方向被切断钢筋的面积；当洞口切断肋时，应在孔的周边设暗梁，暗梁宽度不小于 150mm，每个方向暗梁主筋面积不小于该方向被切断钢筋的面积，暗梁纵筋且不小于 2 根φ12，暗梁箍筋直径不小于 8mm（图 10-8b、c 和 d）；圆形洞口应沿洞边上、下各配置一根直径8～12mm 环形钢筋及φ6@200～300 放射形钢筋。设置洞口较大或荷载较大的楼盖结构必须进行设计计算。

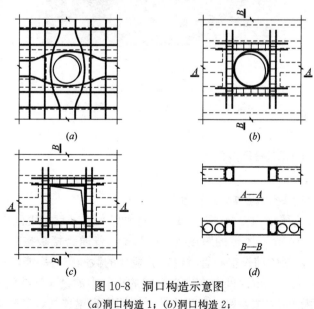

图 10-8　洞口构造示意图

(a)洞口构造 1；(b)洞口构造 2；

(c)洞口构造 3；(d)洞口构造 2 和 3 剖面图

2. 空心材料填充体的布置

通常条状空心材料填充体，包括两种布置方式：通长不间断地形成通孔式空心板（图 10-9a），按设计分段布置（图 10-9b）的可用于单向板或双向板。块状空心材料箱体可用于双向板楼盖（图 10-9c）。现浇预应力混凝土空心楼盖的结构布置应受力明确、传力合理，并符合以下原则：（1）现浇混凝土空心楼板为单向板时，其填充体长向应沿板受力方向布置。（2）现浇混凝土空心楼板为双向板时，填充体宜为对称形状，并按双向对称布置；当填充体为管、棒等不对称形状时，其长向宜沿受力较大的方向布置。（3）直接承受较大集中静力荷载的楼板区域，不宜布置填充体；直接承受较大集中动力荷载的楼板区格，不应采用空心楼板。

图 10-9 不同空心材料填充体的预应力空心楼盖
(a)金属波纹管；(b)薄壁水泥管；(c)聚苯填充块

10.5 空心楼盖应用形式

1. 高层建筑结构大跨预应力空心楼盖

内核心筒外框架高层结构楼板（图 10-10），这种结构在 8 度抗震区通常可做到 20 层左右，高度一般不超过 100m，楼板的跨度为 9~14m，普通跨楼板按单向板计算。板厚在 240~350mm 之间。在板中铺设空心管材料，一般板的截面空心率能够达到 35%~40%左右，折算板厚在 160~250mm 之间，在空心管间的小肋中铺设无粘结预应力筋，外框架柱与内核心筒之间采用预应力宽扁梁或暗梁连接。采用宽扁梁连接，其作用介于框架梁与板之间，能够起到一定的传递水平地震力的作用，宽扁梁的高度通常为 400 mm 左右，或者比板厚多出 50～100mm，宽扁梁的宽度在 1200 mm 左右，或者比柱宽每侧多出 200mm，宽扁梁的普通钢筋采用直径 $\phi18\sim20$mm 的 HRB335 级钢筋；采用暗梁连接，通常是在外框架柱与内核心筒之间，将柱子宽度范围内的楼板设计为实心板，且在暗梁中设置较大直径普通钢筋和多根预应力筋。

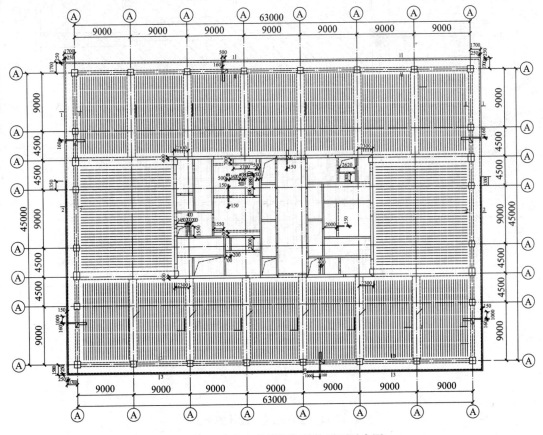

图 10-10 内核心筒外框架结构平面示意图

板中通常采用无粘结预应力筋，暗梁和扁梁有时也采用有粘结预应力扁波纹管扁锚体系。预应力主要起到提高板的刚度、控制板的变形和裂缝的作用，预应力配筋通常按照二级抗裂控制。

角板处的处理方法是这种结构设计的关键之一，角板可根据受约束条件的不同而设计成单向板或双向板。常见的有下面几种形式，(1)可以在内核心筒与外框架柱之间布置两道梁或扁梁，形成双向受力角板(图 10-11)；(2)可以在内核心筒与外框架柱之间布置一道梁或者扁梁，形成连通的单向受力板(图 10-12)。

角板处如能够设置两根框架梁，就可以形成双向角板。如设置一根框架梁，使整个楼层的一侧形成通长的单向空心板，这样设计也便于使用。但在实际工程中，经常由于受楼层内层高和设备管线走向的限制，不能采用框架梁。而是在四个角板处，采用预应力扁梁与外框架柱连接。由于扁梁的高度不够，其抗弯刚度与外框架梁的刚度不匹配，因此扁梁常做成宽扁梁形式，且梁宽要尽量做得宽些，配置足够的预应力筋，使得扁梁的刚度与外

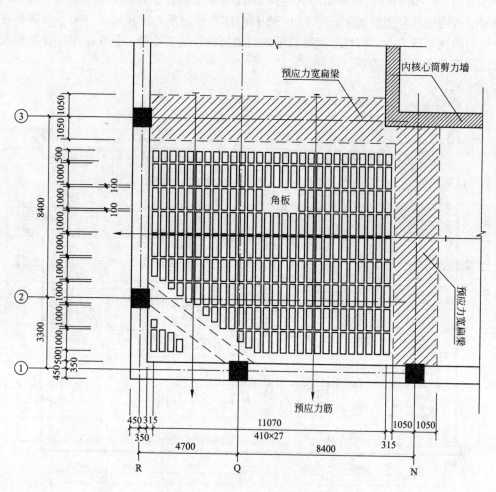

图 10-11　按双向受力设计的角板

框架梁的刚度尽可能接近，在角板处形成双向受力板。

内核心筒外框架高层结构采用预应力空心板结构形式，不但可以使楼板的刚度增大，增加楼层净高，而且由于预应力空心板的折算板厚要低于预应力实心板，还可以降低楼层自重，更有利于整体抗震计算，使得整体结构的受力性能达到最优，并且能够降低综合造价。

2. 超大跨度现浇预应力空心楼盖

大跨度预应力现浇空心板，有单跨和连续跨形式，主要是用于教室、会议室等大跨度部位，一般常见于框架-剪力墙结构，采用大跨度预应力现浇空心板，可以形成大平板，增加室内的净空并取消吊顶。通常这种楼板的跨度在 15～24m 之间，板厚在 500～800mm 之间。随着板厚的增加，通常板的空心率也增加，当板的厚度超过 500mm 时，板的空心率会超过 40%。预应力筋通常布置在板的肋梁和实心板带中。大跨度预应力现浇空心板一般采用无粘结预应力筋，当板的跨度超过 20m，板的厚度超过 500mm 时，可以考虑采用有粘结预应力筋(图 10-13)。

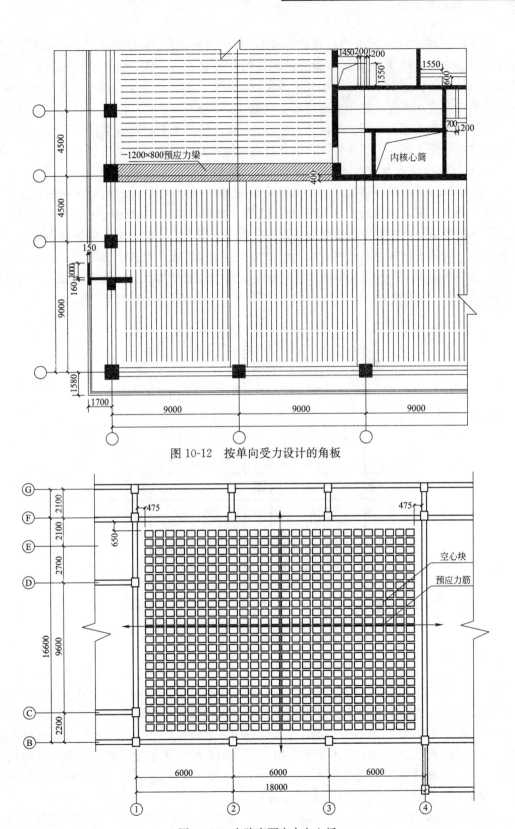

图 10-12　按单向受力设计的角板

图 10-13　大跨度预应力空心板

对于跨度超过 20m 的大跨度预应力空心板，一般为双向受力构件，由于板的厚度超过 500mm，板的刚度较大，这时对板的约束构件也要充分考虑，首先是边梁的设计，要考虑到其能够发挥边支承作用，因此要有足够的刚度；其次是柱子，柱子的刚度要和预应力空心板的刚度相匹配，避免出现强板弱柱设计。

对于双向受力板，当板的厚度超过 400mm 时，板的填充材料宜采用空心块而不是空心管，这样既便于预应力筋布置，也能够提高板的空心率并降低板的自重。

3. 板柱结构预应力空心楼盖

板柱结构预应力空心楼盖，结构体系常采用板柱-剪力墙结构，用于地下车库或地上两三层的商业建筑，楼盖跨度在 12～14m 之间，板厚在 300～400mm 之间。为满足抗震受力和构造要求，空心管或空心块通常设置在跨中板带上，一般大跨度的预应力板柱结构在柱上板带内部不设置空心材料，柱上板带为预应力实心板。在跨中板带的空心板中可以设置预应力筋。预应力筋主要集中布置在柱上板带中，通常为无粘结预应力筋。采用这种结构形式，由于在跨中板带中有空心材料，因此可以明显降低板的自重(图 10-14)。

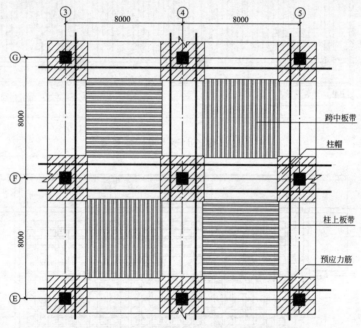

图 10-14　预应力空心板柱结构

8 度抗震设防地区，对于板柱结构的要求比较严格，预应力空心板柱结构设计的计算和构造，必须遵循《预应力混凝土结构抗震设计规程》JGJ 140—2004 中关于预应力混凝土板柱结构的规定。(1)板柱剪力墙结构体系中，板柱部分承担的水平地震作用应不超过总水平地震作用的 50%；(2)按照等代框架计算时，地震作用产生的内力应组合到柱上板带上；(3)连续跨支座处传递的不平衡弯矩，应控制在柱上板带柱帽宽度范围内的板截面承担；(4)柱上板带预应力筋与普通钢筋的强度比 λ 要满足 λ≤0.75；(5)板柱节点的冲切计算，应考虑由板柱节点冲切破坏面上的剪力传递一部分不平衡弯矩。

现浇预应力混凝土空心楼盖大规模的应用，证明这种楼盖结构形式具有使用功能好、技术经济效益显著等优势，同时符合节约资源、降低能耗的可持续发展方向。

参考文献

［1］杜拱辰. 现代预应力混凝土结构. 北京：中国建筑工业出版社，1988

［2］陶学康. 后张预应力混凝土设计手册. 北京：中国建筑工业出版社，1996

［3］薛伟辰. 现代预应力结构设计. 北京：中国建筑工业出版社，2003

［4］邱则有. 现浇混凝土空心楼盖. 北京：中国建筑工业出版社，2007

［5］仝为民. 现浇预应力空心楼盖的工程应用. 施工技术，2001.3

［6］仝为民. 现浇预应力空心板结构的应用. 建筑技术开发，2003.6

［7］仝为民. 预应力现浇空心板在框架—核心筒结构高层建筑中的应用. 建筑技术开发，2005.12

［8］杨学中. 东花市三期 A 区工程现浇预应力空心楼盖的设计与施工. 建筑技术开发，2008 年增刊

［9］徐有邻，冯大斌. 推广现浇空心楼盖发展节约型混凝土结构. 全国现浇混凝土空心楼盖结构技术交流会论文集. 中国工程建设标准化协会混凝土结构专业委员会，上海，2005.7

［10］仝为民. 北京市建筑工程研究院大跨度现浇预应力空心楼盖体系的应用情况介绍. 全国现浇混凝土空心楼盖结构技术交流会论文集. 中国工程建设标准化协会混凝土结构专业委员会，上海，2005.7

［11］中华人民共和国国家标准. 混凝土结构设计规范 GB 50010—2010

［12］中国工程建设标准化协会标准. 现浇混凝土空心楼盖结构技术规程 CECS 175：2004

［13］中华人民共和国行业标准. 预应力混凝土结构抗震设计规范 JGJ 1410—2004

［14］中华人民共和国行业标准. 装配箱混凝土空心楼盖结构技术规程 JGJ/T 207—2010

［15］中华人民共和国行业标准. 无粘结预应力混凝土结构技术规程 JGJ 92—2004

［16］中华人民共和国行业标准. 预应力筋用锚具、夹具和连接器应用技术规程 JGJ 85—2010

［17］国家建筑标准设计图集. 后张预应力混凝土结构施工图表示方法及构造详图 06SG429. 中国建筑标准设计研究院，2006

［18］国家建筑标准设计图集. 现浇混凝土空心楼盖 05SG343. 中国建筑标准设计研究院，2005

［19］中华人民共和国行业标准. 现浇混凝土空心楼盖技术规程 JGJ/T 268—2012

预应力结构抗震设计

11.1 一般规定

11.1.1 抗震设计概念

1. 设防水准和二阶段设计

抗震设防的水准有三个：以比基本烈度约低1.5度的多遇地震(小震)的烈度作为设防目标的为第一水准；以基本烈度(中震)作为设防目标的为第二水准(中震)；以比基本烈度高1度左右的罕遇地震(大震)的烈度作为设防目标的为第三水准(强震)。并采用二阶段设计实现上述三个水准的设防目标。

构件承载力和结构弹性变形验算为第一阶段设计。取第一水准的地震动参数计算结构的弹性地震作用标准值和相应的地震作用效应。这样既满足了"小震不坏"的承载力可靠度和正常使用的要求，又达到了"中震可修"的目标。

弹塑性变形验算为第二阶段设计。对特殊建筑或易倒塌及有明显薄弱层的不规则结构，在第一阶段设计的基础上，还要进行结构薄弱部位弹塑性层间变形验算并采取相应的抗震构造措施来实现第三水准的设防要求，以满足"大震不倒"的要求。

2. 概念设计

由于地震作用的不确定性和复杂性，结构计算模型与实际受力情况存在差异，而且目前的试验研究水平和计算手段尚难以确切模拟地震作用，因此抗震设计在很大程度上只能是一种近似的估算。概念设计是从宏观上对建筑结构的规划、平立面布置、选型、结构体系、材料及构造措施等内容所作出的原则性规定。

在抗震设计中概念设计十分重要，通过概念设计更好地体现结构抗震的设计思想，从根本上解决结构抗震的总体方案和设计原则。概念设计属于比较定性的范畴，其基本原则可体现在以下几个方面：

(1) 遵循小震不坏、中震可修、大震不倒的设计原则；

(2) 选择有利场地，避免软弱地基及可能发生滑坡、崩塌等危险的地基，保证建筑物的稳定性；

(3) 合理布置建筑的平面及立面，使其体型规则、对称、均衡并适当设置防震缝；

(4) 采用经济合理的抗震结构体系，使地震作用传递简捷合理；各部分间有可靠的连接及整体性；局部破坏不致引起连续倒塌；

（5）选用合适的建筑材料，保证结构应有的变形能力和延性破坏状态；

（6）处理好非结构构件的连接关系，防止发生附加灾害，如女儿墙倒塌，装饰物坠落等；

（7）采用隔震和消能减震措施，延长结构的自振周期，增加结构运动的阻尼以减小地震作用所引起的效应。

3. 预应力混凝土结构抗震性能

鉴于施加预应力后，预应力混凝土构件与结构的刚度和抗裂度提高，延性降低，且预应力混凝土结构的阻尼较小，耗能能力差，在地震作用下位移反应较大，对抗震不利。因此存在预应力混凝土结构不宜用于地震区的观点，在国外某些技术规范也有使用限制要求等。20 世纪 60 年代以来，经过大量的震害调查研究表明，预应力混凝土结构的地震破坏并不比普通钢筋混凝土结构严重，而且预应力混凝土结构的破坏并不是预应力引起的。预应力混凝土结构的震害大多是由于支撑结构倒塌、结构连接或节点破坏等造成的。大量预应力混凝土结构的实际抗震性能表现优越，证明了只要设计合理、结构连接与节点构造措施适当并能有效抵抗地震作用，可以应用于地震区域。

11.1.2 水平地震作用

以预应力混凝土框架结构、板柱-框架结构作为主要抗侧力体系的建筑结构，预应力混凝土结构自身的阻尼比应取 0.03；在框架-剪力墙结构、框架-核心筒结构及板柱-剪力墙结构中，当仅采用预应力混凝土梁或板时，阻尼比应取 0.05。并可按钢筋混凝土结构部分和预应力混凝土结构部分在整个结构总变形能所占的比例折算为等效阻尼比。

地震影响系数曲线（图 11-1）的阻尼调整系数按 1.18 采用，形状参数应符合下列要求：

（1）直线上升段，周期小于 0.1s 的区段。

（2）水平段，自 0.1s 至特征周期区段，应取 $1.18\alpha_{\max}$。

（3）曲线下降段，自特征周期至 5 倍特征周期区段，衰减指数应取 0.93。

（4）直线下降段，自 5 倍特征周期至 6s 区段，地震影响系数 α 应按下式计算：

$$\alpha = [0.264 - 0.0225(T - 5T_g)]\alpha_{\max} \tag{11-1}$$

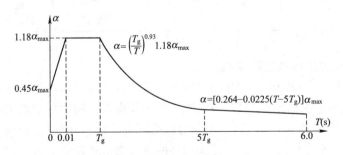

图 11-1 地震影响系数曲线

α—地震影响系数；$\alpha_{\max}$—地震影响系数最大值；

T_g—特征周期；T—结构自振周期

当在框架-剪力墙结构、框架-核心筒结构及板柱-剪力墙结构中，采用预应力混凝土梁或板时，仍应按现行国家标准《建筑抗震设计规范》GB 50011—2010 取阻尼比为 0.05 的地震影响系数曲线，确定水平地震作用。

建筑结构的地震影响系数应根据烈度、场地类别、设计地震分组和结构自振周期以及阻尼比确定。其水平地震影响系数最大值按表 11-1 采用；特征周期应根据场地类别和设计地震分组按表 11-2 采用，计算罕遇地震作用时，特征周期应增加 0.05s。

水平地震影响系数最大值 α_{max} 表 11-1

地震影响	6 度	7 度	8 度	9 度
多遇地震	0.04	0.08(0.12)	0.16(0.24)	0.32
罕遇地震	0.28	0.50(0.72)	0.90(1.20)	1.40

注：括号中数值分别用于设计基本地震加速度为 0.15g 和 0.30g 的地区。

特征周期值(s) 表 11-2

设计地震分组	场地类别				
	I_0	I_1	II	III	IV
第一组	0.20	0.25	0.35	0.45	0.65
第二组	0.25	0.30	0.40	0.55	0.75
第三组	0.30	0.35	0.45	0.65	0.90

周期大于 6.0s 的建筑结构所采用的地震影响系数应专门研究；已编制抗震设防区划的城市，应允许按批准的设计地震动参数采用相应的地震影响系数。

11.1.3 竖向地震作用

8 度时跨度大于 24m 的屋架、长悬臂和其他大跨度预应力混凝土结构的竖向地震作用标准值，宜取其重力荷载代表值和竖向地震作用系数的乘积。竖向地震作用系数可按表 11-3 采用。

竖向地震作用系数 表 11-3

结构类别	烈度	场地类别		
		I	II	III、IV
预应力混凝土屋架、长悬臂及其他大跨度预应力混凝土结构	8	0.10 (0.15)	0.13 (0.19)	0.13 (0.19)

注：括号内数值用于设计基本地震加速度为 0.30g 的地区。

11.1.4 承载力抗震调整系数 γ_{RE}

预应力混凝土结构构件在地震作用效应和其他荷载效应的基本组合下，进行截面抗震验算时，应加入预应力作用效应项。当预应力作用效应对结构构件承载力不利时，预应力分项系数应取 1.2，一般情况取 1.0。承载力抗震调整系数 γ_{RE} 应按表 11-4 取用。当仅计算竖向地震作用时，各类预应力混凝土结构构件的承载力抗震调整系数 γ_{RE} 均宜采用 1.0。

承载力抗震调整系数 表 11-4

结构构件	受力状态	γ_{RE}
梁	受弯	0.75
轴压比小于 0.15 的柱	偏压	0.75
轴压比不小于 0.15 的柱	偏压	0.80

续表

结构构件	受力状态	γ_{RE}
框架节点	受剪	0.85
各类构件	受剪、偏拉	0.85
局部受压部位	局部受压	1.00

11.1.5 适用的建筑最大高度

预应力混凝土结构抗震设计时，房屋适用的最大高度不应超过表 11-5 所规定的限值。对平面和竖向均不规则的结构或建造于Ⅳ类场地的结构或跨度较大的结构，适用的最大高度应适当降低。

预应力混凝土结构房屋适用的最大高度(m)　　　　　　　表 11-5

结构类型	地震烈度		
	6	7	8
框架	60	55	45
框架-抗震墙	130	120	100
部分框支抗震墙	120	100	80
框架-核心筒	150	130	100
板柱-抗震墙	40	35	30
板柱-框架结构	22	18	

注：1. 房屋高度指室外地面到主要屋面板板顶的高度(不考虑局部突出屋顶部分)；
　　2. 框架-核心筒结构指周边稀柱框架与核心筒组成的结构；
　　3. 部分框支剪力墙结构指首层或底部两层框支剪力墙结构；
　　4. 板柱-框架结构指由预应力板柱结构与框架组成的结构；
　　5. 乙类建筑可按本地区抗震设防烈度确定适用的最大高度；
　　6. 超过表内高度的房屋，应进行专门研究和论证，采取有效的加强措施。

11.1.6 抗震等级划分

预应力混凝土结构构件的抗震设计，应根据设防烈度、结构类型和房屋高度采用不同的抗震等级，并应符合相应的计算和构造措施要求。丙类建筑的抗震等级应按本地区的设防烈度由表 11-6 确定。抗震设防类别为甲、乙、丁类的建筑，应按现行国家标准《建筑抗震设计规范》GB 50011—2010 的规定调整设防烈度后，再按表 11-6 确定抗震等级。

预应力混凝土结构的抗震等级　　　　　　　表 11-6

结构类型		设防烈度					
		6		7		8	
框架结构	高度(m)	≤30	>30	≤30	>30	≤30	>30
	框架	四	三	三	二	二	一
	剧场、体育馆等大跨度公共建筑中的框架、门架	三		二		一	
	高度(m)	≤60	>60	≤60	>60	≤60	>60
	框架-抗震墙的框架	四	三	三	二	二	一

续表

结构类型		设防烈度					
		6		7		8	
高度(m)		≤80	>80	≤80	>80	≤80	>80
框支层框架		二	二	二	一	一	
框架-核心筒的框架		三		二		一	
板柱-剪力墙结构	板柱的柱及周边框架	三		二		一	

注：1. 接近或等于高度分界时，应结合房屋不规则程度及场地、地基条件确定抗震等级；
2. 剪力墙等非预应力构件的抗震等级应按钢筋混凝土结构的规定执行。

11.1.7 《混凝土结构设计规范》GB 50010—2010预应力构件抗震设计规定

抗震性能研究以及震害调查表明，通过概念设计，预应力混凝土结构采用预应力筋和普通钢筋混合配筋的方式、构件设计为部分预应力混凝土结构，采取保证延性的措施，构造合理，仍可获得较好的抗震性能。考虑到9度设防烈度地区地震反应强烈，预应力混凝土结构应慎重使用。当9度设防烈度地区需要采用预应力混凝土结构时，应专门进行试验或分析研究，采取保证结构具有必要延性的有效措施。

预应力混凝土结构构件的地震作用效应和其他荷载效应的基本组合主要按照现行国家标准《建筑抗震设计规范》GB 50011—2010的有关规定确定，并加入了预应力作用效应项。本节列出《混凝土结构设计规范》GB 50010—2010中预应力构件抗震设计的部分规定，其他规定内容见本章。

(1) 预应力混凝土结构可用于抗震设防烈度6度、7度、8度区，当9度区需采用预应力混凝土结构时，应有充分依据，并采取可靠措施。无粘结预应力混凝土结构的抗震设计，应符合专门规定。

(2) 抗震设计时，后张预应力框架、门架、转换层的转换大梁，宜采用有粘结预应力筋；承重结构的预应力受拉杆件和抗震等级为一级的预应力框架，应采用有粘结预应力筋。

(3) 在预应力混凝土框架梁中，应采用预应力筋和普通钢筋混合配筋的方式，梁端截面配筋宜符合下列要求：

$$A_s \geqslant \frac{1}{3}\left(\frac{f_{py}h_p}{f_y h_s}\right)A_p \tag{11-2}$$

对二、三级抗震等级的框架-剪力墙、框架-核心筒结构中的后张有粘结预应力混凝土框架，公式(11-2)右端项系数1/3可改为1/4。

(4) 预应力混凝土框架柱的箍筋宜全高加密。大跨度框架边柱可采用在截面受拉较大的一侧配置预应力筋和普通钢筋的混合配筋，另一侧仅配置普通钢筋的非对称配筋方式。

11.2 预应力框架结构

国内外大量的研究成果表明，预应力混凝土框架结构的抗震能力、恢复力特性和延性与普通钢筋混凝土框架结构并无显著差异。原因在于某一构件的抗震性能并不能代表框架整体结构的抗震能力;采用混合配筋的部分预应力混凝土结构和现代抗震设计理论与实践的日趋成熟;穿过框架梁柱节点的预应力筋是节点区混凝土处于双向受压状态,有助于保证核心区的受剪承载力与刚度。预应力混凝土框架结构可以设计为具有良好变形能力和消耗地震能量的延性框架,组成构件应避免剪切先于弯曲破坏、节点不应先于所连接构件破坏、预应力筋的锚固粘结不应先于构件破坏。

11.2.1 框架梁

1. 预应力混凝土框架梁的截面尺寸,宜符合下列要求:

(1) 截面的宽度不宜小于 250mm;

(2) 截面的高宽比不宜大于 4;

(3) 梁高宜在梁计算跨度(1/12～1/22)范围内选取,净跨与截面高度之比不宜小于 4。

2. 预应力混凝土框架梁端,考虑纵向受压钢筋的截面受压区高度应符合下列要求:

一级抗震等级

$$x \leqslant 0.25h_0 \tag{11-3}$$

二、三级抗震等级

$$x \leqslant 0.35h_0 \tag{11-4}$$

且受拉纵向钢筋按普通钢筋抗拉强度设计值换算的配筋率不宜大于 2.5%。试验研究表明,为保证预应力混凝土框架梁的延性要求,应对梁的混凝土截面相对受压区高度作一定的限制。当允许配置受压钢筋平衡部分纵向受拉钢筋以减小混凝土受压区高度时,考虑到截面受拉区配筋过多会引起梁端截面中较大的剪力,以及钢筋密集、施工不便的原因,故对纵向受拉钢筋的配筋率作出不宜大于 0.025 的限制。

3. 在预应力混凝土框架梁中,应采用预应力筋和非预应力筋混合配筋的方式,框架结构梁端截面计算的预应力强度比 λ 不宜大于 0.60(一级抗震等级)或 0.75(二、三级抗震等级)。对框架-抗震墙或框架-核心筒结构中的后张有粘结预应力混凝土框架,其 λ 限值对一级抗震等级和二、三级抗震等级可分别增大 0.1 和 0.05。

$$\lambda = \frac{f_{py}A_p h_p}{f_{py}A_p h_p + f_y A_s h_s} \tag{11-5}$$

式中　A_p、A_s——分别为受拉区预应力筋、非预应力筋截面面积;

　　　　h_p——纵向受拉预应力筋合力点至梁截面受压边缘的有效距离;

　　　　h_s——纵向受拉非预应力筋合力点至梁截面受压边缘的有效距离;

　　　　f_{py}——预应力筋的抗拉强度设计值,无粘结预应力筋取其应力设计值 σ_{pu};

　　　　f_y——非预应力筋的抗拉强度设计值。

4. 预应力混凝土框架梁端截面的底面和顶面纵向普通钢筋截面面积 A_s' 和 A_s 的比值,除按计算要求确定外,尚应符合下列要求:

一级抗震等级

$$\frac{A_s'}{A_s} \geqslant \frac{0.5}{1-\lambda} \tag{11-6}$$

二、三级抗震等级

$$\frac{A_s'}{A_s} \geqslant \frac{0.3}{1-\lambda} \tag{11-7}$$

框架梁底面纵向普通钢筋配筋率不应小于 0.2%。

在框架-核心筒结构的周边框架可采用预应力混凝土框架梁。后张预应力框架结构及转换层大梁等宜采用有粘结预应力筋。

11.2.2 框架柱

1. 预应力混凝土框架柱的剪跨比宜大于 2。

2. 在地震作用组合下，当采用对称配筋的框架柱中全部纵向受力普通钢筋配筋率大于 5%时，可采用预应力混凝土柱，其纵向受力钢筋的配置，可采用非对称配置的预应力筋的配筋方式，即在截面受拉较大的一侧采用预应力筋和非预应力筋的混合配筋，另一侧仅配置非预应力钢筋。

3. 考虑地震作用组合的预应力混凝土框架柱，按式(11-7)计算的轴压比宜符合表 11-7 的规定。

$$\lambda_{Np} = \frac{N + 1.2 N_{pe}}{f_c A} \tag{11-8}$$

式中　λ_{Np}——预应力混凝土柱的轴压比；

　　　N——柱考虑地震作用组合的轴向压力设计值；

　　　N_{pe}——作用于框架柱预应力筋的总有效预加力设计值；

　　　A——柱截面面积；

　　　f_c——混凝土轴心抗压强度设计值。

预应力混凝土框架柱轴压比限值　　　　　　　　　　　表 11-7

结构类型	抗震等级		
	一级	二级	三级
框架结构、板柱-框架结构	0.65	0.75	0.85
框架-剪力墙、框架-核心筒、板柱-剪力墙	0.75	0.85	0.90

采用表 11-7 应注意：(1)当混凝土强度等级为 C65、C70 时，轴压比限值宜按表中数值减小 0.05；(2)沿柱全高采用井字复合箍，且箍筋间距不大于 100mm、肢距不大于 200mm、直径不小于 12mm，或沿柱全高采用复合螺旋箍，且螺距不大于 100mm、肢距不大于 200mm、直径不小于 12mm，或沿柱全高采用连续复合矩形螺旋箍，且螺矩不大于 80mm、肢距不大于 200mm、直径不小于 10mm 时，轴压比限值均可按表中数值增加 0.10；采用上述三种箍筋时，均应按所增大的轴压比确定其箍筋配筋特征值 λ。

4. 预应力混凝土框架柱纵向非预应力钢筋的最小配筋率应符合《建筑抗震设计规范》GB 50011—2010 有关规定；柱中全部纵向受力钢筋换算配筋率 ρ 不应大于 5%；预应力筋面积应按非预应力钢筋抗拉强度设计值换算为非预应力钢筋面积计算；纵向预应力筋不宜少于两束，其孔道之间的净间距不宜小于 100mm。

11.2.3 框架节点

预应力梁柱节点的抗震设计，其强度应比梁或柱更大；节点应有足够的延性，以吸收强震情况下的地震能量。研究表明，预应力混凝土的延性受到诸多因素的影响，如预应力筋和非预应力筋的配筋率和比例，预应力筋的配置方式，横向箍筋和约束钢筋的性能等。如果能够合理地使用预应力钢筋，节点将具有抵抗强烈地震所需要的延性。

部分预应力框架节点试验表明，试件中的非预应力的梁筋在增加变形能力、吸收和耗散能量上有很大作用。

1. 框架节点核心区受剪的水平截面应符合下列条件：

$$V_j \leqslant \frac{1}{\gamma_{RE}}(0.30\beta_c\eta_j f_c b_j h_j) \tag{11-9}$$

式中 V_j——梁柱节点核心区组合的剪力设计值；

      β_c——混凝土强度影响系数；

      η_j——正交梁的约束影响系数，楼板为现浇，梁柱中线重合，四侧各梁截面宽度不小于该侧柱截面宽度的 1/2，且正交方向梁高度不小于框架梁高度的 3/4，可采用 1.5，其他情况均采用 1.0；

      b_j——节点核心区的截面有效验算宽度；

      h_j——节点核心区的截面高度，可采用验算方向的柱截面高度；

     γ_{RE}——承载力抗震调整系数，可采用 0.85。

2. 由于预应力对节点的侧向约束作用，使节点混凝土处于双向受压状态，不仅可以提高节点的开裂荷载，也可提高节点的受剪承载力。国内试验资料表明，在考虑反复荷载使有效预应力降低后，可取预应力作用的受剪承载力 $V_p = 0.4N_{pe}$，式中 N_{pe} 为作用在节点核心区预应力筋的总有效预加力。

对正交方向有梁约束的预应力框架中间节点，当预应力筋从一个方向或两个方向穿过节点核心区，设置在梁截面高度中部 1/3 范围内时，预应力框架节点核心区的受剪承载力，应按下列公式计算：

$$V_j \leqslant \frac{1}{\gamma_{RE}}\left[1.1\eta_j f_t b_j h_j + 0.05\eta_j N\frac{b_j}{b_c} + f_{yv}\frac{A_{svj}}{s}(h_{b0}-a_s') + 0.4N_{pe}\right] \tag{11-10}$$

式中 b_c——验算方向的柱截面宽度；

      N——对应于考虑地震作用组合剪力设计值的上柱组合轴向压力较小值，其取值不应大于柱的截面面积和混凝土轴心抗压强度设计值的乘积的 50%，当 N 为拉力时，取 $N=0$，且不计预应力筋预加力的有利作用；

     f_{yv}——箍筋的抗拉强度设计值；

      f_t——混凝土轴心抗拉强度设计值；

    A_{svj}——核心区有效验算宽度范围内同一截面验算方向箍筋的总截面面积；

      s——箍筋间距；

    h_{b0}——梁的截面有效高度，当节点两侧梁高不相同时，取其平均值；

     a_s'——梁受压钢筋合力点至受压边缘的距离；

    N_{pe}——作用在节点核心区预应力筋的总有效预加力。

3. 预应力筋穿过框架节点核心区时，节点核心区的截面抗震验算，应计入总有效预应力以及预应力孔道削弱核心区有效验算宽度的影响。

4. 后张预应力筋的锚具、连接器不宜设置在梁柱节点核心区。梁柱节点处锚固体系的设计布置可参考有关节点构造资料。

11.3 预应力板柱结构

11.3.1 设计规定

1. 混凝土板柱-剪力墙结构、板柱-框架结构可以采用后张有粘结预应力或无粘结预应力混凝土结构设计。在 8 度设防烈度地区采用预应力混凝土多层板柱结构，当增设剪力墙后，其吸收地震剪力效果显著，因此板柱结构用于多层及高层建筑时，原则上应采用抗侧力刚度较大的板柱-剪力墙结构。在 6 度、7 度设防烈度地区采用板柱-框架结构抗震性能应符合有关规定。

2. 预应力混凝土板柱-剪力墙或板柱-框架结构中的后张平板，平均预压应力不宜大于 2.5MPa；柱上板带板截面承载力计算中，板端混凝土受压区高度应符合下列要求：

8 度设防烈度：$x \leqslant 0.25h_0$

6 度、7 度设防烈度：$x \leqslant 0.35h_0$

且受拉纵向钢筋按非预应力钢筋抗拉强度设计值换算的配筋率不应大于 2.5%。

3. 在预应力混凝土板柱-剪力墙结构或板柱-框架结构中的后张平板，柱上板带板端预应力筋按公式(11-5)计算的预应力强度比 λ 不宜大于 0.75。

4. 沿两个主轴方向通过内节点柱截面的连续预应力筋及板底非预应力钢筋，应符合下列要求：

$$A_s f_y + A_p f_{py} \geqslant N_G \tag{11-11}$$

式中　A_s——板底连续非预应力钢筋总截面面积；

　　　A_p——板中连续预应力筋总截面面积；

　　　f_y——非预应力钢筋的抗拉强度设计值；

　　　f_{py}——预应力筋的抗拉强度设计值，对无粘结预应力混凝土平板，应取用无粘结预应筋的应力设计值 σ_{pu}；

　　　N_G——在该层楼板重力荷载代表值作用下的柱轴压力设计值。

11.3.2 计算方法

1. 在垂直荷载作用下的内力计算

板柱-剪力墙结构和板柱-框架结构中的板柱框架的内力可采用等代框架法按下列规定计算：

(1) 等代框架的计算宽度，可取垂直于计算跨度方向的两个相邻平板中心线的间距；

(2) 有柱帽的等代框架的板梁、柱的线刚度可按现行国家标准《无粘结预应力混凝土结构技术规程》JGJ 92—2004 的有关规定确定；

(3) 计算中纵向和横向每个方向的等代框架均应承担全部作用荷载；

(4) 计算中宜考虑活荷载的不利组合。

2. 在地震作用下的内力计算

(1) 在地震作用下，板柱-剪力墙结构在侧向力作用下，可按多连杆联系的总剪力墙和总框架协同工作的计算图形或其他更精确的方法计算内力和位移。

(2) 在地震作用下，板柱-抗震墙结构中的板柱框架的内力及位移，应沿两个主轴方向分别进行计算。当柱网较为规则、板面无大的集中荷载和大开孔时，可采用等代框架法进行内力计算，等代梁的板宽 b_y 取值宜按公式(11-12)和公式(11-13)的规定。地震作用产生的内力，应组合到柱上板带上。

在地震作用下，等代框架梁的计算宽度宜取下列公式计算结果的较小值：

$$b_y = (l_{0x} + b_d)/2 \tag{11-12}$$

$$b_y = \frac{3}{4} l_{0y} \tag{11-13}$$

式中　b_y——y 向等代框架梁的计算宽度；

l_{0x}、l_{0y}——等代框架梁的计算跨度；

b_d——平托板的有效宽度，当无平托板时，取 $b_d = 0$。

（3）板柱-剪力墙结构中各层横向及纵向剪力墙，应能承担相应方向该层的全部地震剪力；各层板柱部分应满足计算要求，并应能承担不少于该层相应方向地震作用的 20%。

（4）在水平地震作用下，楼板和柱子之间必须传递剪力和不平衡弯矩，对板柱节点区附近的楼板既要有足够的抗剪强度，又要求有足够的弯曲延性性能，由地震作用在板支座处产生的弯矩应与等代框架梁宽度上的竖向荷载弯矩相组合，承受该弯矩所需的全部钢筋亦应设置在该柱上板带中，且其中不少于 50% 应配置在有效宽度为在柱或柱帽两侧各 1.5h（h 为板厚或平托板的厚度）范围内形成暗梁，暗梁下部钢筋不宜少于上部钢筋的 1/2。支座处暗梁箍筋加密区长度不应小于 3h，其箍筋肢距不应大于 250mm，箍筋间距不应大于 100mm，箍筋直径按计算确定，但不应小于 8mm。此外，支座处暗梁的 1/2 上部纵向钢筋，应连续通长布置。

由弯矩传递的部分不平衡弯矩，应由有效宽度为在柱或柱帽两侧各 1.5h（h 为板厚或平托板的厚度）范围内的板截面受弯传递。配置在此有效范围内的无粘结预应力筋和非预应力钢筋可用以承受这部分弯矩。

（5）板柱节点在竖向荷载和地震作用下的冲切计算，应考虑由板柱节点冲切破坏面上的剪应力传递的部分不平衡弯矩。计算冲切承载力的等效集中反力设计值，可按《混凝土结构设计规范》GB 50010—2010 有关规定确定。为提高边柱节点的受冲切承载力，国内外工程经验表明，沿平板四周附设扁平边梁，并将柱头附近边梁的箍筋加密是有效的。

（6）考虑地震作用组合的板柱-框架结构底层柱下端截面的弯矩设计值，对二或三级抗震等级应按考虑地震作用组合的弯矩设计值分别乘以增大系数 1.25 或 1.15。

11.4　构造措施与要求

抗震设计中构造措施具有重要作用，由于地震作用及引起的效应组合不确定性很大，计算的结果与实际情况往往有很大的差距，结构安全不但要由计算来控制，而且要靠相应的抗震构造措施来保证。预应力混凝土结构的抗震设计构造措施与要求需考虑预应力混凝土结构的受力特点、预应力筋类型及锚固体系的要求等。

当采用预应力混凝土楼盖结构时，抗震设计及构造措施的要求如下：

（1）剪力墙（包括筒体）应沿建筑物的两个主轴方向均匀对称地布置，并应正确设计或布置抗侧力构件以减小对楼板约束作用，如将抵抗侧向荷载的构件设置在结构平面位移的不动点附近，以减小侧向构件对板失去约束作用。

在板墙体系中，为使两端筒体不影响楼板预应力的建立，应将张拉端带有纵向剪力墙的筒体部分的混凝土滞后一层浇筑，待楼板预应力张拉完毕后再浇灌混凝土。

（2）在无粘结预应力板墙体系中，在水平地震作用下，与端筒相连的边跨楼板，尤其是与端筒相连的一端将受到较大的正、负弯矩作用，楼板主筋易达到屈服强度，设计中除应保证其受弯承载力外，还应从构造上加强配筋，以确保楼板的延性，使其在开裂后仍能传递水平力。无粘结预应力混凝土结构应采取措施防止罕遇地震下结构构件塑性铰区以外有效预应力松弛，工程中采用防锚具夹片松脱装置即可解决此问题。

（3）后张预应力混凝土板柱结构的抗侧力结构体系主要有板柱结构、板柱-剪力墙结构、板柱-壁式框架结构。预应力板柱结构用于地震区，单列柱数不得少于 3 根，建筑物高度应受到限制，通常与剪力墙配合使用，以满足抗震设计要求。

（4）在板柱结构后张平板中，无粘结预应力筋的布置方式可采用一向集中布置，另一向均匀布置。在均匀布置的方向，至少应有两束无粘结筋穿过柱子布置在设计剪切破坏截面范围内。

（5）有抗震设防要求的结构，当采用砖、砌块等建造围护结构时，应确保每层与柱子有足够的横向连接，可在柱子上预先设置拉筋或钢拉杆与墙中的构造柱、圈梁连接。

对于层高较大、开洞较多的墙体可采用拉通窗过梁、增设砖垛和构造柱等有效措施以确保墙体自身的稳定性。

（6）受拉钢筋必须具有足够的延性以防止它在强震下断裂。对碳素钢丝，伸长率不宜小于 4％；对钢绞线，最小极限变形不得低于 3.5％。为了防止混凝土脆性破坏，其强度不宜过高。

（7）用于地震区，预应力钢筋-锚具组装件应通过上限为预应力钢材标准强度 80％，下限为标准强度 40％，循环次数为 50 次的周期荷载试验。

（8）预应力混凝土结构的混凝土强度等级，框架和转换层的转换构件不宜低于 C40。其他抗侧力的预应力混凝土构件，不应低于 C30。

本章的主要内容为现行规范和规程等提出的具体规定，强调的构件层面抗震性能要求较多，设计工程师还须从结构整体层面考虑预应力混凝土结构的抗震性能，采用成熟的现代抗震设计理论、建筑抗震性能化设计、隔震与消能减震措施等，以保证结构安全。

参考文献

[1] 陶学康. 后张预应力混凝土设计手册. 北京：中国建筑工业出版社，1996

[2] 薛伟辰. 现代预应力结构设计. 北京：中国建筑工业出版社，2003

[3] 吕志涛. 现代预应力结构体系与设计方法. 江苏：江苏科学技术出版社，2010

[4] 苏小卒. 预应力混凝土框架抗震性能研究. 上海：上海科学技术出版社，1998

[5] 李国平，薛伟辰. 预应力混凝土结构设计原理. 北京：人民交通出版社，2000

[6] 薛伟辰. 新型预应力结构体系研究. 新世纪预应力技术创新学术交流会. 南京，2002.7：87-91

[7] 孟少平，周明华，朱广富. 预应力混凝土框架结构抗震能力的试验研究. 工业建筑，2002，32（10）：17-22

[8] 种迅，孟少平. 多层多跨预应力混凝土框架结构弹塑性静、动力分析. 工程抗震与加固改造，

2005，27 (2)：13-17

[9] 薛伟辰，杨枫，陆平，苏旭林. 预应力钢骨混凝土梁低周反复荷载试验研究. 哈尔滨工业大学学报，2007，39(8)：1185-1190

[10] 薛伟辰，李杰，李昆. 预应力钢-混凝土组合梁抗震性能试验研究. 哈尔滨工业大学学报，2007，39(4)：656-660

[11] 薛伟辰，吕志涛. 低周反复荷载下预应力混凝土门架结构的抗震性能. 地震工程与工程振动，1996，16(3)：97-103

[12] 薛伟辰，周氏，吕志涛. 混凝土杆系结构滞回全过程分析. 工程力学，1996，13(3)：8-16

[13] 吕志涛，薛伟辰. 预应力混凝土门架及排架结构抗震性能研究. 土木工程学报，1996，29(5)：57-62

[14] 薛伟辰，张志铁. 钢筋混凝土结构非线性全过程分析方法及其应用. 计算力学学报. 1998，(3)：334-342

[15] 薛伟辰，程斌，李杰. 低周反复荷载下预应力高性能混凝土梁的抗震性能. 地震工程与工程振动，2003，23(1)：78-83

[16] 薛伟辰，姜东升，陈以一，林颖儒，林高. 预应力混凝土空间节点抗震性能试验研究. 建筑结构学报. 2007，28(1)：43-58

[17] Weichen XUE, Jie LI, Liang LI, Kun LI. Seismic performance of frames with prestressed steel-concrete composite beams. Canadian Journal of Civil Engineering，2008，35(10)：1064-1075

[18] Weichen XUE，Liang LI，Bin CHENG and Jie LI. The reversed cyclic load tests of usual and prestressed concrete beams. Engineering Structures，2008，30(4)：1014-1023

[19] 中华人民共和国国家标准. 混凝土结构设计规范 GB 50010—2010

[20] 中华人民共和国行业标准. 预应力混凝土结构抗震设计规程 JGJ 140—2004

[21] 中华人民共和国国家标准. 建筑抗震设计规范 GB 50011—2010

FRP 筋预应力混凝土梁设计

12.1 概述

桥梁工程、水利工程、海港码头等混凝土结构中预应力筋和普通钢筋的锈蚀问题一直是国内外土木工程结构安全面临的挑战。如何解决钢筋混凝土结构中钢筋的锈蚀问题，提高钢筋混凝土结构的耐久性，延长结构的使用寿命是土木工程面临的重大问题。为此，工程技术研究人员进行了多种尝试，提出了多种对策。实践证明采用纤维增强聚合物筋（Fiber-Reinforced Polymer Rebar，简称 FRP 筋）是解决钢筋锈蚀问题的行之有效的方法之一。FRP 材料具有高强、轻质、耐腐蚀、低磁感应性及热膨胀系数小等突出优势，在土木建筑工程领域得到了广泛的研究和应用，在新建预应力混凝土结构中也进行了探索性的研究及应用。

12.1.1 FRP 筋的基本特性

FRP 材料，即纤维增强聚合物，是一种复合材料。所谓复合材料是由增强材料和基体构成，根据复合材料中增强材料的形状，可以分为颗粒增强复合材料、层合复合材料和纤维增强复合材料。FRP 筋是 FRP 材料的一种产品形式。

1. 纤维

商业上用的纤维有碳纤维、芳纶纤维、玻璃纤维、聚丙烯、尼龙纤维、聚乙烯、丙烯酸系纤维和聚酯纤维等。在这些纤维中，碳纤维、芳纶纤维、玻璃纤维可用来生产 FRP 增强材料，因为它们与钢筋相比具有很高的强度和相近的刚度，例如：碳纤维具有高强、高弹模、耐腐蚀、耐高温、耐疲劳和绝热好等特点；芳纶纤维密度比碳纤维小，韧性与玻璃纤维相近，弹性模量约为钢筋的一半；玻璃纤维抗碱性能差，在碱性环境中，会因腐蚀而强度降低，但玻璃纤维韧性很好。不同纤维化学成分不同，其力学性能差别很大，相应的 FRP 的物理力学性质也表现出较大差别。

2. 树脂基体

FRP 中常用的树脂基底材料有环氧树脂、聚酯和乙烯基酯。基体作为胶结材料的主要作用是将纤维束粘结在一起并使其具有固定的形状，同时保证纤维的共同工作避免纤维束之间发生剪切破坏，保护纤维免受周围环境的物理和化学腐蚀。基体也可用来改变 FRP 的物理性能。

3. 拉挤成型工艺

拉挤成型工艺为生产 FRP 筋的一种常见工艺。拉挤成型工艺流程为：先将纤维固定在一起，然后穿过基体浸胶槽，接着由成型模拉出，出来后的束状产品最后再经过固化室，让树脂在室内发生硬化。拉挤成型工艺适用于所有高弹性模量的纤维和多种类型的基体材料，它可生产出多种结构形状的产品。通常，FRP筋中纤维含量为70%～80%，树脂占20%～30%，合成树脂对筋束的抗拉强度没有明显作用。纤维含量愈高，FRP强度愈高，但拉挤成型时愈困难。

FRP束在生产时，表面多做成条纹状或砂粒状，因为这些表面形状有助于提高FRP与环境介质之间的粘结特性。此外，在生产FRP时可以很方便地将纤维组合成各种形式，因而通过这种工艺可生产出多种组合形式的FRP。通过不同的加工方法，FRP筋可加工成不同的种类，主要有以下几种：表面进行砂化处理的GFRP筋；与钢绞线相似并在7股之间用环氧粘结的CFCC筋；为加强与混凝土的粘结，表面进行刻痕处理的FRP筋；表面进行滚花处理并把截面制成矩形的FRP筋等。

4. FRP筋的特点

FRP筋的性能取决于增强纤维和合成树脂的类型，纤维的含量、横断面形状和制造技术也有重要影响。一般来说与钢筋相比，FRP增强筋主要有以下优点和缺点：

优点：①抗拉强度高；②密度小，仅为钢筋密度的1/5左右，利于施工；③强度质量比高，有利于结构减轻自重，可以应用于大跨空间体系；④抗腐蚀性和耐久性好；⑤CFRP和AFRP筋的抗疲劳性能较好；⑥防磁性能优异，可用于有特殊要求的如雷达站、电台和国防建筑混凝土结构中；⑦轴向热膨胀系数低，尤其是CFRP合成材料，能够适应较大的气候变化；⑧具有良好的可设计性，能够根据工程需求生产指定的产品类型。

缺点：①抗剪强度低，一般是其抗拉强度的10%左右，在用作预应力筋以及进行材性试验时，需要专门的锚具或夹具；②线弹性脆性材料，破坏前没有明显的屈服平台；③长期强度比短期静荷强度低，且受紫外线伤害较大；④GFRP筋在潮湿环境下抗腐蚀能力降低；⑤GFRP筋和AFRP筋在碱环境作用下耐久性较低；⑥生产工艺较复杂，成本较高。

5. 力学性能指标

碳纤维、玻璃纤维和芳纶纤维三种纤维均为线弹性材料，应力-应变曲线没有类似钢筋的屈服点，在结构设计中应充分认识到高性能纤维这一不同于传统建材的材性特点。国际结构混凝土协会(FIB)提供了三种纤维的主要力学性能指标，见表12-1。

纤维的力学性能指标 表 12-1

类型		抗拉强度(MPa)	弹性模量(GPa)	极限伸长率(%)
碳纤维	高强型	3500～4800	215～235	1.4～2.0
	超高强型	3500～6000	215～235	1.5～2.3
碳纤维	高模型	2500～3100	350～500	0.5～0.9
	超高模型	2100～2400	500～700	0.2～0.4
玻璃纤维	E型	1900～3000	70	3.0～4.5
	S型	3500～4800	85～90	4.5～5.5
芳纶纤维	低模型	3500～4100	70～80	4.3～5.0
	高模型	3500～4000	115～130	2.5～3.5

6. FRP 筋材（棒材）

(1) 产品类型及应用范围

FRP 筋是由若干股连续纤维束按特定的工艺经配套树脂浸渍固化而成，主要生产工艺包括编织成型、绞线成型、拉挤成型。其中拉挤成型是较为普遍的方法。按形状来划分，通过拉挤成型的条棒状直线型 FRP 筋一般称为筋材或棒材，包括表面光圆筋和表面变形筋，此类筋刚度较大，不易弯曲；将纤维束扭成绞状呈复合绳形式的 FRP 筋称为索或绞线，为单股或多股，可以弯曲绕成卷。

目前，FRP 筋的生产厂家主要集中在欧美、日本等国。为了提高筋材与混凝土间的粘结性能，不同的厂家采用以下方法对拉挤筋材进行表面加工：①固化前在筋上螺旋形缠绕纤维条带；②表面喷砂或覆以短纤维；③让筋材通过具有凹凸内表面的模具，形成凹凸表面；④用机械法直接对筋材外表面进行加工。

FRP 筋最大的优点是具有很强的耐腐蚀性能，可以替代钢筋用于一些处于特殊环境中的建（构）筑物，形成 FRP 筋混凝土结构或预应力 FRP 筋混凝土结构。FRP 筋混凝土结构中，由于高强度 FRP 筋的极限强度不易充分发挥，同时考虑到 GFRP 筋具有相对的价格优势，建议 FRP 筋的选择依次为耐碱 GFRP 筋、AFRP 筋、CFRP 筋。预应力 FRP 筋应选用 CFRP 筋或 AFRP 筋，由于 GFRP 筋强度不是特别高且易产生徐变断裂，不宜用作预应力筋。

FRP 筋还可用于表面嵌入式（NSM）加固。此外，应用碳纤维绞线、配套锚夹具及辅助材料，可以进行体外预应力混凝土结构设计，免除了钢索要定期进行维护、保养的麻烦。

(2) 主要性能指标

FRP 筋的抗拉强度按筋材的截面面积（含树脂）计算，截面面积按名义直径计算。美国混凝土学会（ACI）提供了三种 FRP 筋与钢筋的主要性能指标对比，见表 12-2。FRP 筋的性能与钢筋不同，它不是一种各向同性的材料，由于剪切滞后现象，一般 FRP 筋随直径的增大，其强度降低，力学性能检测时应采用不经过表面处理的筋材进行测试。

表 12-2

FRP 筋的物理、力学性能指标

		钢筋	GFRP 筋	CFRP 筋	AFRP 筋
密度(g/cm³)		7.9	1.25～2.10	1.50～1.60	1.25～1.40
热膨胀系数 (×10⁻⁶/℃)	纵向 a_T	11.7	6.0～10.0	−9.0～0.0	−6～−2
	横向 a_L	11.7	21.0～23.0	74.0～104.0	60.0～80.0
屈服强度(MPa)		276～517	—	—	—
抗拉强度(MPa)		483～690	483～1600	600～3690	1720～2540
弹性模量(GPa)		200	35.0～51.0	120.0～580.0	41.0～125.0
极限伸长率(%)		6.0～12.0	1.2～3.1	0.5～1.7	1.9～4.4

注：纤维体积含量为 50%～70%。

当 FRP 筋作为结构受力筋使用时，除考虑 FRP 筋的拉伸强度、弹性模量和伸长率以外，还应考虑其剪切强度、握裹力、在碱性环境中的耐久性以及在新建结构中的耐火性能等要求。当 FRP 筋作为桥面板等承受动荷载构件的受力筋时，还应进行疲劳测试和长期健康监测等检测与试验。

12.1.2　FRP 筋混凝土结构研究进展

国外对 FRP 筋混凝土结构的研究起步较早。美国人 Jackson 于 1941 年最先提出了用玻璃纤维(GFRP)筋增强混凝土结构的专利,并首次将 FRP 筋应用于混凝土结构中。1974年,斯图加特大学 Rehm 等首次开展了有粘结预应力 GFRP 筋混凝土梁的试验研究工作。目前,日本、加拿大、美国等已相继颁布了 FRP 筋混凝土结构设计规范。

同济大学进行了 FRP 筋混凝土梁的试验研究,主要研究内容包括:①研制了适用于CFRP 筋以及 AFRP 筋的预应力锚具;②共进行了 750 个粘结试验,对 GFRP 筋、CFRP筋以及 AFRP 筋的粘结性能进行了较系统的研究;③通过 23 根梁的单调静力试验,对有粘结预应力 CFRP 筋混凝土梁、部分粘结预应力 CFRP 筋混凝土梁以及体外预应力 CFRP筋混凝土梁的受力性能与设计方法进行了研究;④完成了 15 根梁的低周反复荷载试验,对预应力 CFRP 筋混凝土梁的抗震性能进行了研究;⑤开展了 300 万次重复荷载下预应力CFRP 筋混凝土梁疲劳性能及设计方法研究。郑州大学、东南大学、中国建筑科学研究院和哈尔滨工业大学等单位也开展了有关 FRP 筋混凝土结构的研究工作。

12.2　正截面抗弯承载力计算

为充分发挥 FRP 筋抗拉强度高的优点,在混凝土梁中对 FRP 筋施加预应力显然是一种有效的方式。按照 FRP 筋与混凝土之间粘结形式的不同,预应力 FRP 筋混凝土梁可分为:有粘结、无粘结和部分粘结预应力 FRP 筋混凝土梁三种。其中,关于有粘结预应力FRP 筋混凝土梁的研究最早,应用也最为广泛。有粘结预应力 FRP 筋混凝土梁具有较高的抗弯承载力和变形能力,但其延性较差。实际工程中通常采用预应力 FRP 筋与非预应力钢筋混合配筋的方案来提高 FRP 筋混凝土梁的延性;而在一些对耐久性或非磁性要求严格的混凝土梁中,也常采用预应力 FRP 筋和非预应力 FRP 筋的混合配筋方案。

12.2.1　FRP 筋预应力混凝土梁的抗弯性能

典型预应力 FRP 筋混凝土梁的荷载-跨中挠度曲线(采用四点加载方式)如图 12-1 所示。其中,图 12-1(a)所示实测曲线的试件采用预应力 FRP 筋与非预应力钢筋的混合配筋方案,图 12-1(b)所示实测曲线的试件采用预应力 FRP 筋和非预应力 FRP 筋的混合配筋方案。

由图 12-1(a)可见,对于非预应力筋采用普通钢筋的试件,其荷载-跨中挠度曲线与预应力钢绞线混凝土梁相似。在达到峰值荷载前,试件的荷载-跨中挠度曲线呈现出两个较明显的转折点,分别对应于混凝土开裂和非预应筋普通钢筋屈服。试件的受力过程包括加载至初裂阶段、屈服阶段和极限阶段。混凝土开裂前,试件处于弹性阶段,荷载与跨中挠度成线性关系;当荷载达到试件的开裂荷载时,等弯矩段梁底端附近出现第一条短而细的垂直裂缝。随着荷载的增加,初始裂缝两侧出现数条对称新裂缝,且初始裂缝沿试件高度方向有所延伸。当非预应力钢筋接近屈服时,试件弯剪段逐渐出现若干条斜裂缝,等弯矩段原有裂缝部分已延伸至 0.6~0.7 倍梁高处,最大裂缝宽度约为 0.20mm。此时,非预应力钢筋和预应力 FRP 筋的应变增长较快。普通钢筋屈服后,随着荷载的缓慢增加,预应力 FRP 筋的应变急剧增大,试件的跨中挠度迅速增大。新裂缝出现较少,原有裂缝不断延伸，且裂缝宽度逐渐增大。达到极限荷载时，试件受压区混凝土压碎或预应力 FRP 筋断裂，试件发生破坏。

如图 12-1(b)所示，当非预应力筋采用 FRP 筋时，试件的荷载-跨中挠度曲线上仅有一个转折点，此点对应混凝土开裂，这是由于 FRP 筋的应力-应变关系为线弹性，且试件破坏前非预应力 FRP 筋未发生断裂。

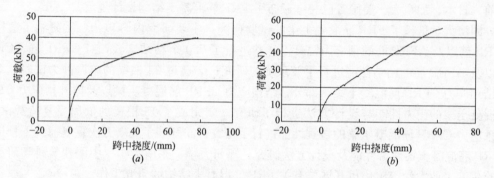

图 12-1　FRP 预应力筋混凝土梁的荷载-跨中挠度曲线
(a)非预应力筋为钢筋；(b)非预应力筋为 FRP 筋

12.2.2　破坏模式

国内外已有研究表明，FRP 预应力筋混凝土梁的破坏模式包括界限破坏、受压破坏和受拉破坏三种。下面分别研究两种混合配筋形式下(配筋形式一：预应力 FRP 筋和非预应力钢筋，配筋形式二：预应力 FRP 筋和非预应力 FRP 筋)，预应力 FRP 筋混凝土梁的正截面受弯承载力计算方法[3]。

界限破坏时，受压区混凝土破坏与预应力 FRP 筋拉断同时发生，非预应力受拉筋发生屈服或达到其抗拉强度设计值；受压破坏时，受压区混凝土破坏而预应力 FRP 筋未拉断。此时，非预应力受拉筋可能发生屈服也可能未发生屈服(或达到其抗拉强度设计值)；受拉破坏时，对于采用配筋形式一的混凝土梁，预应力 FRP 筋在受压区混凝土破坏之前已拉断，非预应力受拉钢筋通常已屈服；对于采用配筋形式二的混凝土梁，预应力 FRP 筋或非预应力 FRP 筋在受压区混凝土破坏之前拉断。

12.2.3　分析假定

(1) 截面应变符合平截面假定；

(2) 不考虑混凝土的抗拉强度；

(3) 混凝土受压的应力-应变关系曲线按我国现行《混凝土结构设计规范》GB 50010—2010 取用；

(4) FRP 筋与混凝土之间的粘结良好；

(5) 非预应力筋的应力-应变关系为理想的弹塑性，不考虑强化；FRP 筋的应力-应变关系为线弹性，FRP 筋的破坏定义为应力达到其抗拉强度设计值 f_{fd}(MPa)。参照 ACI 440.1R-06 规范[13]，FRP 筋抗拉强度设计值规定如下：

$$f_{fd} = C_E f_{fu}^* \tag{12-1}$$

式中　f_{fu}^*——厂家提供的 FRP 筋抗拉强度值(MPa)；

C_E——环境折减系数，取值见表 12-3。

为区分起见，分别将非预应力 FRP 筋、预应力 FRP 筋的抗拉强度设计值记为 f_{fd}、f_{fpd}。

FRP 材料的环境折减系数　　　　　　　　　　表 12-3

环境条件	纤维类型	环境折减系数
一般环境	CFRP	1.0
	AFRP	0.9
	GFRP	0.8
恶劣环境	CFRP	0.9
	AFRP	0.8
	GFRP	0.7

12.2.4　相对界限受压区高度

根据分析假定可得到以下两种破坏模式时，预应力 FRP 筋混凝土梁截面的相对界限受压区高度的计算公式：

（1）非预应力受拉筋屈服（或达到其抗拉强度设计值）与受压区混凝土破坏同时发生时：

非预应力受拉筋为普通钢筋：　　$\xi_b = \dfrac{\beta_1 \varepsilon_{cu}}{\varepsilon_{cu} + f_y / E_s}$ 　　　　　　(12-2)

非预应力受拉筋为 FRP 筋：　　$\xi_{f,b} = \dfrac{\beta_1 \varepsilon_{cu}}{\varepsilon_{cu} + f_{fd} / E_f}$ 　　　　　　(12-3)

（2）预应力 FRP 筋达到其抗拉强度设计值与受压区混凝土破坏同时发生时：

$$\xi_{fp,b} = \frac{\beta_1 \varepsilon_{cu}}{\varepsilon_{cu} + (f_{fpd} - \sigma_{fp0}) / E_{fp}}$$ 　　　　　　(12-4)

式中　ε_{cu}——混凝土极限压应变，取为 0.0033；

β_1——矩形应力图高度与中和轴高度之比，取值参见我国现行《混凝土结构设计规范》；

E_f——非预应力 FRP 筋的弹性模量（MPa）；

E_{fp}——预应力 FRP 筋的弹性模量（MPa）；

σ_{fp0}——受拉区纵向预应力 FRP 筋合力点处混凝土法向应力等于零时预应力 FRP 筋的应力（MPa），可参照《混凝土结构设计规范》GB 50010—2010 中预应力钢筋混凝土梁截面消压应力的计算方法进行计算。

12.2.5　配置 FRP 预应力筋和非预应力钢筋的正截面受弯承载力

1. 界限破坏

当混凝土受压区高度，即等效矩形应力图的受压区高度 $x = \xi_{fp,b} h_{0fp}$ 时，预应力 FRP 筋混凝土梁截面处于界限破坏状态：受压区混凝土破坏与预应力 FRP 筋拉断同时发生。由于非预应力受拉钢筋布置在预应力 FRP 筋的外侧，因此当预应力 FRP 筋拉断时，非预应力钢筋通常已屈服。截面界限破坏状态时的受弯承载力计算简图如图 12-2 所示。由平衡关系可得界限受压区高度和正截面受弯承载力计算公式：

$$x_b = \frac{f_{fpd} A_{fp} + f_y A_s - f_y' A_s'}{\alpha_1 f_c b}$$ 　　　　　　(12-5)

$$M = f_y A_s \left(h_0 - \frac{x_b}{2} \right) + f_{fpd} A_{fp} \left(h_{0fp} - \frac{x_b}{2} \right) + f_y' A_s' \left(\frac{x_b}{2} - a_s' \right) \tag{12-6}$$

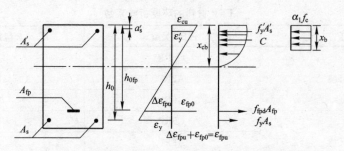

图 12-2   界限破坏时的受弯承载力计算简图

2. 受压破坏

当混凝土受压区高度 $x > \xi_{fp,b} h_{0fp}$ 时，预应力 FRP 筋混凝土梁发生受压破坏，即受压翼缘混凝土达到其极限压应变 ε_{cu}，而预应力 FRP 筋未拉断。此时，非预应力受拉钢筋可能处于弹性受力状态，也可能发生屈服。受压破坏时，截面的抗弯承载力 M 可由平衡关系得到（图 12-3）：

$$M = \sigma_s A_s \left(h_0 - \frac{x}{2} \right) + \sigma_{fp} A_{fp} \left(h_{0fp} - \frac{x}{2} \right) + f_y' A_s' \left(\frac{x}{2} - a_s' \right) \tag{12-7}$$

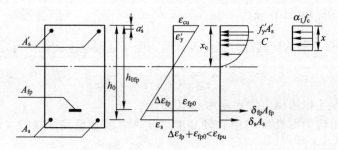

图 12-3   受压破坏时的受弯承载力计算简图

其中，混凝土受压区高度 x，非预应力钢筋应力 σ_s 及预应力 FRP 筋应力 σ_{fp} 可根据平截面假定和平衡关系由下列公式确定：

$$\alpha_1 f_c b x = \sigma_s A_s - f_y' A_s' + \sigma_{fp} A_{fp} \tag{12-8}$$

$$\sigma_s = \frac{\beta_1 h_0 - x}{x} E_s \varepsilon_{cu} \tag{12-9}$$

$$\sigma_{fp} = \sigma_{fp0} + \frac{\beta_1 h_{0fp} - x}{x} E_{fp} \varepsilon_{cu} \tag{12-10}$$

需说明，上式中假定非预应力受拉钢筋未屈服，若计算得到的 $\sigma_s > f_y$，则令 $\sigma_s = f_y$，代入上式重新计算混凝土受压区高度。混凝土受压区高度尚应满足：$x \geqslant 2a_s'$，否则不考虑受压区钢筋的作用。

3. 受拉破坏

当按公式(12-8)～公式(12-10)计算的混凝土受压区高度 $x < \xi_{fp,b} h_{0fp}$ 时，预应力 FRP 筋混凝土梁发生受拉破坏：预应力 FRP 筋在受压区混凝土破坏前已达到其抗拉强度设计

值，而位于预应力 FRP 筋外侧的非预应力受拉钢筋也发生屈服。受拉破坏时，截面的受弯承载力计算简图如图 12-4 所示。同样，可由平衡关系得到此极限状态时的正截面受弯承载力计算公式：

$$M=f_{fpd}A_{fp}(h_{0fp}-\gamma x_c)+f_y A_s(h_0-\gamma x_c)+\sigma_s' A_s'(\gamma x_c-a_s') \tag{12-11}$$

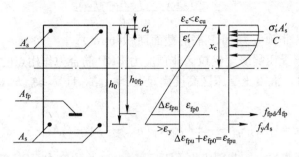

图 12-4 受拉破坏时的受弯承载力计算简图

受拉破坏时，受压翼缘混凝土未达到其极限压应变 ε_{cu}，混凝土实际受压高度 x_c 可由平截面假定与平衡关系来确定。计算时，可假定 x_c 的初值，采用迭代法求解：

$$\beta' f_c b x_c+\sigma_s' A_s'=f_{fpd}A_{fp}+f_y A_s \tag{12-12}$$

$$\sigma_s'=E_s'(f_{fpd}-\sigma_{fp0})\frac{x_c-a_s'}{E_{fp}(h_{0fp}-x_c)} \tag{12-13}$$

式(12-12)中，$\beta' f_c b x_c=C$，为受压区混凝土压应力的合力；系数 β' 定义为受拉破坏时混凝土压应力的合力系数，可由受压区高度范围内的混凝土应力-应变关系积分得出。当混凝土强度 $f_{cu,k}\leqslant 50$ MPa 时，β' 按下列公式确定：

当 $0\leqslant\varepsilon_c^t\leqslant\varepsilon_0$ 时：

$$\beta'=\frac{\varepsilon_c^t}{\varepsilon_0}-\frac{\varepsilon_c^{t2}}{3\varepsilon_0^2} \tag{12-14}$$

当 $\varepsilon_0<\varepsilon_c^t\leqslant 0.0033$ 时：

$$\beta'=1-\frac{\varepsilon_0}{3\varepsilon_c^t} \tag{12-15}$$

其中系数 γ 为受拉破坏时混凝土受压区边缘至压应力合力作用点的距离与实际受压区高度 x_c 之比。当混凝土强度 $f_{cu,k}\leqslant 50$MPa 时，γ 按下列公式确定：

当 $0\leqslant\varepsilon_c^t\leqslant\varepsilon_0$ 时：

$$\gamma=\frac{\dfrac{1}{3}-\dfrac{\varepsilon_c^t}{12\varepsilon_0}}{1-\dfrac{\varepsilon_c^t}{3\varepsilon_0}} \tag{12-16}$$

当 $\varepsilon_0<\varepsilon_c^t\leqslant 0.0033$ 时：

$$\gamma=\frac{\dfrac{1}{2}+\dfrac{\varepsilon_0^2}{12\varepsilon_c^{t2}}-\dfrac{\varepsilon_0}{3\varepsilon_c^t}}{1-\dfrac{\varepsilon_0}{3\varepsilon_c^t}} \tag{12-17}$$

式中　ε_c^t——受压翼缘混凝土的实际压应变；

　　　ε_0——混凝土受压峰值应变，取为 0.002；

其他符号意义同前或参见《混凝土结构设计规范》GB 50010—2010。

12.2.6 配置 FRP 预应力筋和普通 FRP 筋的正截面受弯承载力

参照上述分析方法，可得到配置预应力 FRP 筋和非预应力 FRP 筋的混凝土梁在界限、受压和受拉破坏时的受弯承载力计算公式：

（1）界限破坏时：

$$M=f_{\mathrm{fd}}A_{\mathrm{f}}\left(h_{0\mathrm{f}}-\frac{x_{\mathrm{b}}}{2}\right)+f_{\mathrm{fpd}}A_{\mathrm{fp}}\left(h_{0\mathrm{fp}}-\frac{x_{\mathrm{b}}}{2}\right)+f_{\mathrm{y}}'A_{\mathrm{s}}'\left(\frac{x_{\mathrm{b}}}{2}-a_{\mathrm{s}}'\right) \tag{12-18}$$

$$x_{\mathrm{b}}=\frac{f_{\mathrm{fpd}}A_{\mathrm{fp}}+f_{\mathrm{fd}}A_{\mathrm{f}}-f_{\mathrm{y}}'A_{\mathrm{s}}'}{\alpha_1 f_{\mathrm{c}}b} \tag{12-19}$$

式中　A_{f}——受拉区非预应力 FRP 筋的截面面积（mm^2）；

　　　$h_{0\mathrm{f}}$——混凝土受压翼缘至受拉区非预应力 FRP 筋合力作用点的距离（mm）。

（2）受压破坏时，混凝土受压区高度满足 $x\geqslant\xi_{\mathrm{fp},\mathrm{b}}h_{0\mathrm{fp}}$ 且 $x\geqslant\xi_{\mathrm{f},\mathrm{b}}h_{0\mathrm{f}}$，正截面受弯承载力按下式计算：

$$M=\sigma_{\mathrm{f}}A_{\mathrm{f}}\left(h_{0\mathrm{f}}-\frac{x}{2}\right)+\sigma_{\mathrm{fp}}A_{\mathrm{fp}}\left(h_{0\mathrm{fp}}-\frac{x}{2}\right)+f_{\mathrm{y}}'A_{\mathrm{s}}'\left(\frac{x}{2}-a_{\mathrm{s}}'\right) \tag{12-20}$$

其中，混凝土受压区高度 x，非预应力 FRP 筋应力 σ_{f} 及预应力 FRP 筋应力 σ_{fp} 可由下列公式确定：

$$\alpha_1 f_{\mathrm{c}}bx+f_{\mathrm{y}}'A_{\mathrm{s}}'=\sigma_{\mathrm{f}}A_{\mathrm{f}}+\sigma_{\mathrm{fp}}A_{\mathrm{fp}} \tag{12-21}$$

$$\sigma_{\mathrm{f}}=\frac{\beta_1 h_{0\mathrm{f}}-x}{x}\varepsilon_{\mathrm{cu}}E_{\mathrm{f}} \tag{12-22}$$

$$\sigma_{\mathrm{fp}}=\frac{\beta_1 h_{0\mathrm{fp}}-x}{x}\varepsilon_{\mathrm{cu}}E_{\mathrm{fp}}+\sigma_{\mathrm{fp0}} \tag{12-23}$$

（3）预应力 FRP 筋混凝土梁破坏时呈较明显的脆性特征。根据 FRP 筋的断裂次序，受拉破坏可分为两种：预应力 FRP 筋先于非预应力 FRP 筋拉断和非预应力 FRP 筋先于预应力 FRP 筋拉断。

当按公式（12-21）～公式（12-23）计算所得的混凝土受压区高度 $x<\xi_{\mathrm{fp},\mathrm{b}}h_{0\mathrm{fp}}$ 且 $\xi_{\mathrm{f},\mathrm{b}}<\xi_{\mathrm{fp},\mathrm{b}}$ 时，预应力 FRP 筋先于非预应力 FRP 筋达到其极限拉应变而拉断。此时，可参照图 12-3，由平衡条件得到正截面受弯承载力公式如下：

$$M=f_{\mathrm{fpd}}A_{\mathrm{fp}}(h_{0\mathrm{fp}}-\gamma x_{\mathrm{c}})+\sigma_{\mathrm{f}}A_{\mathrm{f}}(h_{0\mathrm{f}}-\gamma x_{\mathrm{c}})+\sigma_{\mathrm{s}}'A_{\mathrm{s}}'(\gamma x_{\mathrm{c}}-a_{\mathrm{s}}') \tag{12-24}$$

上式中，混凝土实际受压高度 x_{c} 由平截面假定和平衡关系得到。假定 x_{c} 的初值，可采用迭代法求解：

$$\beta'f_{\mathrm{c}}bx_{\mathrm{c}}+\sigma_{\mathrm{s}}'A_{\mathrm{s}}'=f_{\mathrm{fpd}}A_{\mathrm{fp}}+\sigma_{\mathrm{f}}A_{\mathrm{f}} \tag{12-25}$$

$$\sigma_{\mathrm{f}}=E_{\mathrm{f}}(f_{\mathrm{fpd}}-\sigma_{\mathrm{fp0}})\frac{h_{0\mathrm{f}}-x_{\mathrm{c}}}{E_{\mathrm{fp}}(h_{0\mathrm{fp}}-x_{\mathrm{c}})} \tag{12-26}$$

$$\sigma_{\mathrm{s}}'=E_{\mathrm{s}}'(f_{\mathrm{fpd}}-\sigma_{\mathrm{fp0}})\frac{x_{\mathrm{c}}-a_{\mathrm{s}}'}{E_{\mathrm{fp}}(h_{0\mathrm{fp}}-x_{\mathrm{c}})} \tag{12-27}$$

按公式（12-21）～公式（12-23）计算所得的混凝土受压区高度 $x<\xi_{\mathrm{f},\mathrm{b}}h_{0\mathrm{f}}$ 且 $\xi_{\mathrm{fp},\mathrm{b}}<\xi_{\mathrm{f},\mathrm{b}}$ 时，非预应力 FRP 筋先于预应力 FRP 筋达到其极限拉应变。此种受拉破坏情况下的正截面受弯承载力为：

$$M=\sigma_{\mathrm{fp}}A_{\mathrm{fp}}(h_{0\mathrm{fp}}-\gamma x_{\mathrm{c}})+f_{\mathrm{fd}}A_{\mathrm{f}}(h_{0\mathrm{f}}-\gamma x_{\mathrm{c}})+\sigma_{\mathrm{s}}'A_{\mathrm{s}}'(\gamma x_{\mathrm{c}}-a_{\mathrm{s}}') \tag{12-28}$$

同理，混凝土实际受压区高度 x_{c} 可由下列公式确定。假定 x_{c} 的初值，采用迭代法求解：

$$\beta'f_{\mathrm{c}}bx_{\mathrm{c}}+\sigma_{\mathrm{s}}'A_{\mathrm{s}}'=f_{\mathrm{fd}}A_{\mathrm{f}}+\sigma_{\mathrm{fp}}A_{\mathrm{fp}} \tag{12-29}$$

$$\sigma_{\mathrm{fp}}=E_{\mathrm{fp}}f_{\mathrm{fd}}\frac{h_{0\mathrm{fp}}-x_{\mathrm{c}}}{E_{\mathrm{f}}(h_{0\mathrm{f}}-x_{\mathrm{c}})}+\sigma_{\mathrm{fp0}} \tag{12-30}$$

$$\sigma_s' = E_s' f_{fd} \frac{x_c - a_s'}{E_f(h_{0f} - x_c)} \tag{12-31}$$

12.3　抗裂度与裂缝宽度计算

12.3.1　FRP 筋预应力混凝土梁的裂缝特性

与普通钢筋相比，FRP 筋的弹性模量较低且 FRP 筋与混凝土之间的粘结性能稍差[7]，因此预应力 FRP 筋混凝土梁的裂缝分布、发展及裂缝宽度等特性与相应的预应力钢筋混凝土梁存在差异。1992 年，RajanSen 等通过 4 根先张预应力 GFRP 筋混凝土梁的试验研究其静力荷载作用下的受力性能[8]，研究表明，相比预应力钢筋混凝土梁，先张预应力 GFRP 筋混凝土梁在等弯段的裂缝分布间距更大。1997 年，Abdelrahman 等基于 8 根梁的静力试验研究了预应力 CFRP 筋混凝土梁的裂缝分布形态、最大裂缝宽度和裂缝间距等特性[9]，研究表明，由于 CFRP 筋与混凝土间的粘结强度较低，因此相比预应力钢筋混凝土梁，预应力 CFRP 筋混凝土梁破坏时的裂缝数量较少，而裂缝宽度与裂缝间距较大。

12.3.2　抗裂度计算

预应力 FRP 筋混凝土梁开裂前，FRP 筋与混凝土之间的共同工作性能良好，整个构件处于弹性受力阶段。因此，可应用普通预应力钢筋混凝土梁抗裂度的计算方法来确定预应力 FRP 筋混凝土梁的开裂弯矩值。

$$M_{cr} = (\sigma_{pc} + \gamma f_{tk}) \cdot W_0 \tag{12-32}$$

式中　σ_{pc}——扣除全部预应力损失后在抗裂验算边缘的混凝土法向应力（MPa），对于后张法构件，$\sigma_{pc} = N_p/A + (N_p e_n y_n - M_G)/I_n$；预应力 FRP 筋混凝土梁的预应力损失计算方法可参考文献［4］；

γ——混凝土构件截面抵抗矩塑性影响系数；

f_{tk}——混凝土轴心抗拉强度标准值（MPa）；

W_0——换算截面受拉边缘的弹性抵抗矩（mm³）；

M_G——重力作用下的跨中弯矩值（kN·m）；

其他符号意义参见《混凝土结构设计规范》GB 50010—2010。

12.3.3　最大裂缝宽度计算

考虑预应力 FRP 筋与混凝土之间的粘结性能，采用将预应力 FRP 筋等效为普通预应力钢筋的思路，将《混凝土结构设计规范》GB 50010—2010 中关于预应力钢筋混凝土受弯构件的最大裂缝宽度计算公式进行如下修正：

$$w_{max} = \alpha_{cs} \alpha_{cr} \psi \frac{\sigma_{sk}}{E_s} \left(1.9c + 0.08 \frac{d_{eq}}{\rho_{te}} \right) \tag{12-33}$$

$$\psi = 1.1 - 0.65 \frac{f_{tk}}{\rho_{te} \sigma_{sk}} \tag{12-34}$$

$$\rho_{te} = (A_s + A_{ef})/A_{te} \tag{12-35}$$

$$d_{eq} = \frac{\sum n_i d_i^2}{\sum n_i \nu_i d_i} \tag{12-36}$$

式中　α_{cs}——考虑环氧涂层钢筋对预应力 FRP 筋混凝土梁的裂缝宽度的影响系数，基于试验研究，建议取 $\alpha_{cs}=1.06$；

　　　A_{ef}——FRP 筋等效转化的钢筋面积(mm^2)，$A_{ef}=A_{fp}E_{fp}/E_s$；

　　　E_{fp}——预应力 FRP 筋的弹性模量(MPa)；

　　　E_s——普通钢筋的弹性模量(MPa)；

　　　A_{fp}——预应力 FRP 筋截面面积(mm^2)；

　　　d_i——受拉区第 i 种纵筋的公称直径(mm)；

　　　ν_i——受拉区第 i 种纵筋的相对粘结系数，建议环氧涂层钢筋的粘结系数取 0.80，CFRP 绞线筋的粘结系数取 0.78，而 GFRP 筋与 AFRP 筋的粘结系数参照 ACI 440.1R-06 规范取为 0.71；

　　　σ_{sk}——预应力混凝土梁中纵筋的等效应力(MPa)，在考虑预应力 FRP 筋等效的基础上，可按下式进行计算：

$$\sigma_{sk}=\frac{M_k-N_{p0}(z-e_p)}{(A_{ef}+A_s)z} \tag{12-37}$$

$$z=\left[0.87-0.12\left(\frac{h_0}{e}\right)^2\right]h_0 \tag{12-38}$$

$$e=e_p+\frac{M_k}{N_{p0}} \tag{12-39}$$

公式(12-37)～公式(12-39)中各符号意义参见《混凝土结构设计规范》GB 50010—2010。

12.4　挠度计算

12.4.1　FRP 筋预应力混凝土梁的挠度特性

FRP 筋的极限抗拉强度高，弹性模量则相对较低，因此预应力 FRP 筋混凝土梁的强度容易满足设计要求，而变形却有可能在其设计中起控制作用。目前，国内外学者已针对预应力 FRP 筋混凝土梁的挠度性能开展了一些研究工作。1992 年，北卡罗来纳州立大学的 Ahmad 对 7 根有粘结预应力 GFRP 筋混凝土梁进行了静力性能试验[10]，研究表明，混凝土梁开裂后的挠度增长速度较快且跨中挠度值较相应的预应力钢筋混凝土梁的大；配置部分非预应力普通钢筋可以减小预应力 GFRP 筋混凝土梁的极限挠度值。1995 年，Currier 通过试验研究了预应力 CFRP 和 AFRP 筋混凝土梁在单调静力荷载作用下的挠度变化规律，并给出了预应力 CFRP 筋与 AFRP 筋混凝土梁长期挠度相对于短期挠度的增大系数[11]。1997 年，Abdelrahman 等基于 8 根梁的静力性能试验研究了有粘结预应力 CFRP 筋混凝土梁的正常使用性能，并与配置钢绞线的预应力混凝土梁进行了对比[9]，研究表明，当预应力 CFRP 筋混凝土梁的破坏由混凝土压碎控制时，二者的极限挠度值相近；当破坏由 CFRP 筋的断裂控制时，预应力 CFRP 筋混凝土梁的极限挠度较小。

12.4.2　国外规范中的计算方法

对于预应力 FRP 筋混凝土梁的挠度计算，ACI 440.4R-04[18]、CSA S806-02[17] 和 JSCE 规范[16]建议可参照预应力钢筋混凝土梁类似的方法进行。预应力 FRP 筋混凝土梁开裂前，构件处于弹性受力阶段。因此，可按照传统结构力学的方法，采用换算截面惯性矩来计算混凝土梁开裂前的挠度值。开裂后，预应力 FRP 筋混凝土梁的刚度明显降低，此时挠度计算需考虑开裂对混凝土梁截面惯性矩的影响，即开裂软化效应。ACI 440. 4R-04 规范建议，预应力 FRP 筋混凝土梁开裂后的截面有效惯性矩 I_e 可按下式进行计算[18]：

$$I_e = I_{cr} + (\beta_d I_g - I_{cr}) \left(\frac{M_{cr}}{M_a}\right)^3 \tag{12-40}$$

$$I_{cr} = \frac{bc^3}{3} + nA_{es}(d-c)^2 \tag{12-41}$$

$$c = d(-n\rho + \sqrt{(n\rho)^2 + 2n\rho}) \tag{12-42}$$

式中　I_g——换算截面对形心轴的惯性矩(mm^4)；

β_d——表征开裂软化效应的折减系数，$\beta_d = 0.5(E_{fp}/E_s + 1)$；

E_{fp}——预应力 FRP 筋的弹性模量(MPa)；

E_s——钢筋的弹性模量(MPa)；

M_a——挠度计算截面的最大弯矩值($kN \cdot m$)；

M_{cr}——开裂弯矩值($kN \cdot m$)；

I_{cr}——开裂截面惯性矩(mm^4)，对于矩形截面或混凝土受压区高度不超过其受压翼缘高度的 T 形截面，I_{cr} 可按式(12-41)确定：

n——FRP 筋与混凝土的弹性模量之比；

b——矩形截面宽度或 T 形截面的翼缘宽度(mm)；

d——截面的有效高度(mm)；

ρ——等效配筋率：$\rho = (A_{ef} + A_s)/bd$；

A_{ef}——FRP 筋等效的普通钢筋面积(mm^2)，$A_{ef} = A_{fp}E_{fp}/E_s$；

A_{fp}——预应力 FRP 筋的截面面积(mm^2)；

A_s——普通钢筋的截面面积(mm^2)。

由公式(12-40)确定出混凝土梁的截面有效惯性矩 I_e 后，可按照传统结构力学方法计算预应力 FRP 筋混凝土梁的挠度值。

12.4.3　基于《混凝土结构设计规范》GB 50010—2010 的修正公式

针对预应力 FRP 筋混凝土梁的特点，采用将 FRP 筋等效为普通钢筋的方法，对《混凝土结构设计规范》GB 50010—2010 中适用于预应力钢筋混凝土受弯构件的短期刚度计算公式进行如下修正：

$$B_s = \frac{0.85E_c I_0}{\kappa_{cr} + (1 - \kappa_{cr})\omega} \tag{12-43}$$

$$\kappa_{cr} = \frac{M_{cr}}{M_k} \tag{12-44}$$

$$\omega = \left(1.0 + \frac{0.21}{\alpha_E \rho}\right)(1 + 0.45\gamma_f) - 0.7 \tag{12-45}$$

$$M_{cr} = (\sigma_{pc} + \gamma f_{tk}) \cdot W_0 \tag{12-46}$$

$$\gamma_f = \frac{(b_f - b)h_f}{bh_0} \tag{12-47}$$

式中　I_0——换算截面惯性矩(mm^4)；

M_{cr}——正截面开裂弯矩值($kN \cdot m$)；

M_k——按荷载效应的标准组合计算得到的弯矩值（kN·m）；

α_E——FRP 筋与混凝土的弹性模量之比；

ρ——纵向等效配筋率：$\rho=(\phi A_{fp}+A_s)/(bh_0)$；

ϕ——考虑预应力 FRP 筋弹性模量较低的等效折减系数，$\phi=E_{fp}/E_s$；

其他符号意义参见《混凝土结构设计规范》GB 50010—2010。

参考文献

［1］薛伟辰. 混凝土结构中新型配筋 FRP 的试验研究. 河海大学，1997

［2］薛伟辰，王晓辉. 有粘结预应力 CFRP 筋混凝土梁试验研究与非线性分析. 中国公路学报，2007，20(4)：41-47

［3］薛伟辰，谭园，王晓辉. 有粘结预应力 FRP 筋混凝土梁正截面抗弯承载力的计算方法. 建筑结构，2008，38(3)：111-116

［4］王晓辉，张蜀泸，薛伟辰. 有粘结预应力 CFRP 筋预应力损失计算. 工业建筑，2006，36(4)：23-25

［5］谭园，薛伟辰，王晓辉. 有粘结预应力 FRP 筋混凝土梁抗裂度与裂缝宽度的计算方法. 建筑结构，2008，38(3)：117-120

［6］王晓辉，薛伟辰，谭园. 有粘结预应力 FRP 筋混凝土梁挠度的计算方法. 建筑结构，2008，38(3)：121-123

［7］Xue Weichen, Wang Xiaohui, Zhang Shulu. Bond Properties of High-strength Carbon Fiber-reinforced Polymer Strands. ACI Materials Journal，2008，105(1)：303-311

［8］Sen R, Issa M, Sun Z et al. Static response of fiberglass pretensioned beams. Journal of Structural Engineering，1992，120(1)：252-268

［9］Abdelrahman A, Rizkalla S. Serviceability of concrete beams prestressed by carbon fiber-reinforced-plastic bars. ACI Structural Journal，1997，94(4)：447-457

［10］Ahmad S H. The behavior of post-tentioned beam with Glass fiber reinforced plastic. In Third International Colloquium of Concrete Technology for Developing Countries. Tripoli，Libya，1993，311-321

［11］Currier J. Deformation of prestressed concrete beams with FRP tendons. M. S. Thesis，Department of Civil and Architectural Engineering，Laramie，WY，1995

［12］Report on Fiber-Reinforced Polymer（FRP）Reinforcement for Concrete Structures（ACI440R-07）. American Concrete Institute，2007

［13］Guide for the Design and Construction of Structural Concrete Reinforced with FRP Bars（ACI 440.1R-06）. American Concrete Institute，2006

［14］Jackson，J. G. Concrete Structural Element Reinforced with Glass Fibers. U. S. Patent 2425883，Filed August 8，1941，Patented August 19，1947.3

［15］Rehm G，Franke L. Plastic bonded fiberglass rods as reinforcement for concrete. Civil Engineering，1974，51(4)：115-120.（in German）

［16］Recommendation for Design and Construction of Concrete Structures Using Continuous Fiber Reinforcing Materials. Japan Society of Civil Engineers，1997

［17］Design and Construction of Building Components withFibre-Reinforced Polymers（S806-02）. Canadian Standards Association，2002

［18］Prestressing Concrete Structures with FRP Tendons（ACI440.4R-04）. American Concrete Institute，2004

［19］WeichenXue，YuanTan，Lei Zeng. Experimental studies of concrete beams strengthened with prestressed CFRP laminates［J］，PCI Journal，Sep. -Oct. 2008：70-85

［20］Mahoud M. RedaTaha，Nigel G. Shrive：New Concrete Anchors for Carbon Fiber-Reinforced Polymer Post-tensioning Tendons—Part 1：State-of-the-Art Review/Design，ACI Structral Journal，2003

［21］Mahoud M. Reda Taha，Nigel G. Shrive：New Concrete Anchors for Carbon Fiber-Reinforced Polymer Post - tensioning Tendons - Part2：Development/Experimental Investigation，ACI Structral Journal，2003

［22］YailJ. Kim，Mark F. Green，R. GordonWight：Effect of prestressed CFRP laminations for strengthing prestressed concrete beams：A numerical parametric study，PCI Journal，2010

［23］Saadamanesh R，Mohammad R. RC strengthing with CFRP plastic：Experiment study［J］，Journal of Structural Engeineering，1991，117(11)：3417-3433

［24］中华人民共和国国家标准. 混凝土结构设计规范 GB 50010—2010

［25］中国工程建设标准化协会标准. 碳纤维片材加固混凝土结构技术规程 CECS 146：2003

［26］万军，童谷生，朱健. CFRP 布加固 RC 梁的 ANSYS 有限元分析. 江西科技师范学院学报，2005，4：73-76

［27］曾祥蓉等. CFRP 布加固混凝土梁有限元分析. 后勤工程学院学报，2004，3：38-40

［28］张利利，李晨光. 预应力碳纤维复合材料(CFRP)加固混凝土受弯构件性能研究. 低碳经济建设中的混凝土结构——第十五届全国混凝土及预应力混凝土学术交流会论文集. 上海：同济大学出版社，2010

［29］张利利，李晨光. 预应力 CFRP 在土木工程中的应用. 第六届全国预应力结构理论及工程应用学术会议论文集. 《工业建筑》增刊，2010.8，43-47

［30］王文炜. FRP 加固混凝土结构技术及应用. 北京：中国建筑工业出版社，2007

［31］邓朗尼，张鹏，燕柳武等. 端锚预应力 CFRP 板加固混凝土梁的施工技术研究. 建筑技术，2009，40(4)：373-375

［32］黄竟强，李东彬，赵基达等. 预应力碳纤维板锚具试验研究. 施工技术，2010，39(2)：96-98

［33］梅力彪，张俊平. 预应力碳纤维板加固混凝土的粘结锚固性能试验研究. 工业建筑，2006，Vol. 36(4)：15-18

［34］吕国玉，马喜进，桑谦. FRP 预应力筋锚具研究进展. 建筑技术开发，2009，36

［35］彭晖，尚守平，王海东等. 预应力碳纤维布加固受弯构件的施工工艺. 西部探矿工程，2004

［36］王鹏，吕志涛，丁汉山等. 采用 CFRP 筋施加体外预应力的分析. 特种结构，2007，24(3)：80-84

［37］飞渭，江世永，曾祥蓉. 体外预应力 FRP 片材加固混凝土结构的研究现状及发展. 后勤工程学院学报，2006

［38］曾磊，谭园. 预应力 CFRP 板加固混凝土梁设计理论研究. 建筑结构学报，2008，29(4)：127-133

［39］藤锦光，陈建飞等. FRP 加固混凝土结构. 北京：中国建筑工业出版社，2005

［40］岳清瑞，张宁等. 碳纤维增强复合材料(CFRP)加固修复钢结构性能研究工程应用. 北京：中国建筑工业出版社，2009

［41］陈小兵. 高性能纤维复合材料土木工程应用技术指南. 北京：中国建筑工业出版社，2009

［42］李晨光，张利利，杨洁. 预应力碳纤维板加固钢筋混凝土梁抗弯性能研究. 第七届全国建设工程 FRP 应用学术交流会论文集. 《工业建筑》增刊，2011.10，235-238

预应力结构构造设计

预应力混凝土结构构造设计是预应力混凝土结构设计中的重要内容，构造设计应符合结构分析计算、构件设计与截面设计等的要求，同时充分考虑耐久性、抗震、防火、局部承压、施工工艺要求、预应力筋与普通钢筋的布置要求、锚固体系设置要求、特殊结构与特殊受力部位要求等。完成构造设计需要将结构计算分析与工程经验等结合起来，因此工程设计人员不但需要掌握有关构造设计要求，而且还应通过工程实践以获得相关经验。本章仅提供部分一般性和常用的预应力混凝土结构构造设计内容。

13.1 一般要求

预应力混凝土结构构造设计主要内容包括：预应力筋束的线形细节设计（平面布置、剖面线形、张拉与固定端、连接接长与搭接点设置等）；预应力筋束的曲率半径、反弯点及弯曲角度设计；预应力筋束的各方向间距与保护层厚度设计；预应力预留孔道管与灌浆孔设置构造设计；预应力锚固区锚下构造设计；张拉端构件端部构造与封锚构造；预应力结构中普通钢筋的构造设计；减少约束力的构造设计；预应力结构构件开洞处构造设计；其他预应力特殊构造设计等。

根据预应力混凝土梁板结构初步设计采用的预应力筋束的线形，确定细节设计内容包括预应力筋束形心线的最高点、最低点和反弯点等，需要考虑束直径尺寸、与非预应力筋的相对位置、施工可行性、保护层厚度要求、锚固体系布置要求等。《混凝土结构设计规范》GB 50010—2010、《无粘结预应力混凝土结构技术规程》JGJ 92—2004 及《建筑结构体外预应力加固技术规程》JGJ/T 279—2012 等对预应力混凝土结构的一般构造进行了规定，可以作为构造设计的基本原则。

1. 预应力筋的混凝土保护层厚度

预应力筋的混凝土保护层最小厚度应符合表 13-1 规定，并满足如下要求：

（1）构件中受力钢筋的保护层厚度不应小于钢筋的公称直径 d。

（2）设计使用年限为 50 年的混凝土结构，最外层钢筋的保护层厚度应符合表 13-1 的规定；设计使用年限为 100 年的混凝土结构，最外层钢筋的保护层厚度不应小于表 13-1 中数值的 1.4 倍。

为满足不同耐火等级的要求，梁、板中无粘结预应力筋的混凝土保护层最小厚度应符合表 13-2 的规定。

混凝土保护层的最小厚度 c(mm)   表 13-1

环境等级	板、墙、壳	梁、柱、杆
一	15	20
二 a	20	25
二 b	25	35
三 a	30	40
三 b	40	50

注：1. 混凝土强度等级不大于 C25 时，表中保护层厚度数值应增加 5mm；
    2. 钢筋混凝土基础宜设置混凝土垫层，基础中钢筋的混凝土保护层厚度应从垫层顶面算起，且不应小于 40mm。

梁、板中无粘结预应力筋的混凝土保护层最小厚度(mm)   表 13-2

构件	约束条件	梁宽 b	耐火等级(h)			
			1	1.5	2	3
梁	简支	$200 \leq b < 300$	45	50	65	采取特殊措施
		$b \geq 300$	40	45	50	65
	连续	$200 \leq b < 300$	40	40	45	50
		$b \geq 300$	40	40	40	45
板	简支	—	25	30	40	55
	连续	—	20	20	25	30

注：1. 表中的保护层最小厚度仅考虑了构件耐火极限要求；
    2. 锚固区的耐火极限应不低于结构本身的耐火极限；
    3. 如耐火等级较高，当混凝土保护层厚度不能满足列表要求时，应使用防火涂料。

2. 预应力混凝土截面尺寸

预应力束孔道设置的间距需要考虑普通钢筋的布置、混凝土保护层最小厚度要求、混凝土浇筑的要求及施工可行性等，表 13-3 根据预应力束孔道设置要求给出了最小梁宽参考值。

预应力孔道放置要求的最小梁宽参考值(mm)   表 13-3

孔道内钢绞线根数 (φ15.2)	波纹管参考内径(mm)	一排孔道数				
		1	2	3	4	5
3	45	150	300	400	550	650
4	50	150	300	450	600	700
5	55	150	300	450	600	800
6、7	70	200	350	550	750	950
8、9	80	200	400	600	850	1050
10、11、12	90	200	450	650	900	1150

注：1. 本表适用于同一排采用相同规格的圆形波纹管的情况；
    2. 本表针对金属波纹管，考虑波纹管外径比内径大 7mm，可根据所选用的波纹管规格进行调整。

梁端预应力锚具的间距应根据结构混凝土强度、锚具尺寸、锚下构造、千斤顶尺寸、预应力筋布置及局部承压等因素确定。构件端部锚具布放要求的截面最小宽度建议见表 13-4 和图 13-1。构件端部锚具布放应依据锚固区设计、验算和构造要求进行复核；对受力状况复杂的锚固区，可采用试验方法对其进行分析或复核。

构件端部锚具布放要求的截面最小宽度建议值(mm)　　　表 13-4

锚具规格 （M15）	锚垫板 尺寸 A	b_{min}	a_{min}	一排锚具数				
				1	2	3	4	5
3	135	120	220	240	460	680	900	1120
4	165	130	250	260	510	760	1010	1260
5	180	140	275	280	555	830	1105	1380
6	210	155	280	310	590	870	1150	1430
7	210	165	330	330	660	990	1320	1650
8	220	170	330	340	670	1000	1330	1660
9	240	185	375	370	745	1120	1495	1870
10	270	185	375	370	745	1120	1495	1870
11	270	200	405	400	805	1210	1615	2020
12	270	220	440	440	880	1320	1760	2200

注：1. 张拉端锚具的最小间距应满足配套的锚固体系和千斤顶的安装要求；
　　2. 锚垫板尺寸、截面尺寸和间接钢筋配置等需满足施工阶段局部受压承载力要求；
　　3. 锚具布置尺寸要求可参考技术标准及锚固体系参数；表中建议参数所考虑的情况为：张拉预应力筋时，混凝土的立方体抗压强度为 40MPa 且每排采用相同规格锚具。

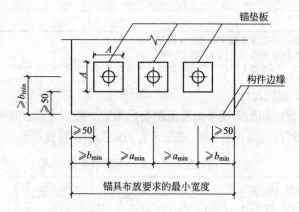

图 13-1　锚具布放的间距及截面最小宽度要求

3. 体外预应力束曲率半径与摩擦系数

体外预应力转向块处曲率半径 R 不宜小于表 13-5 的最小曲率半径 R_{min}，体外束预应力筋转向处的摩擦系数 κ 和 μ 见表 13-6。

转向块处体外束曲率半径 R_{min}(m)　　　表 13-5

钢绞线束(根数与规格)	最小曲率半径 R_{min}
7 Φ^s15.2(12 Φ^s12.7)	2.0
12 Φ^s15.2(19 Φ^s12.7)	2.5
19 Φ^s15.2(31 Φ^s12.7)	3.0

注：1. 钢绞线根数少于列表数值时，R_{min} 取 2.0m；
　　2. 钢绞线根数为列表数值的中间值时，可按线性内插法确定。

表 13-6

转向块处摩擦系数 κ 和 μ

体外束的类型/套管材料	κ	μ
光面钢绞线/镀锌钢管	0.001～0.002	0.20～0.30
光面钢绞线/HDPE 塑料管	0.002～0.003	0.12～0.20
无粘结预应力筋/钢套管	0.003～0.004	0.08～0.12
热挤聚乙烯成品束/钢套管	—	0.10～0.15
无粘结平行带状束/钢套管	—	0.04～0.06

13.2　预应力混凝土板构造设计

预应力混凝土板常采用无粘结预应力束，也可以采用有粘结或缓粘结束配筋；锚固体系为较小的预应力锚固单元及配套锚下构造；无粘结预应力束为单根或多根平行并束无粘结预应力筋；有粘结预应力束预留孔道可采用扁形金属或塑料波纹管。先张预应力混凝土板包括先张预应力混凝土叠合板、圆孔空心板及 SP 空心板等。

1. 预应力混凝土板内布束平面标注示例

预应力混凝土板内预应力筋曲线线形施工图表示方法见图 13-2，当预应力筋采用基本线形，可直接平面标注。施工构造详图的设计参见国家建筑标准设计图集《后张预应力混凝土结构施工图表示方法及构造详图》06SG429 的规定。

2. 预应力混凝土板布束基本要求

（1）预应力筋沿连续平板受力方向宜采用多波连续抛物线布置。预应力筋一般沿板宽单根均匀布置（图 13-3a），预应力束的间距不宜大于 $6h_s$ 且 1000mm，h_s 为楼板厚度。

（2）板中无粘结预应力筋布置也可平行并筋均匀布置（图 13-3b），每束预应力筋不宜超过 5 根，预应力束的间距不宜大于 $12h_s$ 且 2400mm，d_p 为无粘结预应力筋束净间距，抵抗温度应力配置的无粘结预应力筋间距可不受此限制；a_s 为无粘结预应力筋保护层厚度，最小厚度要求见表 13-2。

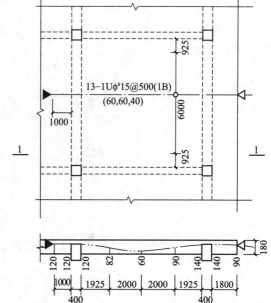

图 13-2　板内预应力筋线形平面标注示例

（3）在现浇楼板中采用扁形锚固体系时，每个预留孔道内的预应力筋数量宜为 3～5 根；在常用荷载情况下，孔道在水平方向的净间距不应超过 8 倍板厚及 1.5m 中的较大值。

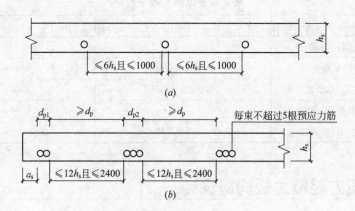

图 13-3　板中无粘结预应力筋布置要求

(a)单根布筋要求；(b)带状布筋最大间距要求

3．预应力混凝土双向板布束

(1)预应力筋宜采用双向多波连续抛物线布置(预应力筋也可采用折线形布置)，抛物线的参数取值应考虑双向普通钢筋及预应力筋交叉编网的影响。一般双向均沿板宽单根均匀布筋，也可并筋均匀布置，但靠近板边缘处可适当减少。每束预应力筋不宜超过 4 根，预应力束的间距不宜大于 1000mm。

(2)沿短跨的预应力筋在跨中宜布置在长跨预应力筋的下面，沿短跨的普通钢筋在跨中宜布置在长跨普通钢筋的上面(图 13-4)。

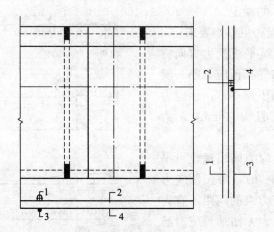

图 13-4　预应力筋与普通钢筋的位置关系

1—长向预应力筋；2—短向预应力筋；3—长向普通钢筋；4—短向普通钢筋

(3)边支承双向板预应力筋布筋方式构造图(图 13-5)。

4．板中开洞处预应力筋布束

预应力平板和密肋板可以在局部设置洞口，但应验算是否满足承载力及刚度要求。设计原则和具体要求可参见本书第 9 章相关内容。

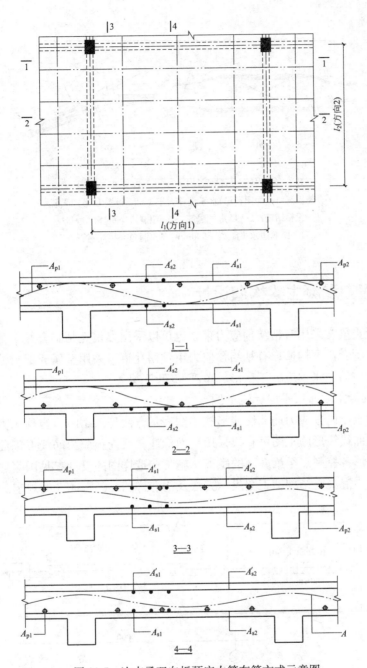

图 13-5 边支承双向板预应力筋布筋方式示意图

注：A_s、A_p 分别为板中普通钢筋和预应力筋；下标 s1、p1、s2、p2 分别表示方向 1、2 上的受力钢筋。

美国后张预应力学会（PTI）手册（第六版）有关构造要求与建议：无粘结预应力筋绕过洞口的布置，当预应力筋的水平偏移大于 1：12 时，必须设置 U 形加强筋，且最大水平偏移应小于 1：6；对于多根预应力筋带状束，U 形加强筋需交错布置以保证带状束中的每根筋受足够约束（图 13-6a）。PTI 手册对于水平偏移的要求比 JGJ 92—2004 的规定更严格，目的在于控制预应力筋水平分力的大小，对过大洞口预应力筋布置方式进行限制。

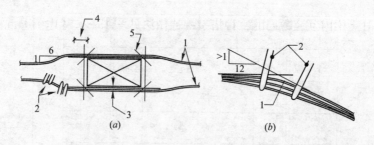

图 13-6 洞口无粘结预应力筋布置要求示意图

(a)楼板洞口平面图；(b)水平偏移大于 1：12 设置 U 形加强筋

1—无粘结筋；2—U 形加强筋；3—距洞边净距≥150mm；

4—距洞边水平距离≥600mm；5—洞角部加强钢筋

13.3 预应力混凝土梁构造设计

预应力混凝土梁常采用有粘结预应力束，也可以采用多根无粘结合并束配筋；锚固体系为多孔群锚及配套锚下构造；有粘结预应力束预留孔道可采用金属或塑料波纹管。先张预应力混凝土梁包括先张预应力工字形、单 T 和双 T 梁等。

1. 预应力混凝土梁布束平面标注示例

预应力混凝土梁内预应力筋曲线线形施工图表示方法见图 13-7，当预应力筋采用基本线形，预应力筋曲线线形施工图可直接采用平面标注；梁内预应力筋线形剖面图中的数值表示预应力筋线形各控制点至梁底面的距离。施工构造详图的设计参见国家建筑标准设计图集《后张预应力混凝土结构施工图表示方法及构造详图》06SG429 的规定。

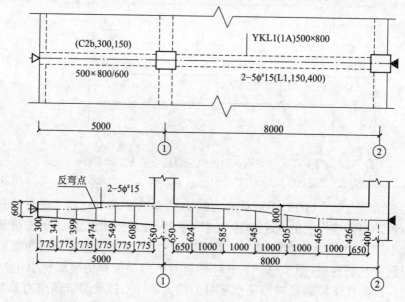

图 13-7 预应力筋曲线线形施工图表示方法

2. 预应力混凝土梁后浇带搭接与布束形式

预应力混凝土梁内预应力筋的一种搭接构造做法见图 13-8，考虑到梁混凝土后浇带封闭后方可张拉预应力筋，因此预应力筋采用分段搭接布置；预应力筋可采用梁面设张拉槽，或设计梁侧设扶壁张拉端块。

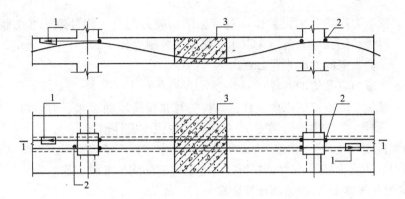

图 13-8　预应力筋搭接构造做法

1—预留槽内张拉端；2—固定端；3—后浇带

3. 预应力混凝土梁孔道布置

预应力筋及预留孔道的配置构造应符合下列规定：

(1) 预制构件孔道之间的水平净间距不宜小于 50mm，且不宜小于粗骨料粒径的 1.25 倍；孔道至构件边缘的净间距不宜小于 30mm，且不宜小于孔道直径的 50%。

(2) 现浇混凝土梁中，预留孔道在竖直方向的净间距不应小于孔道外径，水平方向的净间距不宜小于 1.5 倍孔道外径，且不应小于粗骨料粒径的 1.25 倍；从孔道外壁至构件边缘的净间距，梁底不宜小于 50mm，梁侧不宜小于 40mm；裂缝控制等级为三级的梁，上述净间距分别不宜小于 70mm 和 50mm。

(3) 预留孔道的内径宜比预应力束外径及需穿过孔道的连接器外径大 6～15mm；且孔道的截面积宜为穿入预应力束截面面积的 3.0～4.0 倍。

(4) 当有可靠经验并能保证混凝土浇筑质量时，预应力筋孔道可水平并列贴紧布置，但并排的数量不应超过 2 束。

(5) 梁中集束布置的无粘结预应力筋，束的水平净间距不宜小于 50mm，束至构件边缘的净距不宜小于 40mm。

(6) 后张预应力筋孔道两端应设排气孔。后张预应力构件的灌浆孔设置位置：单跨梁宜设置在跨中处，多跨连续梁宜设置在中支座处。灌浆孔间距对抽拔管不宜大于 12m，对波纹管不宜大于 30m。曲线孔道高差大于 0.5m 时，应在孔道的每个峰顶处设置泌水管，泌水管伸出梁面高度不宜小于 0.5m。泌水管也可兼作灌浆管使用。

4. 预应力梁曲线束布置要求

(1) 后张预应力混凝土构件的曲线预应力筋的曲率半径，对孔径 50～70mm 不宜小于 4m，对孔径 75～95mm 不宜小于 5m。折线孔道的弯折处，宜采用圆弧过渡，其曲率半径可适当减小。曲线预应力筋的端头，应有与之相切的直线段，直线段长度不应小于 300mm。

（2）后张预应力混凝土构件中，当采用曲线预应力束时，其曲率半径 r_p 宜按下列公式确定，但不宜小于 4m：

$$r_p \geqslant \frac{P}{0.35 f_c d_p} \tag{13-1}$$

式中　P——预应力束的合力设计值，对有粘结预应力混凝土构件取 1.2 倍张拉控制力，对无粘结预应力混凝土取 1.2 倍张拉控制力和 $f_{ptk}A_p$ 中的较大值；

　　　r_p——预应力束的曲率半径（m）；

　　　d_p——预应力束孔道的外径；

　　　f_c——混凝土轴心抗压强度设计值，当验算张拉阶段曲率半径时，可取与施工阶段混凝土立方体抗压强度 f'_{cu} 对应的抗压强度设计值 f'_c。

对于折线配筋的构件，在预应力束弯折处的曲率半径可适当减小。当曲率半径 r_p 不满足上述要求时，可在曲线预应力束弯折处内侧设置钢筋网片或螺旋筋。

5. 预应力曲线梁 U 形加强筋计算要求

在预应力混凝土结构中，当沿构件凹面布置的纵向曲线预应力束时（图 13-9），应进行防崩裂设计。当曲率半径 r_p 满足下列公式要求时，可仅配置构造 U 形插筋。

$$r_p \geqslant \frac{P}{f_t(0.5 d_p + c_p)} \tag{13-2}$$

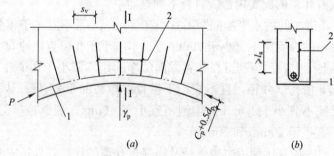

图 13-9　U 形插筋构造示意
(a)U 形插筋布置；(b)I—I 剖面
1—预应力束；2—沿曲线预应力束均匀布置的 U 形插筋

当不满足时，每单肢 U 形插筋的截面面积应按下列公式确定：

$$A_{sv1} \geqslant \frac{P s_v}{2 r_p f_{yv}} \tag{13-3}$$

式中　P——预应力束的合力设计值；

　　　f_t——混凝土轴心抗拉强度设计值，可取与施工张拉阶段混凝土立方体抗压强度 f'_{cu} 相应的抗拉强度设计值 f'_t；

　　　c_p——预应力筋孔道净混凝土保护层厚度；

　　　A_{sv1}——每单肢插筋截面面积；

　　　s_v——U 形插筋间距；

　　　f_{yv}——U 形插筋抗拉强度设计值，当大于 360N/mm² 时取 360N/mm²。

U 形插筋的锚固长度不应小于 l_a；当实际锚固长度 l_e 小于 l_a 时，每单肢 U 形插筋的截面面积可按 A_{sv1}/k 取值。其中，k 取 $l_e/15d$ 和 $l_e/200$ 中的较小值，且 k 不大于 1.0。

当有平行的几个孔道，且中心距不大于 $2d_p$ 时，预应力筋的合力设计值应按相邻全部孔道内的预应力筋确定。

13.4 体外预应力构造设计

1. 体外预应力混凝土结构构造一般规定

(1) 体外预应力体系由预应力筋、防护系统、锚固体系、转向块和防振动装置组成。体外束预应力筋可根据环境条件采用钢绞线、镀锌钢绞线或环氧涂层钢绞线等。

(2) 体外预应力体系包括可更换束和不可更换束两大类。可更换束又包括整体更换和套管内单根换束两种。对整体更换的体外束，在锚固端和转向块处，体外束套管应与结构分离，以方便更换体外束。对套管内单根换束的体外束预应力筋与套管应能够分离。

(3) 预应力筋线形可采用直线、双折线或多折线布置方式。体外预应力束布置应使结构对称受力，对矩形或工字形截面梁，体外束应布置在梁腹板的两侧；对箱形截面梁，体外束应布置在梁腹板的内侧；对多折线体外束，转向块宜布置在距梁端 1/4~1/3 跨度的范围内，必要时可增设中间定位用转向块，对多跨连续梁采用多折线体外束时，可在中间支座或其他部位增设锚固块。

(4) 体外束的锚固块与转向块之间或两个转向块之间的自由段长度不应大于 8m，超过该长度应设置防振动装置。

(5) 体外束在每个转向块处的弯折角不应大于 15°，转向块鞍座处最小曲率半径宜按表 13-5 采用，体外束与鞍座的接触长度由设计计算确定。用于制作体外束的钢绞线，应按偏斜拉伸试验方法确定其力学性能。

(6) 体外束的锚固区除进行局部受压承载力计算外，尚需对锚固区与主体结构之间的抗剪承载力进行验算；转向块需根据体外束产生的垂直分力和水平分力进行设计，并考虑转向块的集中力对结构局部受力的影响，以保证将预应力可靠地传递至梁体。

2. 体外预应力锚固区

(1) 体外束的锚固区应保证传力可靠且变形符合设计要求。

(2) 混凝土梁加固用体外束的锚固端可采用下列构造：采用现浇混凝土将预应力传至混凝土梁或楼板上；采用梁侧牛腿将预应力直接传至混凝土梁上；采用钢板箍或钢板块将预应力传至框架柱上；采用混凝土或钢垫块先将预应力传至端横梁，再传至框架柱上。

3. 体外预应力转向块

体外束的转向块应能保证将预应力可靠地传递给结构主体，可采用独立转向或结合横向次梁设置转向块。构成转向块的钢板、半圆钢、锚栓和厚壁钢套管应在计算基础上确定规格和连接构造。转向块处的鞍座(或厚壁钢套管)预先弯曲成型并应保证体外束的转向角度和最小曲率半径。

4. 体外预应力束主体类型

体外预应力束主体类型包括：

(1) 单根无(有)粘结筋束：带 HDPE 套管、钢套管或其他套管的单根无(有)粘结束；

（2）多根有（无）粘结束：带 HDPE 套管、钢套管或其他材料套管内的多根有（无）粘结束；

（3）无粘结钢绞线多层防护束：带 HDPE 套管、钢套管或其他材料套管，套管内可采取灌浆与不灌浆两种方式；

（4）多层防护的热挤聚乙烯成品体外预应力束：工厂加工制作的成品束，包括热挤聚乙烯高强钢丝拉索，热挤聚乙烯钢绞线拉索等；

（5）双层涂塑多根无粘结筋带状束：在单根无粘结筋的基础上，开发的多根并联式双层涂塑预应力筋。

5. 框架梁加固体外预应力束布置

体外预应力加固混凝土框架梁结构的体外预应力束、转向块、锚固块形式和布置应根据既有建筑结构布置、体外预应力筋布置，见图 13-10。

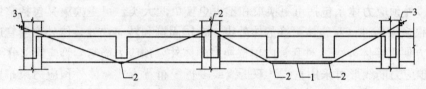

图 13-10　框架梁加固体外预应力束布置图

1—体外预应力束；2—转向块；3—锚固块

6. 加固梁体外预应力束转向及锚固构造做法

（1）当转向块为鞍形时，预应力束套管可在鞍形转向块上平顺通过，并宜通过挡板固定预应力束位置，转向块构造及与加固梁的连接可采用下列形式：

① 当转向块安装在加固梁底部时，可通过不同高度的横向加劲形成弧面鞍座，并通过水平钢板、加劲板利用锚栓及结构胶与加固梁底部、侧面或跨中次梁连接固定（图 13-11）。

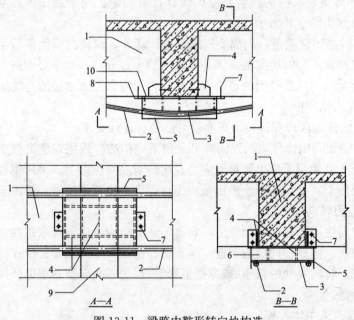

图 13-11　梁跨中鞍形转向块构造

1—原混凝土梁；2—体外预应力束；3—鞍形弧面；4—加劲板；5—挡板；6—鞍座；
7—锚栓；8—梁底钢板；9—次梁；10—结构胶连接面

② 当转向块安装在加固梁顶部时，可通过不同高度的横向加劲形成弧形鞍座，并通过水平钢板、加劲板利用锚栓及结构胶与加固梁顶部连接固定（图 13-12）。

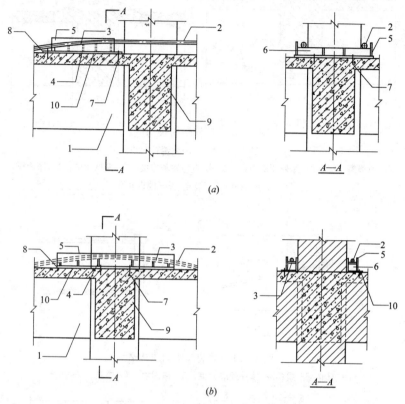

图 13-12 梁端部鞍形转向块构造

(*a*)预应力束一侧水平、一侧倾斜；(*b*)预应力束两侧倾斜

1—原混凝土梁；2—体外预应力束；3—鞍形弧面；4—加劲板；5—挡板；6—鞍座；7—锚栓；
8—梁顶钢板；9—横向梁；10—结构胶连接面

（2）当转向块采用钢管时，钢管厚度不宜小于 5mm，钢管与加固梁的连接可采用下列形式：

① 当转向块安装在加固梁跨中两侧时，宜采用 U 形钢板利用锚栓和结构胶与加固梁连接固定，钢管与 U 形钢板的侧面焊接固定，并通过竖向加劲加强钢管与 U 形钢板的连接（图 13-13*a*）。

② 当转向块安装在加固梁顶柱子两侧时，宜采用钢板利用锚栓和结构胶与加固梁顶和柱子连接固定，钢管与柱子侧面钢板焊接固定，并通过竖向加劲加强钢管与竖向钢板的连接（图 13-13*b*），预应力束穿过楼板时应在楼板开洞，张拉后封堵。

（3）锚固块宜做成钢结构横梁形式布置在加固梁端部，并将预加力传递给加固混凝土结构，锚固块的布置可采用下列形式：

① 当加固梁为独立梁时，锚固块宜布置在加固梁端中性轴稍偏上的位置（图 13-14）。

② 当加固梁有边梁或在跨中锚有横向梁时，也可在楼板开孔，体外束穿过楼板锚固，锚固块通过钢板箍固定在上层柱底部（图 13-15），这种方式应注意预加力对柱底剪力的影响。

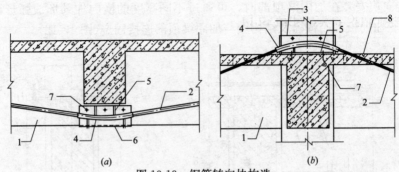

图 13-13　钢管转向块构造

(a)跨中转向块；(b)梁端转向块

1—原混凝土梁；2—体外预应力束；3—钢板与柱子连接；4—厚壁钢管；5—加劲板；
6—U 形钢板；7—锚栓；8—楼板开洞

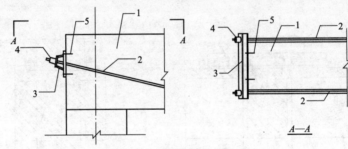

图 13-14　梁端部锚固块构造

1—原混凝土梁；2—体外预应力束；3—锚固块；4—锚具；5—锚栓

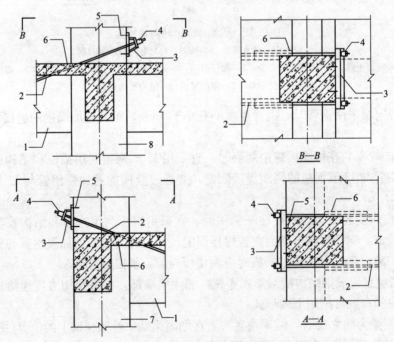

图 13-15　穿楼板锚固块构造

1—原混凝土梁；2—体外预应力束；3—锚固块；4—锚具；5—锚栓；
6—楼板开孔；7—边柱；8—中柱

13.5 锚固区节点构造设计

预应力混凝土矩形截面梁锚固区受力特征如图 6-13 所示，当锚具布置在端面中心部位，从拉、压主应力迹线可看出，在局部范围存在应力干扰区，除了有预应力作用的压应力外，由于锚具的劈拉作用，在距端面约 $0.5h$ 区域产生很大的横向拉应力，此区域称为劈裂区。此外，梁端面锚具附近存在局部拉应力区，可能导致混凝土剥落，此区域称为剥落区。预应力混凝土结构构件的劈裂区和剥落区必须配置相应的抗劈裂和抗剥落钢筋。

1. 锚固区配筋构造

(1) 采用普通垫板时，应按 GB 50010—2010 的有关规定进行局部受压承载力计算，并配置钢筋，其体积配筋率不应小于 0.5%，垫板的刚性扩散角应取 45°；

(2) 局部受压承载力计算时，局部压力设计值对有粘结预应力混凝土构件取 1.2 倍张拉控制力，对无粘结预应力混凝土取 1.2 倍张拉控制力和 $f_{ptk}A_p$ 中的较大值；

(3) 在局部受压间接钢筋配置区以外，在构件端部长度 l 不小于截面重心线上部或下部预应力筋的合力点至邻近边缘的距离 e 的 3 倍，但不大于构件端部截面高度 h 的 1.2 倍，高度为 $2e$ 的附加配筋区范围内，应均匀配置附加防劈裂箍筋或网片（图 13-16），配筋面积可按下列公式计算，且体积配筋率不应小于 0.5%。

$$A_{sb} \geq 0.18\left(1 - \frac{l_l}{l_b}\right)\frac{P}{f_{yv}} \tag{13-4}$$

式中　P——作用在构件端部截面重心线上部或下部预应力筋的合力设计值；

l_l、l_b——分别为沿构件高度方向 A_l、A_b 的边长或直径；

f_{yv}——附加防劈裂钢筋的抗拉强度设计值。

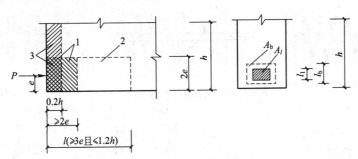

图 13-16　防止端部裂缝的配筋范围

1—局部受压间接钢筋配置区；2—附加防劈裂配筋区；3—附加防端面裂缝配筋区

(4) 当构件端部预应力筋需集中布置在截面下部或集中布置在上部和下部时，应在构件端部 $0.2h$ 范围内设置附加竖向防端面裂缝构造钢筋，其截面面积应符合下列公式要求：

$$A_{sv} \geq \frac{T_s}{f_{yv}} \tag{13-5}$$

$$T_s = \left(0.25 - \frac{e}{h}\right)P \tag{13-6}$$

式中　T_s——锚固端端面拉力；

P——作用在构件端部截面重心线上部或下部预应力筋的合力设计值；

e——截面重心线上部或下部预应力筋的合力点至截面近边缘的距离；

h——构件端部截面高度。

当 e 大于 $0.2h$ 时，可根据实际情况适当配置构造钢筋。竖向防端面裂缝钢筋宜靠近端面配置，可采用焊接钢筋网、封闭式箍筋或其他的形式，且宜采用带肋钢筋。

当端部截面上部和下部均有预应力筋时，附加竖向钢筋的总截面面积应按上部和下部的预应力合力分别计算的较大数值采用。在构件横向也应按上述方法计算抗端面裂缝钢筋，并与上述竖向钢筋形成网片筋配置。

2. 局部受压区的钢筋构造

锚具后受压区的间接钢筋可采用钢筋网片、附加箍筋或螺旋筋。设计计算公式和配筋具体要求可参见本书第 6 章相关内容。

3. 无粘结预应力锚固系统

无粘结预应力混凝土中，由于预应力筋在混凝土内永久性处于可自由滑动状态，借助于锚具才能使预应力筋和混凝土共同工作，因此，锚具是结构质量和安全构成的主要因素。无粘结预应力筋锚具的选用应根据无粘结筋的品种、张拉吨位及工程使用情况选定。

(1) 张拉端锚固系统构造

对于夹片锚具系统张拉端可采用下列做法：①圆套筒锚具构造由锚环、夹片、承压板、螺旋筋组成(图 13-17a)，该锚具一般宜采用凹进混凝土表面布置；②垫板连体式夹片锚具应采用凹进混凝土表面做法，其构造由连体锚板、夹片、穴模、密封连接件及螺母、螺旋筋等组成(图 13-17b)。

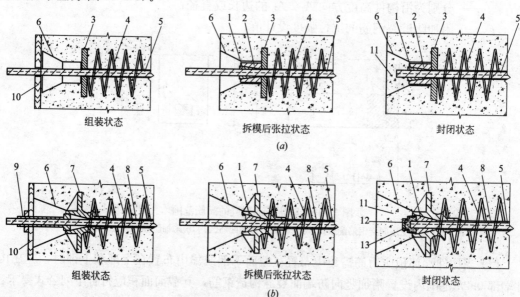

图 13-17　张拉端锚具系统构造

(a)圆套筒锚具；(b)垫板连体式锚具

1—夹片；2—锚环；3—承压板；4—螺旋筋；5—无粘结预应力筋；
6—穴模；7—连体锚板；8—塑料保护套；9—密封连接件及螺母；
10—模板；11—细石混凝土；12—密封盖；13—专用防腐油脂或环氧树脂

（2）固定端锚固系统构造

固定端宜采用挤压式锚具或垫板连体式锚具，锚固端必须埋设在结构构件的混凝土中，做法有两种：①挤压锚具，其构造由挤压锚具(套筒、夹片或硬钢丝螺旋圈组成)、承压板、螺旋筋组成(图 13-18a)，挤压锚具应用专用挤压设备将挤压锚套筒、夹片(或硬钢丝螺旋圈)组装在钢绞线端部；②垫板连体式夹片锚具，其构造由铸造锚具、夹片和螺旋筋、外盖组成(图 13-18b)。该锚具应预先用专用紧楔器以预应力筋张拉力的 0.75 倍顶紧力使夹片预紧，并安装带螺母外盖。

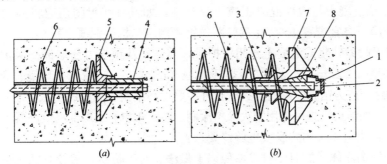

图 13-18　固定端锚具系统构造

(a)挤压锚具；(b)垫板连体式锚具

1—涂专用防腐油脂或环氧树脂；2—密封盖；3—塑料密封套；
4—挤压锚具；5—承压板；6—螺旋筋；7—连体锚板；8—夹片

美国后张预应力学会(PTI)手册(第六版)有关构造：对于 6 根以上带状束无粘结筋锚固区铺设，如无粘结筋间距小于 300mm，必须设置图 13-19 所示的水平 U 形加强钢筋，U 形加强钢筋长度不小于 230mm，采用与其垂直的定位钢筋固定。PTI 推荐的此种锚下构造配筋，目的是为了抵抗锚下劈拉应力，受力明确合理。板厚大于 180mm 时，带状束无粘结筋间距最小为 80mm；板厚小于 180mm 时，带状束无粘结筋间距最小为 160mm(图 13-20)。

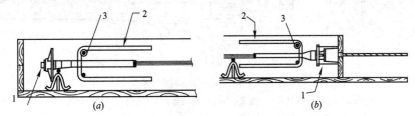

图 13-19　带状束无粘结筋锚固区加强钢筋

(a)固定端；(b)张拉端

1—锚固系统；2—U 形加强钢筋；3—定位钢筋

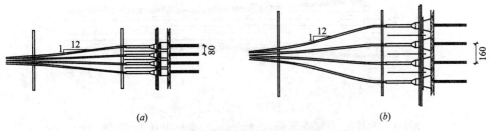

图 13-20　带状束无粘结筋锚固区铺设示意图

(a)板厚大于 180mm 锚固区铺设；(b)板厚小于 180mm 锚固区铺设

4. 锚具的封闭

预应力混凝土外露锚具，应采取可靠的防腐及防火措施，并应符合下列规定：

（1）无粘结预应力筋外露锚具应采用注有足量防腐油脂的塑料帽封闭锚具端头，并应采用无收缩砂浆或细石混凝土封闭。

（2）对处于二 b、三 a、三 b 类环境条件下的无粘结预应力锚固系统，应采用全封闭的防腐蚀体系，其封锚端及各连接部位应能承受 10kPa 的静水压力而不得透水。

（3）采用混凝土封闭时，其强度等级宜与构件混凝土强度等级一致，且不应低于 30N/mm²。封锚混凝土与构件混凝土应可靠粘结，如锚具在封闭前应将周围混凝土界面凿毛并冲洗干净，且宜配置 1～2 片钢筋网，钢筋网应与构件混凝土拉结。

（4）采用无收缩砂浆或混凝土封闭保护时，其锚具及预应力筋端部的保护层厚度不应小于：一类环境时 20mm，二 a、二 b 类环境时 50mm，三 a、三 b 类环境时 80mm。

（5）无粘结预应力锚固体系的防火措施可参照无粘结预应力筋的防火要求；体外预应力筋束和锚固体系的防火措施可采用防火涂料涂刷、防火布包裹及局部浇筑混凝土防护等。

大吨位群锚锚固体系的防腐或电绝缘要求：

大吨位群锚锚固体系的封闭可以参照以上做法。对于防腐要求较高的工程，锚固体系可设置配套灌浆罩，提高防护等级（图 13-21）；对于有电绝缘要求的预应力束，必须采用专门设计的大吨位群锚电绝缘锚固体系（图 13-22），使用非电导体绝缘材料将大吨位群锚完全包裹起来，形成电绝缘锚固体系，主要应用于铁路和轻轨交通结构，防止杂散电流影响群锚锚固体系的耐久性。

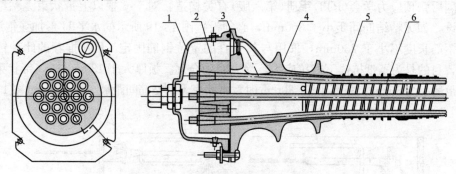

图 13-21　带灌浆罩锚固体系

1—灌浆罩；2—锚具；3—灌浆孔；4—喇叭管；5—孔道管；6—预应力筋

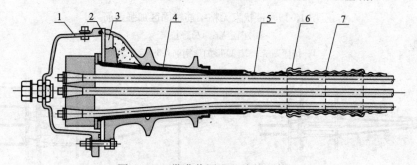

图 13-22　带灌浆罩电绝缘锚固体系

1—塑料或有塑料涂层铸铁灌浆罩；2—绝缘板；3—塑料封堵；4—HDPE 内衬；

5—塑料孔道管；6—热缩套或胶带；7—塑料连接管

参考文献

[1] 杜拱辰. 现代预应力混凝土结构. 北京：中国建筑工业出版社，1988

[2] BEN C. GERWICK，JR. 预应力混凝土结构施工. 第 2 版. 北京：中国铁道出版社，1999

[3] 陶学康. 后张预应力混凝土设计手册. 北京：中国建筑工业出版社，1996

[4] 李晨光，刘航，段建华，黄芳玮. 体外预应力结构技术与工程应用. 北京：中国建筑工业出版社，2008

[5] 高承永，张家华，张德锋，王绍义. 预应力混凝土设计技术与工程实例. 北京：中国建筑工业出版社，2010

[6] 中华人民共和国国家标准. 混凝土结构设计规范 GB 50010—2010

[7] 中国土木工程学会高强与高性能混凝土委员会. 高强混凝土结构设计与施工指南. 第 2 版. 北京：中国建筑工业出版社，2001

[8] 中华人民共和国行业标准. 轻骨料混凝土结构技术规程 JGJ 12—2006

[9] 中华人民共和国建筑工业行业标准. 预应力混凝土用金属波纹管 JG 225—2007

[10] 中华人民共和国交通行业标准. 预应力混凝土桥梁用塑料波纹管 JT/T 529—2004

[11] 中华人民共和国国家标准. 预应力筋用锚具、夹具和连接器 GB/T 14370—2007

[12] 中国工程建设标准化协会标准. 建筑工程预应力施工规程 CECS 180：2005

[13] 中华人民共和国行业标准. 无粘结预应力混凝土结构技术规程 JGJ 92—2004

[14] 中华人民共和国国家标准. 预应力混凝土用钢绞线 GB/T 5224—2003

[15] 中华人民共和国建筑工业行业标准. 无粘结预应力钢绞线 JG 161—2004

[16] 中华人民共和国建筑工业行业标准. 无粘结预应力筋专用防腐润滑脂 JG 3007—1993

[17] 中华人民共和国国家标准. 混凝土结构工程施工质量验收规范 GB 50204—2002

[18] 中华人民共和国行业标准. 预应力筋用锚具、夹具和连接器应用技术规程 JGJ 85—2010

[19] 中华人民共和国行业标准. 预应力混凝土结构抗震设计规程 JGJ 140—2004

[20] 中华人民共和国行业标准. 建筑结构体外预应力加固技术规程 JGJ/T 279—2012

[21] 国家建筑标准设计图集. 后张预应力混凝土结构施工图表示方法及构造详图 06SG429. 中国建筑标准设计研究院，2006

[22] Post-tensioning Manual，Sixth Edition. By Post-tensioning Institute，U. S. A. 2006

预应力结构设计实例及工程应用

14.1 预应力空心楼板设计实例

1. 工程概况

某工程地处 8 度抗震设防区,结构体系为框架-剪力墙结构;地上二层局部的楼盖采用大跨预应力混凝土空心楼板结构,其上为屋顶花园,有 3m 厚覆土。环境类别为二类,结构平面如图 14-1 所示。该空心板平面尺寸为 16.2m×26.4m(图中左上角斜线标出部分),板厚设计为 600mm,恒载 10kN/m²(不包括板自重),活载 3.0kN/m²。

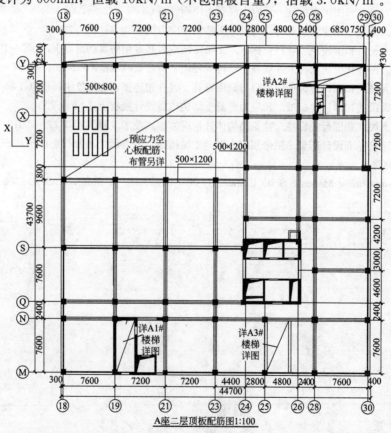

图 14-1 结构平面图

-194-

2. 设计依据

本工程预应力混凝土空心楼板结构的主要设计依据为《混凝土结构设计规范》GB 50010—2010 及《无粘结预应力混凝土结构技术规程》JGJ 92—2004。

3. 设计参数

预应力筋：$\phi^s15.2$mm 无粘结预应力低松弛钢绞线，$f_{ptk}=1860$MPa；单根截面面积 $A=140$mm^2；弹性模量 $E_p=1.95\times10^5$MPa；张拉控制应力 $\sigma_{con}=1302$MPa；

普通钢筋：HRB335 级，$f_y=f'_y=300$MPa，$E_s=2.0\times10^5$MPa；

混凝土：强度等级为 C40，$f_{tk}=2.39$MPa，$f_c=19.1$MPa，$E_c=3.25\times10^4$MPa；

空心块填充体：几何尺寸 1000mm×600mm×460mm，采用聚苯块体材料，设计计算不计其自重。表 14-1 为设计荷载数值。

荷 载 数 值		表 14-1
荷载类型	kN/m²	备注
恒荷载	10.00	设计给出
活荷载	3.00	设计给出
板自重及装饰荷载	7.20	计算得出
总荷载值	20.20	

本工程按照双向板进行受力分析，取双向计算单元进行空心板的计算，其中 x 向计算单元和 y 向计算单元分别为 780mm×600mm 和 1180mm×600mm，x 向跨为 16.2m，y 向跨为 26.4m。空心块体混凝土的肋宽为 180mm。计算单元如图 14-2 所示。根据计算单元参数求得计算单元几何特征见表 14-2。

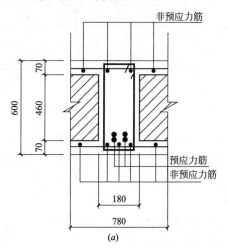
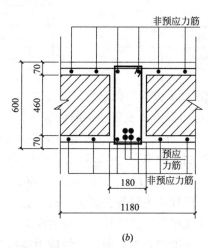

图 14-2 空心楼板双向计算单元

(a)X 方向；(b)Y 方向

	B(mm)	H(mm)	跨度 L(mm)	A(mm²)	W(mm²)
X 向	780	600	16200	1.92×10^5	3.058×10^7
Y 向	1180	600	26400	2.48×10^5	4.376×10^7

双向空心板计算单元几何特性 表 14-2

板中预应力筋束形布置如图 14-3，预应力筋为四段抛物线布置，两端张拉，各控制点到板顶(底)的距离见表 14-3，其中 θ 为摩擦角，双向板受力分析按照固定边界计算。

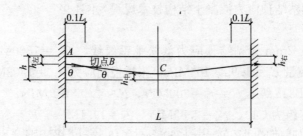

图 14-3　预应力筋布置示意图

表 14-3

预应力束形布置(双排筋)

	预应力筋线形	$h_{左}$(mm)	$h_{右}$(mm)	$h_{中}$(mm)
X 向	四段抛物线	50	50	50
Y 向	四段抛物线	60	60	60(90)

4. 内力计算

空心板内力计算采用拟梁法，由 PKPM 软件得出 X 方向和 Y 方向的内力，其内力最大值列于表 14-4。

表 14-4

X 和 Y 方向计算单元支座弯矩(kN·m)

	基本组合		标准组合	
	支座	跨中	支座	跨中
X 方向	446	415	331	273
Y 方向	654	392	505	253

以下仅以 X 方向为例进行计算。

5. 预应力筋数量及普通钢筋数量估算

从表 14-4 可以看出，支座内力为最不利组合，因此取支座内力来估算预应力筋的数量。张拉控制应力取 $\sigma_{con}=0.7f_{ptk}$，板中预应力估算损失取 $0.2\sigma_{con}$。有效预应力估算值：$\sigma_{pe}=(1-0.2)\times0.7f_{ptk}=0.8\times0.7\times1860=1041.6\text{N/mm}^2$。

实际有效预应力计算公式为：$\sigma_{pe}=\sigma_{con}-\sigma_l$

屋面楼盖属于二类环境，预应力混凝土屋面梁结构应按照二级裂缝控制等级验算。

在荷载标准组合下，受拉边缘应力应符合：$\sigma_{ck}-\sigma_{pc}\leqslant f_{tk}$

$$A_p\geqslant\frac{\dfrac{\beta M_k}{W}-f_{tk}}{\left(\dfrac{1}{A}+\dfrac{e_p}{W}\right)\cdot\sigma_{pe}}=\frac{\dfrac{1.0\times331.02\times10^6}{3.058\times10^7}-2.39}{\left(\dfrac{1}{1.92\times10^5}+\dfrac{250}{3.058\times10^7}\right)\times1041.6}=605\text{mm}^2$$

取 4 根预应力筋束，$4\phi^s15.2\text{mm}$，$A_p=4\times140=560\text{mm}^2$

平均压应力 $\sigma_{pc}=\dfrac{N_p}{A_n}=\dfrac{0.8\times0.7\times1860\times560}{192000}=3.04\text{N/mm}^2<3.5\text{N/mm}^2$

估计普通钢筋面积，取预应力度 $\lambda=0.75$

$$A_s=\frac{A_p f_{py}(1-\lambda)}{\lambda f_y}=\frac{560\times1320\times(1-0.75)}{0.75\times300}=821.33\text{mm}^2$$

取普通钢筋 HRB335：$\Phi 14@110$，$A_s=A_s'=1077\text{mm}^2>821.33\text{mm}^2$

$$\rho=\frac{A_p(f_{py}/f_y)+A_s}{bh}=\frac{560\times(1320/300)+1077}{1.92\times10^5}=1.84\%<3.0\%$$

6. 预应力损失验算

曲线预应力束为单跨布置，采用两端张拉工艺，因此内力由跨中控制，现以 C 点为例计算预应力损失。

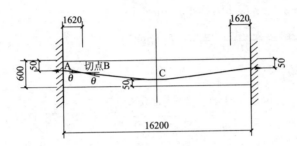

图 14-4　X 向预应力筋布置图

根据几何关系求得 AB 段 $f=100\text{mm}$，BC 段 $f=400\text{mm}$。

(1) 孔道摩擦损失 σ_{l2}（按两端张拉考虑）

张拉端至计算截面曲线孔道部分切线 B 点的夹角 $\theta=\frac{4f}{l}=\frac{4\times100}{2\times1620}=0.1235\text{rad}$，

无粘结预应力筋摩擦系数 k 取 0.004，μ 取 0.09。

C 点：$\sigma_{l2}=\sigma_{con}\left(1-\frac{1}{e^{kx+\mu\theta}}\right)=1302\times\left(1-\frac{1}{e^{0.004\times8.1+0.09\times2\times0.1235}}\right)=69.22\text{N/mm}^2$

(2) 锚具变形和预应力筋内缩损失 σ_{l1}

AB 段曲线方程：$y=\frac{100}{1620^2}x^2$，$r_{c1}=\frac{1}{y''}=\frac{1}{\frac{2\times100}{1620^2}}=13122\text{mm}=13.12\text{m}$

BC 段曲线方程：$y=\frac{400}{6480^2}x^2$，$r_{c2}=\frac{1}{y''}=\frac{1}{\frac{2\times400}{6480^2}}=52488\text{mm}=52.49\text{m}$

$\sigma_a=1302\text{MPa}$，$\sigma_b=1302-22.70=1279.3\text{N/mm}^2$

B 点：$\sigma_{l2}=1302\times\left(1-\frac{1}{e^{0.004\times1.62+0.09\times0.1235}}\right)=22.70\text{N/mm}^2$

$i_1=\sigma_a(k+\mu/r_{c1})=1302\times(0.004+0.09/13.12)=14.14\text{N/mm}^2/\text{m}$

$i_2=\sigma_b(k+\mu/r_{c2})=1279.3\times(0.004+0.09/52.49)=7.31\text{N/mm}^2/\text{m}$

$$l_f=\sqrt{\frac{aE_s}{1000i_2}-\frac{i_1(l_1^2-l_0^2)}{i_2}+l_1^2}$$

$$l_f=\sqrt{\frac{5\times1.95\times10^5}{1000\times7.31}-\frac{14.14\times(1.62^2-0^2)}{7.31}+1.62^2}=11.44\text{m}$$

C 点处的损失：由于 8.1m$<l_f=$11.44m，

$\sigma_{l1}=2i_2(l_f-x)=2\times7.31\times(11.44-8.1)=48.83\text{N/mm}^2$

（3）预应力筋的应力松弛损失 σ_{l4}

当 $\sigma_{con}\leqslant0.7f_{ptk}$ 时

$$\sigma_{l4}=0.125\left(\frac{\sigma_{con}}{f_{ptk}}-0.5\right)\sigma_{con}=0.125\times\left(\frac{1302}{1860}-0.5\right)\times1302=33.55\text{N/mm}^2$$

（4）混凝土收缩和徐变损失 σ_{l5}

$$\sigma_{pc}=\frac{N_p}{A_n}\pm\frac{N_pe_{pn}}{I_n}y_n+\sigma_{p2}=\frac{663012}{192000}+\frac{663012\times250}{3.058\times10^7}=8.87\text{N/mm}^2$$

式中　$N_p=1183.95\times4\times140=663.01\text{kN}$

$\sigma_{pe}=\sigma_{con}-\sigma_{l1}-\sigma_{l2}=1183.95\text{N/mm}^2$

$\rho=\dfrac{A_s+A_p}{A_n}=\dfrac{1077+4\times140}{192000}=0.0085$

混凝土收缩徐变损失：

$$\sigma_{l5}=\frac{55+300\frac{\sigma_{pc}}{f_{cu}'}}{1+15\rho}=\frac{55+300\times\frac{8.87}{40}}{1+15\times0.0085}=107.78\text{N/mm}^2$$

C 点处的预应力总损失：

$$\sigma_l=\sigma_{l1}+\sigma_{l2}+\sigma_{l4}+\sigma_{l5}$$
$$=48.83+69.22+33.55+107.78=259.39\text{N/mm}^2$$

预应力筋有效应力：

$$\sigma_{pe}=\sigma_{con}-\sigma_l=1302-259.38=1042.62\text{N/mm}^2$$

7. 承载能力极限状态计算

正截面受弯承载力计算

普通钢筋配筋：上下铁 HRB335，双向Φ14@110

X 向跨中截面强度验算

$A_s=1077\text{mm}^2$；$A_s'=1077\text{mm}^2$；$A_p=4\times140=560\text{mm}^2$

无粘结预应力钢绞线的受弯构件的应力设计值为

$$\sigma_{pu}=\sigma_{pe}+\Delta\sigma_p$$

假设受压区高度小于受压区翼缘高度即 $x<b_f'$

$$\xi_p=\frac{\sigma_{pe}A_p+f_yA_s}{f_cbh_p}=\frac{1042.62\times560+300\times1077}{19.1\times780\times550}=0.111<0.4$$

$$\Delta\sigma_p=(240-335\xi_p)\left(0.45+5.5\frac{h}{l_0}\right)\frac{l_2}{l_1}$$

l_1——连续无粘结预应力筋两个锚固端间的总长度；

l_2——与 l_1 相关的由活荷载最不利布置图确定的荷载跨长度之和。

$$\Delta\sigma_p=(240-335\times0.111)\times\left(0.45+5.5\times\frac{600}{16200}\right)=132.6\text{N/mm}^2$$

$$\sigma_{pu}=\sigma_{pe}+\Delta\sigma_p=1042.62+132.6=1175.22\text{N/mm}^2$$

根据规范公式判断截面类型：

$f_y A_s + \sigma_{pu} A_p \leqslant f_y' A_s' + \alpha_1 f_c b_f' h_f'$，即 $1175.22 \times 560 \leqslant 1.0 \times 19.1 \times 780 \times 70$

应按宽度为 $b_f' = 780$mm 的矩形截面计算。

$$x = \frac{f_y A_s - f_y' A_s' + \sigma_{pu} A_p}{\alpha_1 f_c b_f} = \frac{1175.22 \times 560}{1.0 \times 19.1 \times 780} = 44.2\text{mm} < h_f' = 70\text{mm}$$

$$M_u = \alpha_1 f_c b x \left(h_0 - \frac{x}{2}\right) + f_s' A_s'(h_0 - a_s')$$

$$= 1.0 \times 19.1 \times 780 \times 44.2 \times \left(600 - 30 - \frac{44.2}{2}\right) + 300 \times 1077 \times (600 - 30 - 30)$$

$$= 535.3\text{kN} \cdot \text{m} > 415.0\text{kN} \cdot \text{m}，满足设计要求。$$

8. 正常使用极限状态验算

本工程楼板结构按二级抗裂计算，构件不出现裂缝，

短期刚度 $B_s = 0.85 E_c I_0 = 0.85 \times 3.25 \times 10^4 \times 3.058 \times 10^7 \times 300 = 2.53 \times 10^{14} \text{N} \cdot \text{mm}^2$

长期刚度 $B = \dfrac{M_k}{M_q(\theta-1) + M_k} B_s = \dfrac{331.02}{306.44 \times (2-1) + 331.02} \times 2.53 \times 10^{14} = 1.31 \times 10^{14} \text{N} \cdot \text{mm}^2$

荷载作用下的挠度 $f_1 = \dfrac{5 M_k l^2}{48B} = \dfrac{5 \times 331.02 \times 10^6 \times 16200^2}{48 \times 1.31 \times 10^{14}} = 69.07$mm；

预应力的反拱

$$f_2 = \frac{5 M_r l^2}{48 E_c I_0} = \frac{5 \times (0.85 \times 0.7 \times 1860 \times 556 \times 250) \times 16200^2}{48 \times 32500 \times (3.058 \times 10^7 \times 300)} = 14.1\text{mm}；$$

梁最终的挠度 $f = f_1 - 2 \times f_2 = 69.07 - 2 \times 14.1 = 40.86$mm。

相对挠度 $\dfrac{f}{l} = \dfrac{1}{396} < \dfrac{1}{300}$，满足设计要求。

14.2　预应力框架梁设计实例

1. 工程概况

某工程地上两层，总高度小于 30m。其首层平面如图 14-5 所示，结构体系为混凝土框架-剪力墙结构，楼板厚为 130mm。8 度抗震设防，属于二级抗震等级框架。中间跨度为 30m，其中首层顶板③～⑧轴×Ⓙ～Ⓝ轴间共有 6 榀大跨度预应力混凝土框架梁，梁截面为 600mm×2000mm，采用后张有粘结预应力束。预应力混凝土梁跨度 30m，二类使用环境，混凝土结构裂缝控制等级为二级。除满足预应力梁的二级裂缝控制和极限承载力要求外，尚应满足《混凝土结构设计规范》GB 50010—2010 有关预应力混凝土结构构件抗震的有关规定。

2. 设计依据

本工程预应力混凝土框架梁结构的主要设计依据为《混凝土结构设计规范》GB 50010—2010、《无粘结预应力混凝土结构技术规程》JGJ 92—2004、《预应力混凝土结构抗震设计规程》JGJ 140—2004 及《建筑抗震设计规范》GB 50011—2010。

3. 设计参数

预应力钢绞线：强度标准值 $f_{ptk} = 1860$MPa；直径 15.2mm，单根截面面积 $A = 140$mm²；弹性模量 $E_p = 1.95 \times 10^5$MPa；孔道摩擦系数 $k = 0.0015$，$\mu = 0.25$。

普通钢筋 HRB400 级：$f_y = f_y' = 360$MPa，$E_s = 2.0 \times 10^5$MPa。

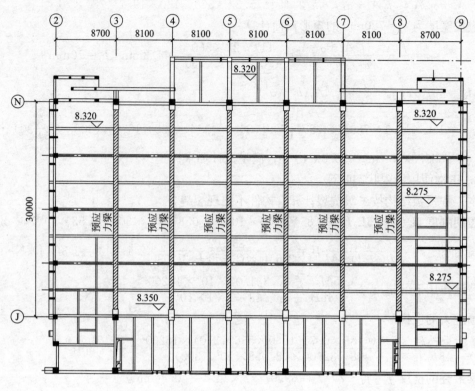

图 14-5　首层结构平面图

混凝土 C40：抗拉强度标准值 $f_{tk} = 2.39\text{MPa}$，$f_c = 19.1\text{MPa}$，$E_c = 3.25 \times 10^4 \text{MPa}$；梁截面尺寸 $b \times h = 600\text{mm} \times 2000\text{mm}$，跨度 $L = 30\text{m}$，考虑翼缘的作用 $b'_f == b + 6h'_f = 1380\text{mm}$，梁截面几何参数见表 14-5。

梁截面几何参数　　　　　　　　　　　　　　　　　　　　　　　　　　表 14-5

$A(\text{mm}^2)$	$y_{上}(\text{mm})$	$I(\text{mm}^4)$	$W_{上}(\text{mm}^3)$	$W_{下}(\text{mm}^3)$
1301400	927.15	4.82×10^{11}	5.2×10^8	4.49×10^8

预应力筋束形图如图 14-6 所示。

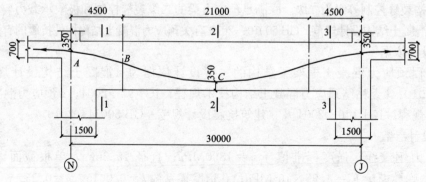

图 14-6　预应力筋束形图

4. 预应力梁内力计算

结构内力计算使用 PKPM 软件进行，预应力部分使用 PKPM 中的 PRCE 模块进行校核验算。弯矩调幅系数为 0.9。考虑竖向地震力组合。

梁内力计算结果经过归并，现取内力值最大的③轴预应力梁进行预应力配筋验算。

根据 PKPM 计算的结果，构件的内力汇总如表 14-6 所示。

截 面 内 力(kN·m)　　　　　　　　　　表 14-6

荷载效应	1-1 截面	2-2 截面	3-3 截面
恒载弯矩	4462	3581	4356
活载弯矩	1397	1178	1436
标准组合	5859	4759	5792
准永久组合	5160	4170	5074
弯矩包络值	7319	7395	7216

5. 预应力筋及普通钢筋估算

张拉控制应力取 $\sigma_{con}=0.75f_{ptk}$，梁的预应力估算损失取 $0.3\sigma_{con}$。

则 $\sigma_{pe}=(1-0.3)\times0.75f_{ptk}=0.7\times0.75\times1860=976.5\text{N/mm}^2$。

按梁在荷载效应的标准组合下符合下述公式估算预应力筋：

$$\sigma_{ck}-\sigma_{pc}\leqslant f_{tk}$$

1-1 截面所需预应力筋为：

$$A_p\geqslant\frac{\beta\dfrac{M}{W}-f_{tk}}{\left(\dfrac{1}{A}+\dfrac{e_p}{W}\right)\cdot\sigma_{pe}}=\frac{0.9\times\dfrac{5858\times10^6}{5.20\times10^8}-2.39}{\left(\dfrac{1}{1301400}+\dfrac{927.15-350}{5.20\times10^8}\right)\times976.5}=4226\text{mm}^2$$

取预应力筋：4-6 ϕ^s15.2 + 1-7 ϕ^s15.2

$$A_p=31\times140=4340\text{mm}^2$$

估计普通钢筋面积，取预应力度 $\lambda=0.75$

$$A_s=\frac{A_pf_{py}(1-\lambda)}{\lambda f_y}=\frac{4340\times1320\times(1-0.75)}{0.75\times360}=5304.44\text{mm}^2$$

取普通钢筋：上部 9 Φ 28mm，下部 9 Φ 28mm，

$$A_s=A_s'=5542\text{mm}^2$$

$$\rho=\frac{A_p(f_{py}/f_y)+A_s}{bh}=\frac{4340\times(1320/360)+5542}{600\times2000}=1.79\%<2.5\%$$

根据估算的预应力筋和普通钢筋配筋情况，结合锚具及有关施工构造要求，初步布置梁的断面，支座、跨中断面如图 14-7 所示。

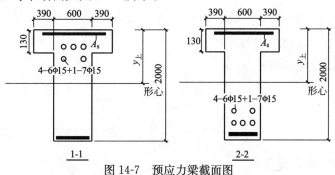

图 14-7 预应力梁截面图

重新求得梁的有关几何参数如表 14-7 所示。

表 14-7

梁 净 截 面 参 数

截面位置	净截面 A_n (mm²)	截面形心 $y_{上}$ (mm)	I_n (mm⁴)	$W_{n上}$ (mm³)	e_{pn} (mm)
1-1	1310730	937.59	5.29×10^{11}	5.64×10^8	587.59
2-2	1310730	918.51	5.25×10^{11}	4.86×10^8	731.49

6. 预应力损失验算

$$\sigma_{con} = 1860 \times 0.75 = 1395 \text{MPa}$$

(1) 锚具回缩损失 σ_{l1}

按《混凝土结构设计规范》GB 50010—2010：

AB 段抛物线方程为：$y = \dfrac{390}{4500^2} x^2$，$r_c = \dfrac{1}{y''} = \dfrac{1}{\dfrac{390 \times 2}{4500^2}} = 26\text{m}$

BC 段抛物线方程为：$y = \dfrac{910}{10500^2} x^2$，$r_c = \dfrac{1}{y''} = \dfrac{1}{\dfrac{910 \times 2}{10500^2}} = 61\text{m}$

$\sigma_a = 1395\text{MPa}$，$\sigma_b = 1395 - 68.13 = 1326.87 \text{N/mm}^2$

B 点：$\sigma_{l2} = 1395 \times \left(1 - \dfrac{1}{e^{0.0015 \times 4.5 + 0.25 \times 0.1733}}\right) = 68.13 \text{N/mm}^2$

$i_1 = \sigma_a (k + \mu / r_{c1}) = 1395 \times (0.0015 + 0.25/26) = 15.51 \text{N/mm}^2 / \text{m}$

$i_2 = \sigma_b (k + \mu / r_{c2}) = 1326.87 \times (0.0015 + 0.25/61) = 7.43 \text{N/mm}^2 / \text{m}$

$$l_f = \sqrt{\dfrac{aE_s}{1000 i_2} - \dfrac{i_1 (l_1^2 - l_0^2)}{i_2} + l_1^2}$$

$$l_f = \sqrt{\dfrac{5 \times 1.95 \times 10^5}{1000 \times 7.43} - \dfrac{15.51 \times (4.5^2 - 0^2)}{7.43} + 4.5^2} = 10.45\text{m}$$

C 点处的损失：由于 $15\text{m} > l_f = 10.45\text{m}$，

$$\sigma_{l1} = 0$$

(2) 孔道摩擦损失 σ_{l2}（按两端张拉考虑）

采用预埋波纹管，$k = 0.0015$，$\mu = 0.25$，$\theta = \dfrac{4f}{l} = \dfrac{4 \times 390}{2 \times 4500} = 0.1733$

C 点处的预应力损失：

$$\sigma_{l2} = \sigma_{con} \left(1 - \dfrac{1}{e^{kx + \mu\theta}}\right) = 1395 \times \left(1 - \dfrac{1}{e^{0.0015 \times 15 + 0.25 \times 2 \times 0.1733}}\right)$$

$$= 144.25 \text{N/mm}^2$$

(3) 预应力筋应力松弛损失 σ_{l4}

$$\sigma_{l4} = 0.2 \left(\dfrac{\sigma_{con}}{f_{ptk}} - 0.575\right) \sigma_{con}$$

$$= 0.2 \times \left(\dfrac{1395}{1860} - 0.575\right) \times 1395 = 48.83 \text{N/mm}^2$$

(4) 混凝土收缩徐变损失 σ_{l5}

$$\sigma_{pc}=\frac{N_p}{A_n}\pm\frac{N_pe_{pn}}{I_n}y_n+\sigma_{p2}=\frac{5428255}{1310730}+\frac{5428255\times587.59}{5.64\times10^8}=9.80\text{N/mm}^2$$

式中　$N_p=1250.75\times31\times140=5428.26\text{kN}$

　　　$\sigma_{pe}=\sigma_{con}-\sigma_{l1}-\sigma_{l2}=1250.75\text{N/mm}^2$

　　　$\rho=\dfrac{A_s+A_p}{A_n}=\dfrac{5542+31\times140}{1310730}=0.0075$

混凝土收缩徐变损失：

$$\sigma_{l5}=\frac{55+300\dfrac{\sigma_{pc}}{f'_{cu}}}{1+15\rho}=\frac{55+300\times\dfrac{9.80}{40}}{1+15\times0.0075}=115.51\text{N/mm}^2$$

（5）预应力总损失：

C点处的预应力损失

$$\sigma_l=\sigma_{l1}+\sigma_{l2}+\sigma_{l4}+\sigma_{l5}=308.59\text{N/mm}^2$$

7. 承载能力极限状态计算

根据 GB 50010 的有关要求选配普通钢筋如下：普通钢筋 HRB400：上部 9⌀28mm，下部 9⌀28mm。

等效荷载作用下的综合弯矩如表 14-8 所示。

综　合　弯　矩(kN·m)　　　　　　　　　　表 14-8

荷载效应	1-1 截面	2-2 截面	3-3 截面
预应力综合弯矩	4047	2633	3850

1-1 截面处正截面受弯承载能力验算

次弯矩　$M_1=N_pe_{pn}=4715\times\dfrac{587}{1000}=2767.71\text{kN·m}$

　　　　$M_2=M_r-M_1=4047-2767.71=1279.30\text{kN·m}$

取 $M=7319\text{kN·m}$

考虑次弯矩对支座的作用，有利取 1.0。

$$M=7319-1.0\times1279.30=6039.71\text{kN·m}$$

$f_yA_s+f_{py}A_p\leqslant f'_yA'_s+\alpha_1f_cb'_fh'_f,$

即 $1320\times4340=5.73\times10^6\geqslant1.0\times19.1\times1380\times130=3.42\times10^6$ 属于第二类截面。

$$x=\frac{f_yA_s-f'_yA'_s+f_{py}A_p-\alpha_1f_c(b'_f-b)h_f}{\alpha_1f_cb}=330.90\text{mm}<\xi_bh_0$$

$$M_u=\alpha_1f_cbx\left(h_0-\frac{x}{2}\right)+\alpha_1f_c(b'_f-b)h'_f\left(h_0-\frac{h'_f}{2}\right)+f'_sA'_s(h_0-a'_s)-(\sigma'_{p0}-f'_{py})A'_p(h_0-a'_p)$$

$$=1.0\times19.1\times600\times330.90\times\left(1940-\frac{330.90}{2}\right)+1.0\times19.1\times780\times130\times$$

$$\left(1940-\frac{130}{2}\right)+360\times5542\times(1940-35)$$

$$=14161.39\text{kN·m}>6039.71\text{kN·m}$$

满足要求。

8. 正常使用极限状态验算

取跨中截面进行验算，本工程预应力梁按二级抗裂计算，构件不出现裂缝。

短期刚度 $B_s = 0.85E_cI_0 = 0.85 \times 3.25 \times 10^4 \times 4.82 \times 10^{11} = 13.32 \times 10^{15} \text{N} \cdot \text{mm}^2$

长期刚度 $B = \dfrac{M_k}{M_q(\theta-1)+M_k}B_s = \dfrac{4759}{4170 \times (2-1) + 4759} \times 13.32 \times 10^{15} = 7.10 \times 10^{15} \text{N} \cdot \text{mm}^2$

荷载作用下的挠度 $f_1 = \dfrac{5M_kl^2}{48B} = \dfrac{5 \times 4759 \times 10^6 \times 30000^2}{48 \times 7.10 \times 10^{15}} = 62.84 \text{mm}$；

预应力的反拱

$$f_2 = \frac{5M_rl^2}{48E_cI_0} = \frac{5 \times 2633 \times 10^6 \times 30000^2}{48 \times 32500 \times 4.82 \times 10^{11}} = 15.76 \text{mm}；$$

梁最终的挠度 $f = f_1 - 2 \times f_2 = 62.84 - 2 \times 15.76 = 31.32 \text{mm}$。

相对挠度 $\dfrac{f}{l} = \dfrac{1}{958} < \dfrac{1}{300}$，满足要求。

14.3 预应力悬挑梁设计实例

1. 工程概况

某工程地下三层，地上⑩轴~⑪轴及⑫轴~⑱轴共十九层，檐口标高 79.9m，地上⑪轴~⑫轴共四层。结构体系为钢筋混凝土框架-剪力墙结构。建筑结构的抗震设防烈度为 8 度，属于一级抗震等级框架，环境类别二 a 类。⑪轴~⑫轴×⑦轴~⑫轴四层顶平面如图 14-8 所示，中间⑫轴外侧为悬挑梁，悬挑梁最大跨度为 6.5m，为大跨度预应力混凝土悬挑梁，梁截面为 400mm×1000mm，采用后张有粘结预应力配筋。

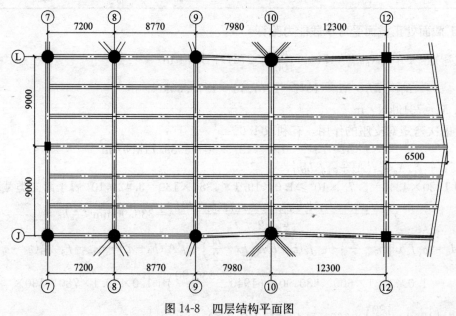

图 14-8 四层结构平面图

2. 设计依据

本工程预应力混凝土悬挑梁结构的主要设计依据为《混凝土结构设计规范》GB 50010—2010、《无粘结预应力混凝土结构技术规程》JGJ 92—2004、《预应力混凝土结构抗震设计规程》JGJ 140—2004 及《建筑抗震设计规范》GB 50011—2010。

3. 设计参数

预应力钢绞线：强度标准值 $f_{ptk}=1860\text{MPa}$；直径 15.2mm，单根截面面积 $A=140\text{mm}^2$；弹性模量 $E_p=1.95\times10^5\text{MPa}$；孔道摩擦系数 $k=0.0015$，$\mu=0.25$。

普通钢筋 HRB400 级：$f_y=f_y'=360\text{MPa}$，$E_s=2.0\times10^5\text{MPa}$。

混凝土 C40：抗拉强度标准值 $f_{tk}=2.39\text{MPa}$，$f_c=19.1\text{MPa}$，$E_c=3.25\times10^4\text{MPa}$；悬挑梁截面尺寸 $b\times h=400\text{mm}\times1000\text{mm}$，悬挑长度 $L=6.5\text{m}$。

梁截面几何参数 表 14-9

$A(\text{mm}^2)$	$y(\text{mm})$	$I(\text{mm}^4)$	$W(\text{mm}^3)$
400000	500	3.33×10^{10}	6.67×10^7

预应力筋束形图如图 14-9 所示。

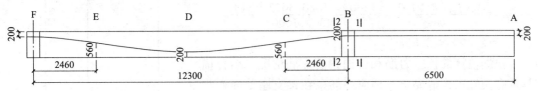

图 14-9 预应力筋束形图

4. 预应力梁内力计算

梁内力计算结果如表 14-10 所示，现取悬挑跨度最大的预应力梁进行预应力配筋验算。

截 面 内 力($\text{kN}\cdot\text{m}$) 表 14-10

荷载效应	1-1 截面
恒载弯矩	765.6
活载弯矩	98.7
标准组合	864.3
准永久组合	815.0
弯矩包络值	1130.3

5. 预应力筋及普通钢筋估算

张拉控制应力取 $\sigma_{con}=0.7f_{ptk}$，悬挑梁预应力估算损失取 $0.2\sigma_{con}$。

则 $\sigma_{pe}=(1-0.2)\times0.7f_{ptk}=0.8\times0.7\times1860=1041.6\text{N/mm}^2$。

对环境类别为二 a 类的预应力混凝土构件，在荷载准永久组合下，受拉边缘应力应满足下列规定：

$$\sigma_{cq}-\sigma_{pe}\leqslant f_{tk}$$

据此估算预应力筋：

1-1 截面所需预应力筋为：

$$A_p\geqslant\frac{\beta\dfrac{M_{cq}}{W}-f_{tk}}{\left(\dfrac{1}{A}+\dfrac{e_p}{W}\right)\cdot\sigma_{pe}}=\frac{1.0\times\dfrac{815\times10^6}{6.67\times10^7}-2.39}{\left(\dfrac{1}{400000}+\dfrac{500-200}{6.67\times10^7}\right)\times1041.6}=1349\text{mm}^2$$

取预应力筋：$12\phi^s15.2$

$$A_p = 12 \times 140 = 1680\text{mm}^2$$

估计普通钢筋面积，取预应力度 $\lambda = 0.60$

$$A_s = \frac{A_p f_{py}(1-\lambda)h_p}{\lambda f_y h_s} = \frac{1680 \times 1320 \times (1-0.6) \times (1000-200)}{0.6 \times 360 \times (1000-60)} = 3495.06\text{mm}^2$$

取普通钢筋：上部 $7 \Phi 25\text{mm}$，$A_s = 3430\text{mm}^2$，通长布置。

下部钢筋同 2-2 截面下部钢筋，取 $A_s' \geqslant \frac{0.5}{1-\lambda}A_s = 4287.5\text{mm}^2$，取 $9 \Phi 25\text{mm}$，$A_s' = 4410\text{mm}^2$

$$\rho = \frac{A_p(f_{py}/f_y)+A_s}{bh} = \frac{1680 \times (1320/360)+3430}{400 \times 1000}$$

$$= 2.40\% < 2.5\%$$

根据估算的预应力筋和普通钢筋配筋情况，结合锚具及有关施工构造要求，预应力筋束在梁支座截面初步布置如图 14-10 所示。

重新求得梁截面的有关几何参数如表 14-11 所示。

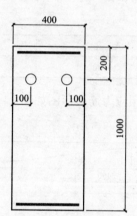

图 14-10　预应力梁截面图

梁 净 截 面 参 数

表 14-11

截面位置	净截面 A_n(mm²)	截面形心 $y_{n上}$(mm)	I_n(mm⁴)	$W_{n上}$(mm³)	e_{pn}(mm)
1-1	434754	509	4.058×10^{10}	7.973×10^7	309

6. 预应力损失验算

$$\sigma_{con} = 1860 \times 0.7 = 1302\text{MPa}$$

（1）锚具回缩损失 σ_{l1}

BC 段抛物线方程为：$y = \frac{240}{2460^2}x^2$，$r_{c1} = \frac{1}{y''} = \frac{1}{\frac{240 \times 2}{2460^2}} = 12.6\text{m}$

CD 段抛物线方程为：$y = \frac{360}{3690^2}x^2$，$r_{c2} = \frac{1}{y''} = \frac{1}{\frac{360 \times 2}{3690^2}} = 18.9\text{m}$

1-1 截面处的预应力损失
反向摩擦影响长度：

$$i_1 = \sigma_a(k + \mu/r_{c1}) = 1302 \times (0.0015 + 0.25/12.6) = 27.79\text{N/mm}^2/\text{m}$$

$$i_2 = \sigma_b(k + \mu/r_{c2}) = 1302 \times e^{-(0.0015 \times 8.96 + 0.25 \times 0.1951)} \times (0.0015 + 0.25/18.9) = 18.02\text{N/mm}^2/\text{m}$$

$$l_f = \sqrt{\frac{aE_s}{1000i_2} - \frac{i_1(l_1^2 - l_0^2)}{i_2} + l_1^2} = \sqrt{\frac{5 \times 195000}{1000 \times 18.20} - \frac{27.79 \times (8.96^2 - 6.5^2)}{18.02} + 8.96^2}$$

$$= 8.70\text{m}$$

$$\sigma_{l1}=2i_1(l_1-l_0)+2i_2(l_f-l_1)=2\times27.79\times(8.96-6.5)+2\times18.02\times(8.70-8.96)$$
$$=127.4\text{N/mm}^2$$

（2）孔道摩擦损失 σ_{l2}（按一端张拉考虑）

采用预埋金属波纹管，其摩擦系数 $k=0.0015$，$\mu=0.25$

1-1 剖面处的预应力损失：

$$\sigma_{l2}=\sigma_{con}\left(1-\frac{1}{\text{e}^{kx+\mu\theta}}\right)=1302\times\left(1-\frac{1}{\text{e}^{0.0015\times6.5+0.25\times0}}\right)=12.6\text{N/mm}^2$$

（3）预应力筋应力松弛损失 σ_{l4}

$$\sigma_{l4}=0.125\left(\frac{\sigma_{con}}{f_{ptk}}-0.5\right)\sigma_{con}=0.2\times\left(\frac{1302}{1860}-0.50\right)\times1302=32.6\text{N/mm}^2$$

（4）混凝土收缩徐变损失 σ_{l5}

$$\sigma_{pc}=\frac{N_p}{A_n}\pm\frac{N_pe_{pn}}{I_n}y_n+\sigma_{p2}=\frac{1952.16\times10^3}{434754}+\frac{1952.16\times10^3\times309}{4.058\times10^{10}}\times509=12.06\text{N/mm}^2$$

式中　$N_p=1162.00\times1680=1952.16\text{kN}$

$$\sigma_{pe}=\sigma_{con}-\sigma_{l1}-\sigma_{l2}=1162.00\text{N/mm}^2$$

$$\rho=\frac{A_s+A_p}{A_n}=\frac{3430+1680}{434754}=1.18\%$$

混凝土收缩徐变损失：

$$\sigma_{l5}=\frac{55+300\dfrac{\sigma_{pc}}{f'_{cu}}}{1+15\rho}=\frac{55+300\times\dfrac{12.06}{40}}{1+15\times0.0118}=123.58\text{N/mm}^2$$

（5）预应力总损失

C 点处的预应力损失

$$\sigma_l=\sigma_{l1}+\sigma_{l2}+\sigma_{l4}+\sigma_{l5}=296.18\text{N/mm}^2$$

预应力有效应力 $\sigma_{pe}=\sigma_{con}-\sigma_l=1302-296.18=1005.82\text{N/mm}^2$

7. 承载能力极限状态计算

等效荷载作用下 1-1 截面的综合弯矩为 529.9kN·m，因悬挑梁为静定结构，故 1-1 截面次弯矩为零。

1-1 截面处正截面受弯承载力验算：

$$x=\frac{f_yA_s-f'_yA'_s+f_{py}A_p+(\sigma'_{p0}-f'_{py})A'_p}{\alpha_1f_cb}=\frac{360\times3430-360\times4410+1320\times1680}{1.0\times19.1\times400}$$

$$=244.08<\xi_bh_0$$

$$M_u=\alpha_1f_cbx\left(h_0-\frac{x}{2}\right)+f'_sA'_s(h_0-a'_s)-(\sigma'_{p0}-f'_{py})A'_p(h_0-a'_p)$$

$$=1.0\times19.1\times400\times244.08\times\left(940-\frac{244.08}{2}\right)+360\times4410\times(940-60)$$

$$=2922.40\text{kN·m}>1130.31\text{kN·m}$$

满足设计要求。

8. 正常使用极限状态验算

取悬挑端截面进行验算，计算悬挑梁顶边缘混凝土实际拉应力值（截面参数取换算截面计算，见表 14-12）。

<table>
<tr><td colspan="4" align="center">梁换算截面参数</td></tr>
</table>

			表 14-12

截面位置	换算截面面积 A_0(mm^2)	换算截面形心 $y_上$(mm)	换算几面惯性矩 I_0(mm^4)
1-1	444762	502.1	4.115×10^{10}

$$\sigma_{pc}=\frac{M_k-M_r}{W_0}-\frac{N_p}{A_0}=\frac{(864.3-529.9)\times10^6\times502.1}{4.115\times10^{10}}-\frac{1005.82\times1680}{444762}=0.28\text{N/mm}^2$$

$$<2.39\text{N/mm}^2$$

按不出现裂缝的构件计算，

短期刚度 $B_s=0.85E_cI_0=0.85\times3.25\times10^4\times4.115\times10^{10}=11.37\times10^{14}\text{N}\cdot\text{mm}^2$

长期刚度 $B=\dfrac{M_k}{M_q(\theta-1)+M_k}B_s=\dfrac{864.3}{815.0\times(2-1)+864.3}\times11.37\times10^{14}=5.85\times10^{14}\text{N}\cdot\text{mm}^2$

荷载作用下的挠度 $f_1=\dfrac{M_kl^2}{4B}=\dfrac{864.3\times10^6\times(6.5\times10^3)^2}{4\times5.85\times10^{14}}=15.6\text{mm}$；

预应力的反拱

$$f_2=\frac{M_rl^2}{2E_cI_0}=\frac{529.9\times10^6\times(6.5\times10^3)^2}{2\times3.25\times10^4\times4.115\times10^{10}}=8.37\text{mm};$$

梁的挠度 $f=f_1-2\times f_2=15.6-2\times8.37=-1.14\text{m}$，满足设计要求。

14.4 预应力井字梁设计实例

1. 工程概况

某大型火车站工程，下部结构体系为钢筋混凝土框架结构，屋顶为钢桁架结构。建筑结构的抗震设防烈度为 7 度，属于一级抗震等级框架，环境类别一类。高架候车层采用大跨度预应力主次梁受力体系，其中⑰轴～⑩轴×⑨轴～⑧轴平面如图 14-11 所示。主梁采用有粘结预应力筋，井字梁采用无粘结预应力筋。

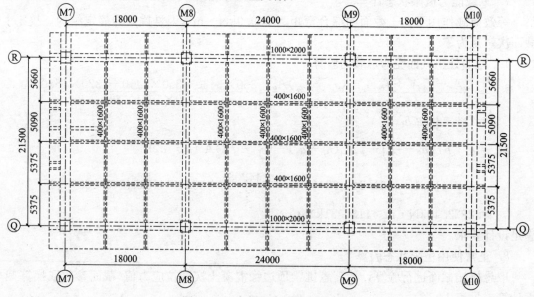

图 14-11 高架候车层结构平面图

2. 设计依据

本工程预应力混凝土井字梁结构的主要设计依据为《混凝土结构设计规范》GB 50010—2010、《无粘结预应力混凝土结构技术规程》JGJ 92—2004、《预应力混凝土结构抗震设计规程》JGJ 140—2004 及《建筑抗震设计规范》GB 50011—2010。

3. 设计参数

预应力筋：$\phi^s 15.2mm$ 无粘结低松弛钢绞线，$f_{ptk}=1860MPa$；单根截面面积 $A=140mm^2$；弹性模量 $E_p=1.95\times10^5 MPa$；张拉控制应力 $\sigma_{con}=1302N/mm^2$；

普通钢筋：HRB400 级，$f_y=f'_y=360MPa$，$E_s=2.0\times10^5 MPa$；

混凝土：强度等级为 C40，抗拉强度标准值 $f_{tk}=2.39MPa$，$f_c=19.1MPa$，$E_c=3.25\times10^4 MPa$；梁截面几何参数见表 14-13。

梁截面几何参数 表 14-13

$A(mm^2)$	$y_{上}(mm)$	$I(mm^4)$	$W_{上}(mm^3)$	$W_{下}(mm^3)$
640000	800	1.365×10^{11}	1.707×10^8	1.707×10^8

预应力束形图如图 14-12 所示。

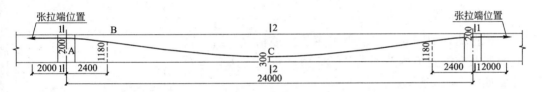

图 14-12　预应力筋束形图

4. 预应力梁内力计算

梁内力计算结果如表 14-14 所示，现取跨度最大的预应力梁进行预应力结构设计计算。

截　面　内　力(kN·m) 表 14-14

荷载效应	1-1 截面	2-2 截面
恒载弯矩	−1434	1010
活载弯矩	−437	298
标准组合	−1871	1308
准永久组合	−1652.5	1159
弯矩包络值	2262	2122

以下仅以 X 方向为例进行计算。

5. 预应力筋数量及普通钢筋数量估算

从表 14-14 可以看出，支座内力为最不利组合，因此取支座内力来估算预应力筋的数量。张拉控制应力取 $\sigma_{con}=0.7f_{ptk}$，预应力估算损失取 $0.2\sigma_{con}$ 则 $\sigma_{pe}=(1-0.2)\times0.7f_{ptk}=0.8\times0.7\times1860=1041.6N/mm^2$。

$$\sigma_{pe} = \sigma_{con} - \sigma_l$$

楼盖属于一类环境，预应力混凝土梁结构应按照三级裂缝控制等级验算。

在荷载标效应的标准组合并考虑长期作用影响的效应下：$w_{max} \leqslant w_{min}(w_{min} = 0.2mm)$

$$A_p \geqslant \frac{\beta \dfrac{M_k}{W} - [\sigma_{ctk,lim}]}{\left(\dfrac{1}{A} + \dfrac{e_p}{W}\right) \cdot \sigma_{pe}} = \frac{\dfrac{0.9 \times 1871 \times 10^6}{1.707 \times 10^8} - 4.6 \times 0.7}{\left(\dfrac{1}{6.4 \times 10^5} + \dfrac{600}{1.707 \times 10^8}\right) \times 1041.6} = 1256mm^2$$

取预应力筋 10 预应力束，$10\phi^s 15.2mm$，$A_p = 10 \times 140 = 1400mm^2$

估算普通钢筋面积，取预应力度 $\lambda = 0.60$

无粘结预应力受弯构件应力设计值，按经验取 $\sigma_{pu} = 1000N/mm^2$

$$A_s = \frac{A_p f_{pu}(1-\lambda)h_p}{\lambda f_y h_s} = \frac{1400 \times 1000 \times (1-0.6) \times (1600-200)}{0.6 \times 360 \times (1600-60)} = 2356.90mm^2$$

取普通钢筋 HRB400，钢筋直径 20mm，$A_s = A'_s = 2512mm^2 > 2356.90mm^2$

$$\rho = \frac{A_p(f_{py}/f_y) + A_s}{bh} = \frac{1400 \times (1320/360) + 2512}{6.4 \times 10^5}$$

$$= 1.20\% < 2.5\%$$

根据估算的预应力筋和普通钢筋配筋情况，结合锚具布置及有关施工构造要求，预应力筋束在支座和跨中布置如图 14-13 所示。

重新求得梁的有关几何参数如表 14-15 所示。

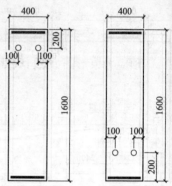

图 14-13 预应力梁截面图

梁 净 截 面 参 数   表 14-15

截面位置	净截面 $A_n(mm^2)$	截面形心 $y_{n上}(mm)$	$I_n(mm^4)$	$W_{n上}(mm^3)$	$e_{pn}(mm)$
1-1	803114	651.6	1.183×10^{11}	1.816×10^8	451.6

6. 预应力损失验算

$\sigma_{con} = 1860 \times 0.7 = 1302MPa$，无粘结预应力筋摩擦系数 $k = 0.004$，$\mu = 0.09$

(1) 锚具回缩损失 σ_{l1}（1-1 截面）

AB 段抛物线方程为：$y = \dfrac{220}{2400^2}x^2$，$r_{c1} = \dfrac{1}{y''} = \dfrac{1}{\dfrac{220 \times 2}{2400^2}} = 13.1m$

BC 段抛物线方程为：$y = \dfrac{880}{9600^2}x^2$，$r_{c2} = \dfrac{1}{y''} = \dfrac{1}{\dfrac{880 \times 2}{9600^2}} = 52.4m$

1-1 截面处的预应力损失

反向摩擦影响长度：

$$i_1 = \sigma_a(k + \mu/r_{c1}) = 1302 \times (0.004 + 0.09/13.1) = 14.15N/mm^2/m$$

$$i_2 = \sigma_b(k + \mu/r_{c2}) = 1302 \times e^{-(0.004 \times 4.4 + 0.09 \times 0.1833)} \times (0.004 + 0.09/52.4) = 7.19N/mm^2/m$$

$$l_f=\sqrt{\frac{aE_s}{1000i_2}-\frac{i_1(l_1^2-l_0^2)}{i_2}+l_1^2}=\sqrt{\frac{5\times195000}{1000\times7.19}-\frac{14.15\times(4.4^2-2.0^2)}{7.19}+4.4^2}=11.17\text{m}$$

$$\sigma_{l1}=2i_1(l_1-l_0)+2i_2(l_f-l_1)$$

$$=2\times14.15\times(4.4-2.0)+2\times7.19\times(11.17-4.4)=165.3\text{N/mm}^2$$

（2）孔道摩擦损失 σ_{l2}（按两端张拉考虑）

1-1 截面：$\sigma_{l2}=\sigma_{con}\left(1-\dfrac{1}{e^{kx+\mu\theta}}\right)=1302\times\left(1-\dfrac{1}{e^{0.004\times2.0+0.09\times0}}\right)=10.4\text{N/mm}^2$

（3）预应力筋的应力松弛损失 σ_{l4}

当 $\sigma_{con}\leq0.7f_{ptk}$ 时

$$\sigma_{l4}=0.125\left(\frac{\sigma_{con}}{f_{ptk}}-0.5\right)\sigma_{con}=0.125\times\left(\frac{1302}{1860}-0.5\right)\times1302=33.55\text{MPa}$$

（4）混凝土收缩和徐变损失 σ_{l5}

$$\sigma_{pc}=\frac{N_p}{A_n}\pm\frac{N_pe_{pn}}{I_n}y_n+\sigma_{p2}=\frac{1576.82\times10^3}{803114}+\frac{1576.82\times10^3\times451.6}{1.183\times10^{11}}\times651.6=5.29\text{N/mm}^2$$

式中　$N_p=1126.3\times1400=1576.82\text{kN}$，

$\sigma_{pe}=\sigma_{con}-\sigma_{l1}-\sigma_{l2}=1126.3\text{N/mm}^2$

$\rho=\dfrac{A_s+A_p}{A_n}=\dfrac{2512+1400}{803114}=0.49\%$

混凝土收缩徐变损失：

$$\sigma_{l5}=\frac{55+300\dfrac{\sigma_{pc}}{f_{cu}'}}{1+15\rho}=\frac{55+300\times\dfrac{5.29}{40}}{1+15\times0.0049}=92.38\text{N/mm}^2$$

（5）1-1 截面处的预应力总损失

$$\sigma_l=\sigma_{l1}+\sigma_{l2}+\sigma_{l4}+\sigma_{l5}=165.3+10.4+33.55+92.38=301.63\text{N/mm}^2$$

预应力有效应力：

$$\sigma_{pe}=\sigma_{con}-\sigma_l=1302-301.63=1000.37\text{N/mm}^2$$

7. 承载能力极限状态计算

根据结构内力计算，可求得等效荷载作用下的综合弯矩见表 14-16 所示。

综　合　弯　矩（kN·m）　　　　　　　　表 14-16

荷载效应	1-1 截面	2-2 截面
预应力综合弯矩	850.7	562.1

1-1 截面处正截面受弯承载力验算

$$A_s=2512\text{mm}^2；\quad A_s'=2512\text{mm}^2；\quad A_p=10\times140=1400\text{mm}^2$$

无粘结预应力筋的受弯构件的应力设计值为：

$$\sigma_{pu} = \sigma_{pe} + \Delta\sigma_p$$

$$\xi_p = \frac{\sigma_{pe}A_p + f_yA_s}{f_cbh_p} = \frac{1000.37 \times 1400 + 360 \times 2512}{19.1 \times 400 \times 1400} = 0.215 < 0.4$$

$$\Delta\sigma_p = (240 - 335\xi_p)\left(0.45 + 5.5\frac{h}{l_0}\right)\frac{l_2}{l_1} = (240 - 335 \times 0.215)\left(0.45 + 5.5\frac{1600}{24000}\right)$$

$$= 156.1 \text{N/mm}^2$$

$$\sigma_{pu} = \sigma_{pe} + \Delta\sigma_p = 1000.37 + 156.1 = 1156.47 \text{N/mm}^2$$

次弯矩：$M_2 = M_r - M_1 = 850.7 \times 10^6 - 1400 \times 1000.37 \times 451.6 = 218.23 \text{kN} \cdot \text{m}$

取弯矩包络值：2262kN · m

考虑次弯矩对支座的作用，有利取 1.0。

$$M = 2262 \times 10^6 - 1.0 \times 218.23 = 2043.77 \text{kN} \cdot \text{m}$$

$$x = \frac{f_yA_s - f_y'A_s' + f_{py}A_p + (\sigma_{p0}' - f_{py}')A_p'}{\alpha_1 f_c b} = \frac{360 \times 2512 - 360 \times 2512 + 1172.35 \times 1400}{1.0 \times 19.1 \times 400}$$

$$= 214.83 \text{mm} < \xi_b h_0$$

$$M_u = \alpha_1 f_c bx\left(h_0 - \frac{x}{2}\right) + f_s'A_s'(h_0 - a_s') - (\sigma_{p0}' - f_{py}')A_p'(h_0 - a_p')$$

$$= 1.0 \times 19.1 \times 400 \times 214.83 \times \left(1540 - \frac{214.83}{2}\right) + 360 \times 2512 \times (1540 - 200)$$

$$= 3563.09 \text{kN} \cdot \text{m} > 2043.77 \text{kN} \cdot \text{m}$$

满足设计要求。

8. 普通钢筋配置计算

梁中受拉区配置的普通纵向受力钢筋的最小截面面积 A_s 应符合下列规定：

$$A_s \geq \frac{1}{3}\left(\frac{\sigma_{pu}h_p}{f_yh_s}\right)A_p = \frac{1172.35 \times (1600 - 200) \times 1400}{3 \times 360 \times (1600 - 60)} = 1381.56 \text{mm}^2$$

或 $A_s = 0.003bh = 0.003 \times 400 \times 1600 = 1920 \text{mm}^2$

两者取较大值，即普通钢筋最小配筋面积 $A_s = 1920 \text{mm}^2$

实际设置普通钢筋面积 $A_s = 2512 \text{mm}^2$

正常使用极限状态验算从略。

14.5 预应力结构工程应用

14.5.1 预应力混凝土空心楼盖工程应用

1. 北京电视中心演播厅工程

（1）工程简介

北京电视中心工程位于长安街，主楼为办公用房，采用高层钢结构形式。裙楼地上 12 层，为钢筋混凝土框架-剪力墙形式，裙楼属于演播厅，用于节目录制等一系列制作活动，因此使用上要求大跨度、大开间和大面积，并且对裙楼楼板的隔声和防振动有严格要求，因此在裙楼楼板的设计中采用了大跨无粘结预应力现浇空心板技术，现浇楼板的尺寸为 24.8m×18.6m，板厚 1.2m，为达到减轻楼板自重的目的，采用了双层椭圆形空心管，管径为 500mm×600mm。标准层平面见图 14-14，空心管平面布置图见图 14-15，预应力空心板剖面见图 14-16。

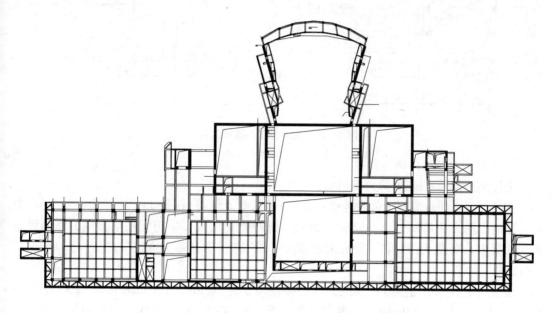

图 14-14　演播厅标准层平面

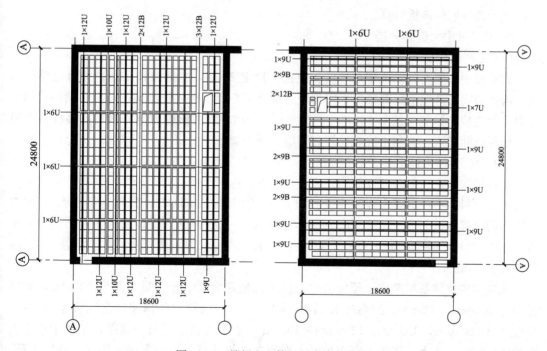

图 14-15　楼板空心管及预应力筋布置

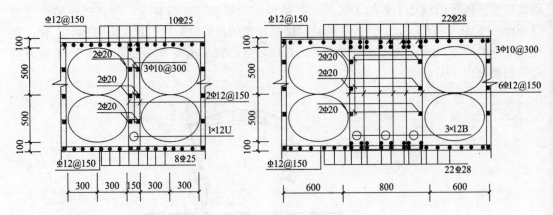

图 14-16　预应力空心楼板剖面

（2）预应力结构体系与参数

主体结构体系：框架-剪力墙结构。

主要材料：楼板混凝土强度等级：C40。普通受力钢筋 HRB335，直径为 $\phi25$。预应力筋：预应力筋为 $\phi15.2$，$f_{ptk}=1860N/mm^2$，低松弛钢绞线。采用无粘结预应力筋曲线布置于肋梁中，束数为 20 束。空心管材料：DBF 椭圆形薄壁水泥管，管径：$500mm\times600mm$。

预应力楼盖体系与参数：预应力空心楼板尺寸为 $24.8m\times18.6m$，板厚 1200mm，跨高比 20.5。为实现大空间效果和单向受力，沿 Y 轴方向，外框架柱之间设暗梁连接，暗梁尺寸 $1200mm\times800mm$，采用有粘结预应力暗梁，暗梁中预应力数量为 32 束。预应力空心板受力按照单向板计算。

2. 北京成中大厦办公楼

（1）工程简介

北京成中大厦办公楼位于东长安街路南，地上 22 层，主体结构采用内筒外框结构形式，内核心筒与外框架间的楼板采用预应力现浇空心板结构，外框架柱与核心筒间采用预应力暗梁连接。标准层见图 14-17，剖面见图 14-18。采用预应力空心板后，楼板自重减轻，楼层空间增大，有利于抗震计算和楼层空间布置。

（2）预应力结构体系与参数

主体结构体系：内筒外框结构。

主要材料：楼板混凝土强度等级：C40；普通钢筋：HRB335，公称直径为 $\phi12\sim\phi14$；预应力筋：预应力筋为 $\phi15.2$，$f_{ptk}=1860N/mm^2$，低松弛钢绞线；采用无粘结预应力筋布置于肋梁中，束数为 1 束、2 束。空心管材料：GBF 薄壁水泥空心管，管径：210mm、250mm。

预应力楼盖体系与参数：预应力空心楼板标准跨度 11.7m，最大跨度 12.65m，板厚分别为 300mm、350mm，跨高比分别为 39.0、43.3。内筒与外框架柱之间设暗梁连接，暗梁尺寸 $1200mm\times350mm$、$1200mm\times500mm$；采用无粘结预应力暗梁，暗梁中预应力数量为：8 束、12 束。预应力空心板受力按照单向板计算，另一方向按构造配预应力筋，设横肋，肋中配 1 束预应力筋。

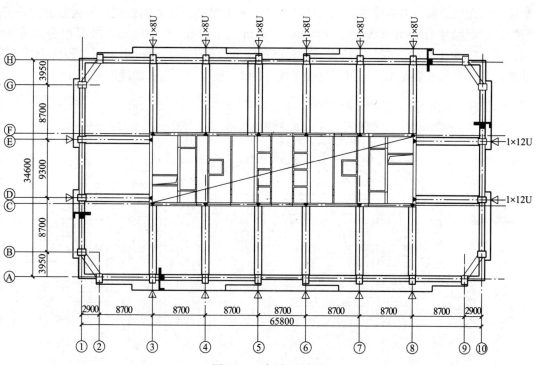

图 14-17 标准层平面

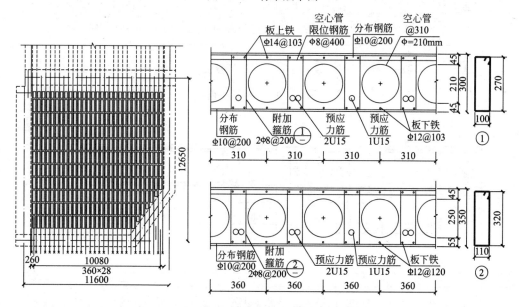

图 14-18 预应力空心楼板剖面

3. 北京国电恒基生产基地项目综合楼工程

（1）工程简介

工程位于北京市大兴区亦庄开发区凉水河二街。采用现浇钢筋混凝土框架-剪力墙结构体系，楼层均采用现浇钢筋混凝土梁、板结构。屋面层采用现浇预应力混凝土空心楼板，楼板尺寸 33.6m×16.8m，板厚 0.5m；板内双方向肋宽均为 150mm，其中长向肋内布置 6 束无粘结预应力钢绞线，短向肋内布置 6 束无粘结预应力钢绞线；板内双方向设有暗梁，截面尺寸分别为 375mm、400mm、425mm、550mm×500mm，暗梁内分别布置 12、14、18 束无粘结预应力钢绞线。在现浇预应力混凝土空心楼板中采用了预应力技术，以满足承载力和抗裂要求。标准层平面见图 14-19，预应力剖面、曲线图见图 14-20。

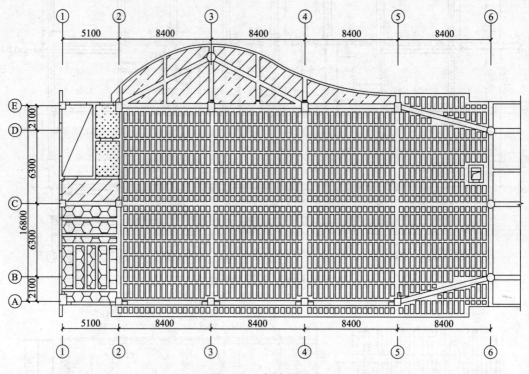

图 14-19　标准层平面

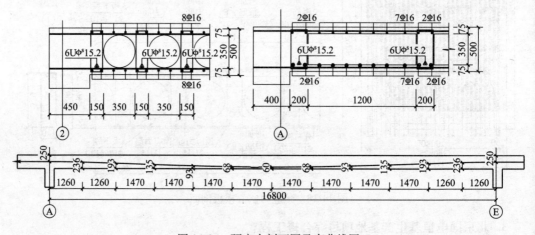

图 14-20　预应力剖面图及束曲线图

（2）预应力结构体系与参数

主体结构体系：框架剪力墙结构。

主要材料：板混凝土强度等级：C40。普通受力钢筋 HRB335，直径为上铁 $\phi16$～下铁

ϕ18。预应力筋采用无粘结预应力筋布置于双向肋梁中，束数为 6 束。预应力筋为 ϕ15.2mm，$f_{ptk}=1860N/mm^2$，低松弛钢绞线。空心管材料：高强聚苯填充内模，管径：350mm。

预应力楼盖体系与参数：预应力空心楼板跨度 16.8m×33.6m，板厚 500mm，跨高比 33.6。

预应力空心板受力按照单向板受力计算。

4. 预应力混凝土空心楼盖施工

（1）施工流程

支板底模→肋梁定位放样→肋梁区模板钻孔穿抗浮铁丝→铺放板底分布钢筋及底铁→绑扎肋梁箍筋及肋梁上铁→绑扎预应力筋定位筋→穿预应力筋→铺放空心块架立钢筋→安装空心块→空心块定位→绑扎板面钢筋→抗浮铁丝拧紧固定→隐检验收→浇筑混凝土→预应力筋张拉→张拉后灌浆及张拉端封锚处理。

（2）施工要点

① 支板底模、肋梁定位放样

板底支撑搭设完成，模板铺放和固定完毕后，在模板上弹线放样，标出肋梁与空心块的位置。

② 肋梁区模板钻孔穿抗浮铁丝

空心板结构施工质量的主要控制点是板的抗浮，首先要合理布置抗浮控制点，控制点设在肋梁处，可按矩形或者梅花形布置，每肋都设或者隔一个肋交错设置，相邻抗浮控制点间距为 1m。如图 14-21 所示。

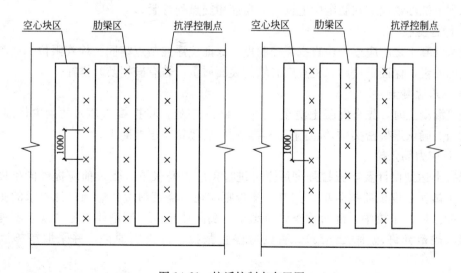

图 14-21 抗浮控制点布置图

铁丝宜固定在板底的木方上，这时在木方两侧边上钻 2 个直径 6～10mm 的孔。若肋梁区域板底没有木方或者木方偏向一侧无法开 2 个孔，可以在模板上钻 1 个直径 10～15mm 的孔。铁丝通过板底木方受力时，模板无需专门加强。当铁丝直接固定在板底时，在铁丝下端套一节直径 14mm、长度 80mm 的钢筋棍，在钢筋棍与底模之间夹一尺寸 80mm×80mm×10mm、中间开孔的木头垫板。垫板最好用模板边角料加工，若用木板加工，安装时钢筋棍要与木板纹理方向垂直。铁丝宜先从上往下穿一截，在模板下绕木方或钢筋棍半圈后回穿至模板上面。

③ 铺放板底分布钢筋及底铁

按图纸要求铺放板底分布钢筋及底铁。

④ 绑扎肋梁箍筋及肋梁上铁、安装定位筋、穿预应力筋

预应力筋应按施工图纸的要求进行铺放，铺放过程中其平面位置及剖面位置应定位准确。

⑤ 铺放空心块架立钢筋、空心块

在安放空心块之前先固定好架立钢筋，当架立钢筋与肋梁中的预应力筋位置发生冲突时应当截断，优先保证预应力筋的位置，然后将架立钢筋的端头绑扎在箍筋上。按设计的尺寸和长度将空心块安放在肋梁之间。铺放空心块时，应搭设施工马道，且空心块不得堆放重物。

⑥ 空心块定位

空心块的定位靠肋梁箍筋、空心块上部限位钢筋、空心块架立钢筋来实现。限位钢筋与架立钢筋限制空心块的上下错动，箍筋限制轻质管的左右错动。靠3种钢筋的摩擦力限制轻质管的前后错动。

⑦ 绑扎板面钢筋

按设计图纸及施工方案进行，施工时要注意对空心块的成品保护，工人操作尽量在施工马道上进行。

⑧ 抗浮铁丝拧紧固定

原则上抗浮铁丝应在肋梁中上铁与分布筋相交点处拧紧。

⑨ 隐检验收

浇筑混凝土之前应逐个检查抗浮控制点，保证抗浮控制点牢固。检查限位钢筋与箍筋绑扎点的质量，保证不松动。检查空心块的表面质量，若有破损及时修补。

⑩ 浇筑混凝土

浇筑混凝土时，先将混凝土浇至板厚 1/4～1/3 处，将振捣棒插入肋梁中仔细振捣，不得漏振。确认振捣密实（即混凝土面不再下降）后浇筑上层混凝土。

⑪ 预应力筋张拉

混凝土达到设计要求张拉强度后方可进行预应力筋张拉。张拉前应提供同条件养护的混凝土试块强度试验报告单，如有后浇带则应在后浇带封带并达到设计要求的张拉强度后才能张拉。张拉中，随时检查张拉结果，实测伸长值与理论伸长值的误差不得超过施工验收规范允许范围（±6%）。否则应停止张拉，待查明原因，并采取措施后方可张拉。

⑫ 张拉后灌浆及张拉端封锚处理

张拉后锚具外露的预应力筋预留不少于30mm，多余部分用机械方法切断，及时做好对锚具的防锈蚀工作。对端头进行处理，检查验收合格后，再用无收缩水泥砂浆封堵；密封后的预应力筋不得外露。

14.5.2 预应力混凝土大跨度框架工程应用

1. 京沪高铁天津南站站房综合楼工程

（1）工程简介

天津南站工程位于天津市西南部。站房东西长约 94m，南北长约 51m，车站总建筑面积为 3984m²。站房结构形式为型钢混凝土框架结构，屋面采用钢网架结构体系。由于结构受力、荷载及大跨度使用要求，在跨度为 27m 的框架梁中采用了有粘结预应力技术，以解决承载力、裂缝和挠度问题。预应力平面见图 14-22，曲线见图 14-23。

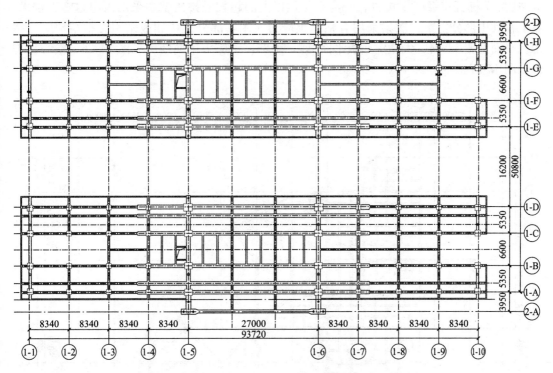

图 14-22　预应力梁平面图

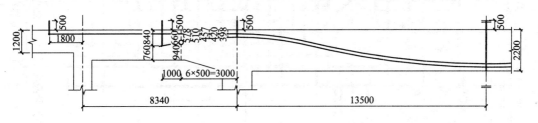

图 14-23　预应力曲线图

（2）预应力结构体系与参数

主体结构体系：框架-剪力墙结构。

主要材料：混凝土强度等级：C40。楼板、墙普通受力钢筋 HRB335，直径为 $\phi14\sim$ $\phi32$。预应力筋为 $\phi15.2$，$f_{ptk}=1860N/mm^2$，高强度低松弛钢绞线。

预应力楼盖体系与参数：单跨长度 27m，跨高比为 12。采用有粘结预应力筋布置框架梁中，为沿字母轴单向布置。

2. 三亚美丽之冠大酒店项目工程

（1）工程简介

项目总占地面积 15 万 m²，总建筑面积 65 万 m²，框架-剪力墙结构，其中包括 1 栋七星级酒店（25 层），1 栋五星级酒店（25 层），7 栋五星级产权式酒店公寓（27 层）。地下共三层，其中地下三层层高 3.6m，地下二和一层层高 8.4m，地下室建筑面积共 30 万 m²。在地下三层顶至地下一层顶、地上结构的大跨度框架梁、次梁及大悬挑梁和七星级、五星级酒店、7 栋五星级产权式酒店公寓 5 层顶以上的超大悬挑桁架中采用预应力施工技术。该工程其中部分主梁、次梁采用有粘结预应力技术，部分次梁和板采用无粘结预应力技术。平面见图 14-24、大堂空心板平面见图 14-25，预应力梁曲线图见图 14-26、空心板剖面见图 14-27。

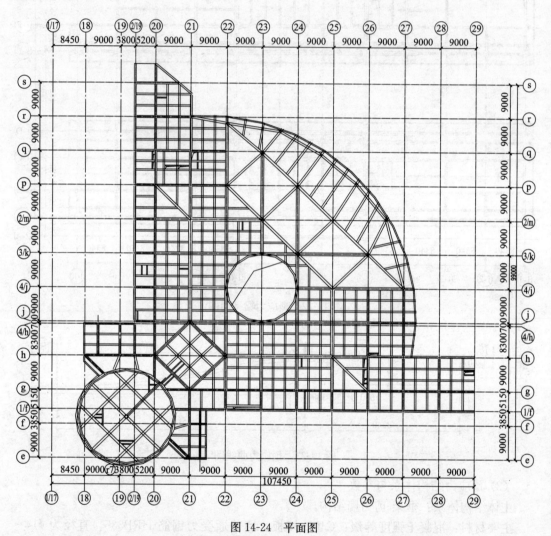

图 14-24　平面图

（2）预应力结构体系与参数

主体结构体系：框架-剪力墙结构。

主要材料：混凝土强度等级：C40。空心楼板普通钢筋：HRB400，公称直径：$\phi25$，梁普通钢筋：HRB400，公称直径：$\phi25\sim\phi40$。预应力筋采用 $\phi^s15.2$ 高强低松弛预应力钢

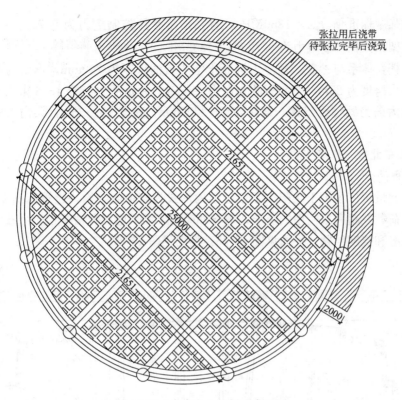

图 14-25 大堂空心板平面布置图

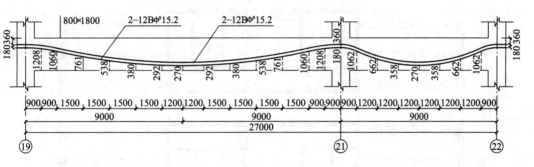

图 14-26 预应力梁曲线图

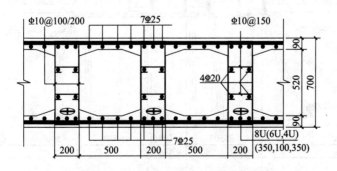

图 14-27 预应力空心楼板剖面图

绞线，抗拉强度标准值 $f_{ptk}=1860$MPa，有粘结梁张拉控制应力为 $0.75f_{ptk}=1395$MPa，超大悬挑桁架梁张拉控制应力为 $0.70f_{ptk}=1302$MPa。

预应力楼盖体系与参数：预应力混凝土空心板的板厚为 700mm，形状为圆形，直径为 25m，最大跨度为 25m，空心板的肋宽为 200mm，每道肋中布置 4~8 束无粘结预应力筋。梁预应力筋为抛物线布置，梁高 800~2200mm，跨度 15~36m，梁内布置 8~48 束预应力筋。

3. 沈阳东北世贸广场工程

（1）工程简介

沈阳东北世贸广场位于沈阳市。工程结构形式为筒中筒结构，建筑标高 260m，由于结构受力、荷载及超高层使用的要求，部分外筒框架梁采用了有粘结预应力技术，以解决承载力、裂缝和挠度问题。平面见图 14-28，剖面见图 14-29。

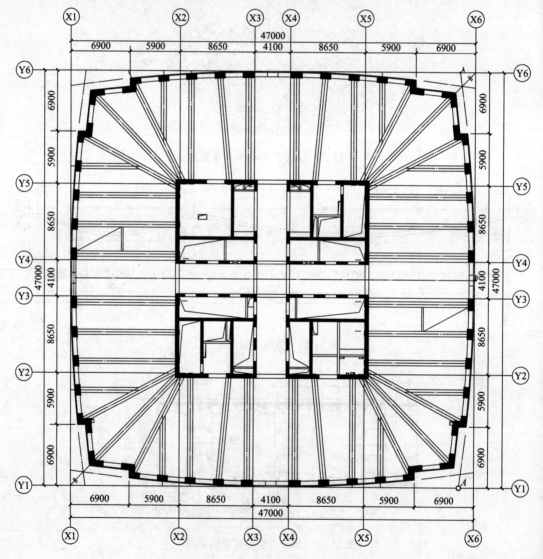

图 14-28 预应力梁平面布置图

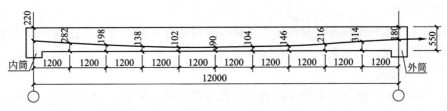

图 14-29　预应力梁曲线图

（2）预应力结构体系与参数

主体结构体系：筒中筒结构。

主要材料：混凝土强度等级：C40。空心楼板普通钢筋：HRB400，公称直径：ϕ25。梁普通钢筋：HRB400，公称直径：ϕ25～ϕ40。预应力筋采用 ϕ^s15.2 高强低松弛预应力钢绞线，抗拉强度标准值 $f_{ptk}=1860$MPa，有粘结梁张拉控制应力为 $0.70f_{ptk}=1302$MPa。

预应力楼盖体系与参数：预应力混凝土梁预应力筋为抛物线布置，梁高为 550mm，跨度 11.9～14.5m，梁内分别布置 2×4、2×5 束预应力筋。

4. 预应力混凝土大跨度框架结构施工

（1）施工流程

搭梁板脚手架→支梁底模、起拱、校正底标高→铺放普通钢筋骨架→预应力筋坐标定位、焊接定位筋→穿入波纹管和预应力钢绞线→波纹管和预应力钢绞线定位固定→安装、固定张拉端锚垫板等配件→支端模→铺放其他普通钢筋→预应力筋隐检，浇筑混凝土及养护→拆梁侧模→张拉预应力筋→灌浆、端头封堵→拆除梁底模和支架。

（2）施工要点

① 柱钢筋调整

预应力框架梁两端柱钢筋排布时，应特别注意预应力孔道位置的柱钢筋净间距不应小于预应力孔道直径。在施工图设计时，这个问题经常被忽略，预应力施工时预应力孔道无法顺利穿过柱截面，从而造成柱钢筋不得不现场切割掉然后再补强的情况发生，不但使施工难度加大，也使柱钢筋受到削弱，应引起特别的重视。

② 波纹管铺设

预应力筋布置时，应严格按图施工，钢筋数量及种类必须符合图纸要求，严格按设计要求曲线布筋，保证在垂直方向上各控制点矢高达到设计要求，曲线要平滑，反弯点位置定位准确，梁内预应力筋保护层最小厚度50mm，张拉端喇叭口须有可靠固定，并保持张拉作用线与承压板面垂直；铺筋时须与水、电专业密切配合，尽量避免电气管道及上下水管道影响预应力筋位置。波纹管埋设及预应力筋穿束是施工关键之一。波纹管铺设施工要点如下：在已绑好梁的箍筋上，根据设计的曲线形状，焊接或绑扎好波纹管支架。波纹管接头采用大一号的波纹管，接头长度为400mm左右，每端搭接200mm，然后用防水胶带封裹，最后根据箍筋上钢筋支架的曲线进行定位；钢绞线穿入波纹管前，前端先用防水胶带包成子弹头形状，然后再将钢绞线穿入波纹管内，穿入时应防止损坏波纹管；现场如有施焊作业时，应防止电焊损坏波纹管，如有损坏，应及时修补；在混凝土浇筑之前需设置灌浆孔、排气孔。灌浆孔一般设置在张拉端喇叭口上。

③ 模板工程

预应力梁两侧模板在波纹管固定好并验收合格后方可进行封模。在模板打孔穿对拉螺栓时必须注意预先定出位置，防止打穿波纹管。

④ 混凝土浇筑

混凝土施工要点如下：混凝土浇筑前对波纹管标高、位置、牢固情况，成品保护情况等进行全面检查验收；混凝土振捣棒不能直接振动波纹管，以防振瘪或振漏引起波纹管漏浆影响预应力张拉和孔道灌浆；混凝土浇筑时，按设计要求多留几组同条件养护试块，以便及时确定混凝土强度达到张拉强度。

⑤ 预应力张拉条件

混凝土同条件养护试块达到设计要求强度后方可进行张拉。

⑥ 张拉控制

张拉过程采用双控方法，即以应力控制为主，预应力伸长值校核为辅。张拉实际伸长值不应大于计算伸长值的±6%，若发现实际伸长值超过此范围，应停止张拉，查明原因后方可继续张拉。

⑦ 孔道灌浆

预应力筋张拉后，应随即进行孔道灌浆。灌浆水泥采用普通硅酸盐水泥，水灰比 0.4～0.42。孔道应一次连续灌满。灌浆时，由近至远逐个检查出气口，待出浆后逐一封闭。在灌满孔道封闭排气孔后灌浆压力应在 0.5～0.6MPa，稳压 1～2min 后封闭灌浆孔。如超出应停机检查采取措施后方可继续灌浆。灌浆后按照规范要求制作试块，标准养护 28d 的抗压强度不应小于 30N/mm²。

⑧ 封锚

张拉灌浆完成后应及时进行封锚。封锚前用砂轮切割机切除多余外露预应力筋，切除后预应力筋露出夹不小于 30mm。然后用不低于梁混凝土强度等级的细石无收缩混凝土进行封锚，封锚材料必须将锚具、预应力钢绞线头全部封锚密实，不得留有空隙，锚具不得外露。

参考文献

[1] 中华人民共和国国家标准. 混凝土结构设计规范 GB 50010—2010
[2] 中华人民共和国行业标准. 无粘结预应力混凝土结构技术规程 JGJ 92—2004
[3] 中华人民共和国行业标准. 预应力混凝土结构抗震设计规程 JGJ 140—2004
[4] 中华人民共和国建筑工业行业标准. 预应力混凝土用金属波纹管 JG 225—2007
[5] 中华人民共和国国家标准. 预应力筋用锚具、夹具和连接器 GB/T 14370—2007
[6] 中国工程建设标准化协会标准. 建筑工程预应力施工规程 CECS 180：2005
[7] 中华人民共和国国家标准. 预应力混凝土用钢绞线 GB/T 5224—2003
[8] 中华人民共和国建筑工业行业标准. 无粘结预应力钢绞线 JG 161—2004
[9] 中华人民共和国建筑工业行业标准. 无粘结预应力筋专用防腐润滑脂 JG 3007—93
[10] 中华人民共和国国家标准. 混凝土结构工程施工质量验收规范 GB 50204—2002
[11] 中华人民共和国行业标准. 预应力筋用锚具、夹具和连接器应用技术规程 JGJ 85—2010
[12] 中华人民共和国行业标准. 建筑结构体外预应力加固技术规程 JGJ/T 279—2012

[13] 陶学康. 后张预应力混凝土设计手册. 北京：中国建筑工业出版社，1996

[14] 吕志涛. 现代预应力结构体系与设计方法. 江苏：江苏科学技术出版社，2010

[15] 高承永，张家华，张德锋，王绍义. 预应力混凝土设计技术与工程实例. 北京：中国建筑工业出版社，2010

[16] 李晨光，刘航，段建华，黄芳玮. 体外预应力结构技术与工程应用. 北京：中国建筑工业出版社，2008